信息物理系统建模仿真通用平台 (Syslab+Sysplorer) ｜ 各装备行业数字化工程支撑平台 (Sysbuilder+Sysplorer+Syslink) ｜ 开放、标准、先进的计算仿真云平台 (MoHub)

Toolbox 工具箱

AI 与数据科学	信号处理与通信	控制系统	设计优化	机械多体	代码生成	模型集成与联合仿真	接口工具
统计、机器学习、深度学习、强化学习	基础信号处理、DSP、基础通信、小波	控制系统设计工具、基于模型的控制器设计、系统辨识、鲁棒控制	模型试验、敏感度分析、参数估计、响应优化与置信度评估	多体导入工具、3D视景工具	实时代码生成、嵌入式代码生成、定点设计计算器	CAE 模型降阶工具箱、分布式联合仿真工具箱	FMI 导入导出、SysML 转 Modelica、MATLAB 语言兼容导入、Simulink 兼容导入

基于标准的函数+模型+API 拓展系统

Sysbuilder 系统架构设计环境
需求导入 ｜ 架构建模 ｜ 逻辑仿真 ｜ 分析评估

Syslab 科学计算环境
编程 ｜ 数学 ｜ 图形
Julia 科学计算语言
工作空间共享 ｜ 并行计算

Sysplorer 系统建模仿真环境
物理建模 ｜ 框图建模 ｜ 状态图建模
Modelica 系统建模语言
云端建模仿真

Models 模型库
- 标准库：机、电、液、控、热
- 同元专业库：液压、传动、机电…
- 同元行业库：车辆、能源…

Functions 函数库
曲线拟合 ｜ 符号数学 ｜ 优化与全局优化

Syslink 协同设计仿真环境
多人协同建模 ｜ 模型技术状态管理 ｜ 安全保密管理

工业知识模型互联平台 MoHub

科学计算与系统建模仿真平台 MWORKS 架构图

C0201178

科教版版平台（SE-MWORKS）总体情况

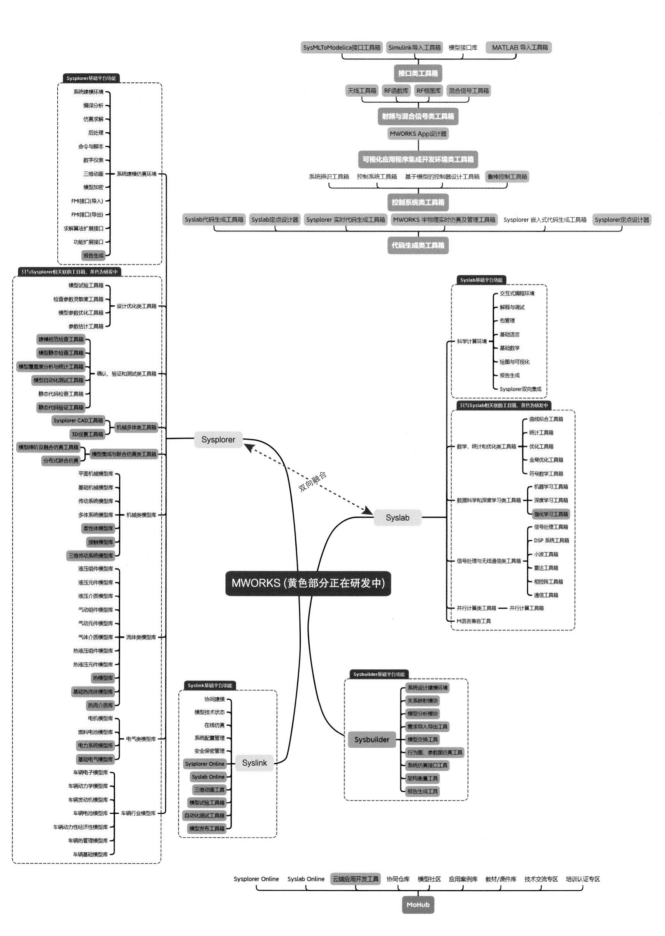

MWORKS 2023b 功能概览思维导图

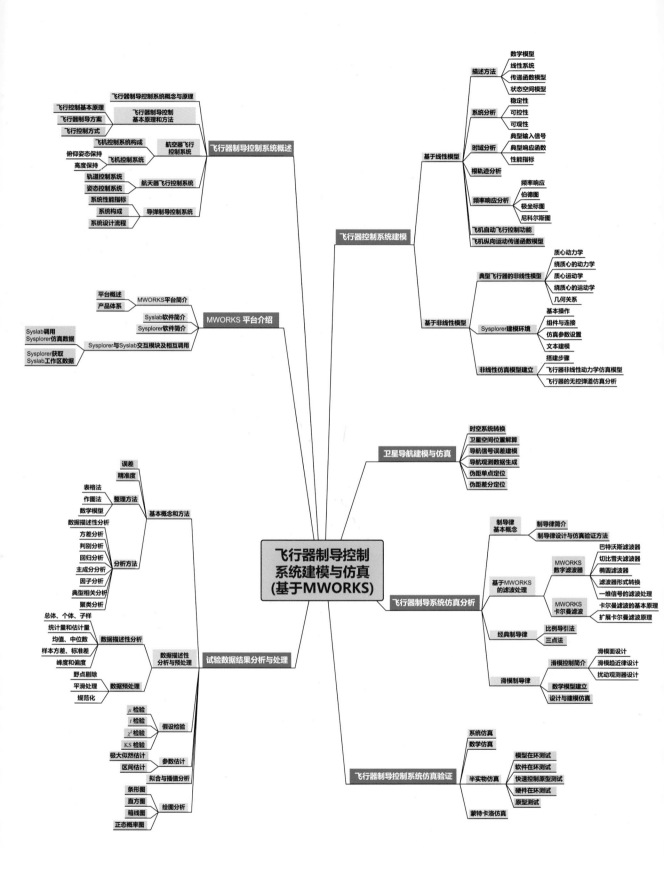

本书知识图谱

新型工业化·科学计算与系统建模仿真系列

工信学术出版基金
Industry and Information Technology
Academic Publishing Fund

Modeling and Simulation of
Flight Vehicle Guidance and Control System
Based on MWORKS

飞行器制导控制系统建模与仿真

（基于MWORKS）

贺媛媛　杜小菁◎编著

许承东　李傲　张航　王琦琛　杨炫　武明　杨巧娅◎参编
王忠杰　周凡利◎丛书主编

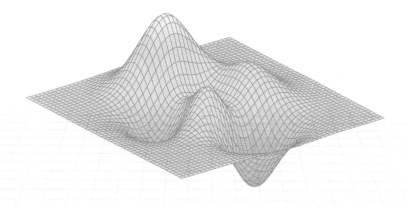

电子工业出版社
Publishing House of Electronics Industry
北京·BEIJING

内 容 简 介

本书为"新型工业化·科学计算与系统建模仿真系列"之一。本书紧密结合飞行器制导与控制系统的研究，重点介绍 MWORKS 在飞行器制导控制系统建模与仿真中的应用。首先简要介绍各类飞行器控制系统的基本功能和组成，以及 MWORKS 软件及其在科学计算与系统建模仿真平台的集成与交互中的应用；随后结合飞行器线性和非线性模型的仿真算例，介绍如何利用 MWORKS 相关函数和工具完成各类飞行器控制系统的设计及系统仿真验证；最后介绍如何采用 MWORKS 进行试验数据的统计分析及绘图的方法。

本书可作为读者学习和掌握 MWORKS 软件的教科书，也可作为高等学校在校飞行器设计和导航制导与控制专业的本科生及研究生仿真课程的教材和教学参考书，还可以作为相关科研人员学习和应用 MWORKS 开展相关研究的参考资料。

未经许可，不得以任何方式复制或抄袭本书之部分或全部内容。
版权所有，侵权必究。

图书在版编目（CIP）数据

飞行器制导控制系统建模与仿真：基于 MWORKS / 贺
媛媛，杜小菁编著.-- 北京：电子工业出版社，2024.
8. -- ISBN 978-7-121-49374-4

Ⅰ．V47

中国国家版本馆 CIP 数据核字第 2024W3K594 号

责任编辑：戴晨辰
印　　刷：北京天宇星印刷厂
装　　订：北京天宇星印刷厂
出版发行：电子工业出版社
　　　　　北京市海淀区万寿路 173 信箱　　邮编：100036
开　　本：787×1092　1/16　印张：19.75　字数：512 千字　彩插：2
版　　次：2024 年 8 月第 1 版
印　　次：2024 年 8 月第 1 次印刷
定　　价：69.00 元

凡所购买电子工业出版社图书有缺损问题，请向购买书店调换。若书店售缺，请与本社发行部联系，联系及邮购电话：(010) 88254888，88258888。

质量投诉请发邮件至 zlts@phei.com.cn，盗版侵权举报请发邮件至 dbqq@phei.com.cn。

本书咨询联系方式：dcc@phei.com.cn。

编 委 会

（按姓氏笔画排序）

主　任　王忠杰（哈尔滨工业大学）

　　　　孔德宝（华为技术有限公司）

　　　　周凡利（苏州同元软控信息技术有限公司）

副主任　冯光升（哈尔滨工程大学）

　　　　许承东（北京理工大学）

　　　　张　莉（北京航空航天大学）

　　　　陈　鄞（哈尔滨工业大学）

　　　　郭俊峰（苏州同元软控信息技术有限公司）

委　员　丁　吉（苏州同元软控信息技术有限公司）

　　　　于海涛（哈尔滨工业大学）

　　　　王少萍（北京航空航天大学）

　　　　王险峰（东北石油大学）

　　　　史先俊（哈尔滨工业大学）

　　　　朴松昊（哈尔滨工业大学）

　　　　曲明成（哈尔滨工业大学）

　　　　吕宏武（哈尔滨工程大学）

　　　　刘志会（苏州同元软控信息技术有限公司）

　　　　刘　芳（北京航空航天大学）

　　　　刘宏伟（哈尔滨工业大学）

　　　　刘　昕（哈尔滨工业大学）

杜小菁（北京理工大学）

李　伟（哈尔滨工程大学）

李冰洋（哈尔滨工程大学）

李　晋（哈尔滨工程大学）

李　雪（哈尔滨工业大学）

李　超（哈尔滨工程大学）

张永飞（北京航空航天大学）

张宝坤（苏州同元软控信息技术有限公司）

张　超（北京航空航天大学）

陈　娟（北京航空航天大学）

郑文祺（哈尔滨工程大学）

贺媛媛（北京理工大学）

聂兰顺（哈尔滨工业大学）

徐远志（北京航空航天大学）

崔智全（哈尔滨工业大学（威海））

惠立新（苏州同元软控信息技术有限公司）

舒燕君（哈尔滨工业大学）

鲍丙瑞（苏州同元软控信息技术有限公司）

蔡则苏（哈尔滨工业大学）

丛 书 序

2023 年 2 月 21 日，习近平总书记在中共中央政治局就加强基础研究进行第三次集体学习时强调："要打好科技仪器设备、操作系统和基础软件国产化攻坚战，鼓励科研机构、高校同企业开展联合攻关，提升国产化替代水平和应用规模，争取早日实现用我国自主的研究平台、仪器设备来解决重大基础研究问题。"科学计算与系统建模仿真平台是科学研究、教学实践和工程应用领域不可或缺的工业软件系统，是各学科领域基础研究和仿真验证的平台系统。实现科学计算与系统建模仿真平台软件的国产化是解决科学计算与工程仿真验证基础平台和生态软件"卡脖子"问题的重要抓手。

基于此，苏州同元软控信息技术有限公司作为国产工业软件的领先企业，以新一轮数字化技术变革和创新为发展契机，历经团队二十多年技术积累与公司十多年持续研发，全面掌握了新一代数字化核心技术"系统多领域统一建模与仿真技术"，结合新一代科学计算技术，研制了国际先进、完全自主的科学计算与系统建模仿真平台 MWORKS。

MWORKS 是各行业装备数字化工程支撑平台，支持基于模型的需求分析、架构设计、仿真验证、虚拟试验、运行维护及全流程模型管理；通过多领域物理融合、信息与物理融合、系统与专业融合、体系与系统融合、机理与数据融合及虚实融合，支持数字化交付、全系统仿真验证及全流程模型贯通。MWORKS 提供了算法、模型、工具箱、App 等资源的扩展开发手段，支持专业工具箱及行业数字化工程平台的扩展开发。

MWORKS 是开放、标准、先进的计算仿真云平台。基于规范的开放架构提供了包括科学计算环境、系统建模仿真环境以及工具箱的云原生平台，面向教育、工业和开发者提供了开放、标准、先进的在线计算仿真云环境，支持构建基于国际开放规范的工业知识模型互联平台及开放社区。

MWORKS 是全面提供 MATLAB/Simulink 同类功能并力求创新的新一代科学计算与系统建模仿真平台；采用新一代高性能计算语言 Julia，提供科学计算环境 Syslab，支持基于 Julia 的集成开发调试并兼容 Python、C/C++、M 等语言；采用多领域物理统一建模规范 Modelica，全面自主开发了系统建模仿真环境 Sysplorer，支持框图、状态机、物理建模等多种开发范式，并且提供了丰富的数学、AI、图形、信号、通信、控制等工具箱，以及机械、电气、流体、热等物理模型库，实现从基础平台到工具箱的整体功能覆盖与创新发展。

为改变我国在科学计算与系统建模仿真教学和人才培养中相关支撑软件被国外"卡脖子"的局面，加速在人才培养中推广国产优秀科学计算和系统建模仿真软件 MWORKS，提供产业界亟需的数字化教育与数字化人才，推动国产工业软件教育、应用和开发是必不可少的因素。进一步讲，我们要在数字化时代占领制高点，必须打造数字化时代的新一代信息物理融合的建模仿真平台，并且以平台为枢纽，连接产业界与教育界，形成一个完整生态。为此，哈尔滨工业大学、北京航空航天大学、北京理工大学、哈尔滨工程大学与苏州同元软控信息技术有限公司携手合作，2022 年 8 月 18 日在哈尔滨工业大学正式启动"新型工业化·科学计算与系统建模仿真系列"教材的编写工作，2023 年 3 月 11 日在扬州正式成立"新型工业化·科学计算与系统建模仿真系列"教材编委会。

首批共出版 10 本教材，包括 5 本基础型教材和 5 本行业应用型教材，其中基础型教材包括《科学计算语言 Julia 及 MWORKS 实践》《多领域物理统一建模语言与 MWORKS 实践》《MWORKS 开发平台架构及二次开发》《基于模型的系统工程（MBSE）及 MWORKS 实践》《MWORKS API 与工业应用开发》；行业应用型教材包括《控制系统建模与仿真（基于 MWORKS）》《通信系统建模与仿真（基于 MWORKS）》《飞行器制导控制系统建模与仿真（基于 MWORKS）》《智能汽车建模与仿真（基于 MWORKS）》《机器人控制系统建模与仿真（基于 MWORKS）》。

本系列教材可作为普通高等学校航空航天、自动化、电子信息工程、机械、电气工程、计算机科学与技术等专业的本科生及研究生教材，也适合作为从事装备制造业的科研人员和技术人员的参考用书。

感谢哈尔滨工业大学、北京航空航天大学、北京理工大学、哈尔滨工程大学的诸位教师对教材撰写工作做出的极大贡献，他们在教材大纲制定、教材内容编写、实验案例确定、资料整理与文字编排上注入了极大精力，促进了系列教材的顺利完成。

感谢华为技术有限公司、苏州同元软控信息技术有限公司、中国商用飞机有限责任公司上海飞机设计研究院、上海航天控制技术研究所、中国第一汽车股份有限公司、工业和信息化部人才交流中心等单位在教材写作过程中提供的技术支持和无私帮助。

感谢电子工业出版社各位领导、编辑的大力支持，他们认真细致的工作保证了教材的质量。

书中难免有疏漏和不足之处，恳请读者批评指正！

编委会
2023 年 11 月

前　言

飞行器包括航空器、航天器、火箭和导弹三大类。飞行器制导控制系统作为飞行器的核心系统，其性能优劣直接影响到飞行器的性能与导弹的战技指标。飞行器制导控制系统的研制包括系统建模、设计、仿真、半实物仿真、试验等诸多环节，需要通过对设计参数的反复优化和迭代，最终得出满意的设计结果。本书在应用算例的选择上涵盖了固定翼飞机、导弹和卫星等多种类飞行器，力求适应飞行器设计学科教学和科研的需要，以及宽口径、大专业的人才培养要求。

MWORKS 是一款基于国际知识统一表达与互联标准的新一代科学计算与系统建模仿真平台，为科研和工程技术人员提供了交互式科学计算和建模仿真环境，实现了科学计算软件 MWORKS.Syslab 与系统建模仿真软件 MWORKS.Sysplorer 的双向融合，形成了新一代科学计算与系统建模仿真的一体化基础平台，满足各行业在设计、建模、仿真、分析、优化方面的任务需求。目前，MWORKS 已广泛应用于航天、航空、能源、车辆、船舶等行业，整体水平位居国际前列，是国内为数不多的具有国际一流技术水平的工业软件。但目前基于 MWORKS 工程应用的教材寥寥无几。

本书以飞行器制导控制系统的建模与仿真为中心内容，阐述了飞行器制导控制系统基本原理，以及利用 MWORKS 进行飞行器制导控制系统建模仿真的方法和应用。全书共 8 章：第 1 章为飞行器制导控制系统概述，第 2 章为 MWORKS 平台介绍，第 3 章为基于飞行器线性模型的控制系统仿真分析，第 4 章为基于 MWORKS 的飞行器非线性模型建立与仿真分析，第 5 章为飞行器制导系统仿真分析，第 6 章为卫星导航建模与仿真，第 7 章为飞行器制导控制系统仿真验证，第 8 章为试验数据结果分析与处理。

本书由贺媛媛、杜小菁编著，许承东、李傲、杨巧娅、杨炫、武明、张航、王琦琛等参与了本书的编写，贺媛媛负责本书的编写组织和大纲编制，杜小菁参与了大纲编制，贺媛媛、杨巧娅完成了统稿和编辑。各章编写任务的具体分工如下：第 1 章，由贺媛媛、杜小菁、杨巧娅、李傲编写；第 2 章，由贺媛媛、杨巧娅编写；第 3～4 章，由杜小菁、贺媛媛、李傲编写；第 5 章，由李傲、张航编写；第 6 章，由许承东、武明编写；第 7 章，由杨巧娅、王琦琛编写；第 8 章，由杨炫编写。

在本书的编写过程中，苏州同元软控信息技术有限公司（简称"同元软控"）周凡利博士及丁吉、鲍丙瑞、惠立新、刘玉辉等老师给予了大力的支持，在第 2 章平台介绍、第 7 章案例设计，以及参考文献和参考资料等方面给予了很多建议和帮助，极大地促进了本书的完成，对此作者深表感谢。

本书在编写过程中得到了哈尔滨工业大学王忠杰教授、聂兰顺教授、曲明成副教授、北京航空航天大学张莉教授、哈尔滨工程大学冯光升教授、华中科技大学陈立平教授的无私帮助，他们给出了很多建议和修改意见，再次表示衷心的感谢。

本书是"新型工业化·科学计算与系统建模仿真系列"之一，特向各位评审专家表示衷心的谢意。北京理工大学教务部、研究生院在教学改革和课程建设方面给予了大力支持，电子工业出版社的编辑们在本书出版中给予了指导和审阅，在此一并表示感谢。同样要感谢众多参考文献作者，你们的研究成果和文献极大地丰富了本书的内容。

在编撰过程中，我们力求阐述全面、系统、准确，但由于水平有限，难免存在错误和不当之处，恳请读者批评指正。

本书的 MWORKS 版本是 2023b，发布时间是 2023 年 6 月 30 日。本书为正版用户提供相关教学资源和 MWORKS 2023b 正版软件，请扫描封底的二维码进行兑换和激活。

贺媛媛

2024 年 6 月

目　　录

第 1 章
飞行器制导控制系统概述

　　飞行器制导控制系统是飞行器的核心组成部分，在飞行过程中承担着测量自身和目标位置，操纵执行机构调整飞行器运动状态，使飞行器稳定地按期望轨迹飞行的作用。现代战争中打击任务的多样化对飞行器的战术性能提出更多、更高的要求，例如，打击具有高速、高机动特性的目标时，飞行器在飞行过程中存在着飞行参数变化范围大、快时变的特点，而制导任务又包含末端速度、落角、过载、动压、位置等诸多约束，这些都使制导控制系统设计面临严峻挑战。自 20 世纪 90 年代以来，计算机、传感器、无线电和导航技术的发展为先进制导控制系统设计提供了坚实基础，同时，最优控制、鲁棒控制、自适应控制、反演控制、智能控制等现代控制理论在飞行器制导控制系统研制中得到广泛应用，并成为发展方向，飞行器制导精度迅速提高，并朝着智能化、高机动和强抗干扰方向发展。

　　本章从飞行器飞行控制系统的工作原理出发，整体概述了各类飞行器控制系统基本原理、系统构成、控制方式、性能指标等，为读者提供了后续飞行器制导控制系统建模与仿真内容学习的基础。具有航空航天背景或已了解这部分内容的读者可忽略本章，直接进入后续章节的学习。

通过本章的学习，读者可以了解（或掌握）：

❖ 飞行器制导控制系统概念与组成。

❖ 飞行器制导控制系统基本原理和方法。

❖ 航空器飞行控制系统。

❖ 航天器轨道与姿态控制系统。

❖ 导弹制导控制系统性能指标、构成与一般设计流程。

1.1 飞行器制导控制系统概念与原理 ///////////

飞行器控制系统是一个总称，针对某类或具体到某个飞行器，控制系统的名称可能并不相同。飞机这类航空器可称为飞行控制系统、飞控系统、自动驾驶仪等。飞机的飞行控制系统要实现对飞机飞行姿态的控制和质心的移动控制。对于导弹，广泛使用制导控制系统这一术语，这一术语从字面上体现了系统中存在两个回路：控制回路和制导回路。如果某个导弹采用了惯性导航系统，则可称该导弹的制导控制系统为惯性制导控制系统。根据导弹不同的制导方式，制导控制系统有程序制导控制系统、自寻的制导控制系统等各种名称。对于人造卫星等航天器，其控制系统可称为姿态轨道控制系统或姿轨控系统等。

导航制导与控制对应的英文名称 Guidance Navigation and Control（GNC）较好地概括了控制系统这个总称。"GNC 系统"这个名称普通百姓也可能关注到，因为在中国空间站的建设过程中，每次电视直播某个飞行任务，几乎都要提及"GNC 系统"，从神舟飞船与空间站组合体的自主快速交会对接、神舟飞船返回舱快速变轨返回、神舟返回舱精准着陆，每个环节都依赖于"GNC 系统"。

从导航制导与控制这个概念出发，飞行器导航制导与控制系统原理图如图 1.1 所示。从图中可见，控制系统采用了反馈控制的原理和方法。图 1.1 展示了 3 个回路：舵回路、控制回路、制导回路。控制回路也称为内回路，一般实现飞行器航向角和姿态角的稳定与控制，改善飞行器的稳定性和阻尼等飞行品质。制导回路是外回路，实现对飞行器的质心移动的控制。如果飞行器是导弹，图中的目标可能是固定不能移动的，如军用机场、指挥所、雷达站、碉堡工事等，也可以是移动目标，如坦克、舰艇、飞机等。目标的位置信息、速度信息以及目标与导弹之间的相对运动信息，可由导引头等装置跟踪和探测。探测结果输入制导计算机，制导计算机运行制导律，根据制导律形成制导指令发送给控制计算机。控制计算机运行控制律，同时控制计算机还接收机体的航向和姿态角信息、航向和姿态角速率信息，根据一定的控制律，形成操纵指令发送给执行机构或称操纵机构。随后，由执行机构驱动操纵面按操纵指令偏转，从而改变作用在机体上的力和力矩，让导弹按照预期的航向、姿态和轨迹飞行，以精确打击目标。

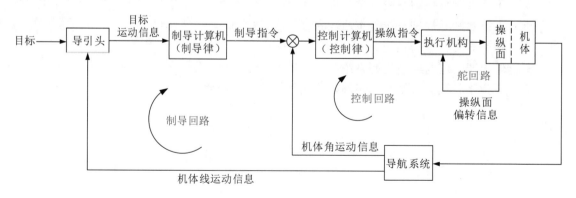

图 1.1 飞行器导航制导与控制系统原理图

导航系统在反馈回路上，用于测量飞行器的运动信息。导航系统的繁简程度主要取决于导弹的射程等战技指标，对于射程短的导弹，如某些仅有数公里射程的便携式反坦克导弹，其导航系统实际上可能只有一个陀螺仪或一个加速度计，用于测量弹体沿某个轴的角运动和某个方向的线运动。对于射程达数百公里以上的巡航导弹，其导航系统一般采用以惯性导航系统为主，与卫星导航系统、地形匹配等组合而成的组合导航系统。一套基本的、完整的惯性导航系统包含 3 个陀螺仪和 3 个加速度计，是弹体的全运动信息测量系统。对于捷联惯性导航系统，陀螺仪和加速度计与机体固连，用于测量机体相对于惯性空间的角运动和线运动，这些信息足够控制回路和制导回路使用，惯性导航系统解算的机体航向角和姿态角一般给控制回路使用，惯性导航系统解算的机体位置信息和速度信息则反馈到制导回路。由于惯性导航系统有误差积累的缺点，所以在有很多导航手段的情况下，一般采用以惯性导航系统为主的组合导航系统，以抑制惯性导航系统的误差积累，提高导航精度等性能。卫星导航系统是惯性导航系统的最佳搭档，两者组合优势互补，可提高导航系统的综合性能，如提高导航精度、降低成本、提高可靠性等。

图 1.1 中的制导计算机与控制计算机可以合并为一台计算机，通常称为弹上计算机或控制器。有些导弹，如地–空导弹，有地面雷达系统和地面制导站。此时，地面雷达系统取代图 1.1 中的导引头，地面雷达负责目标和导弹的跟踪与探测，测量目标的运动信息，测量导弹和目标的相对运动信息，将这些与目标运动有关的信息输入地面制导站，在地面制导站中运行制导律，形成制导指令上传给飞行中的导弹。

对于飞机，图 1.1 中的制导回路一般称为高度控制回路、速度控制回路等，用于质心移动导引控制。控制回路的名称与导弹类似，称为航向角、俯仰角、滚转角稳定控制回路。

图 1.1 中的操纵指令经过执行机构内部的舵回路综合校正，驱动操纵面偏转。对于导弹，执行机构也称为舵机、舵系统或伺服机构。图中的舵回路实际上是执行机构内部的一种负反馈结构，操纵面同轴安装在执行机构转轴（或称为舵轴）上，如果舵轴上有转角测量部件、转动角速率测量部件，那么就可以把操纵面的实际偏转角和偏转角速率作为反馈信号，与操纵指令进行比较，之后经过综合校正，驱动舵轴带动操纵面偏转。舵回路的闭环控制使得执行机构能更快、更稳定地响应操纵指令。

对于导弹，操纵面往往是有一定对称布局的舵面，如十字布局的舵面。对于飞机，操纵面包含副翼、升降舵、方向舵等，需要说明的是，操纵指令的操纵对象不仅只有操纵面，还有飞机油门等。

对于航天器，往往采用反作用轮或角动量轮进行姿态控制。当形成航天器的姿态调整控制指令时，按照姿态调整控制指令改变反作用轮的指向，根据动量守恒原理，航天器将按照与反作用轮相反的方向转动，从而实现航天器的姿态控制。

很多飞行器的制导控制系统都可以大致划分为图 1.1 这样的结构，该结构明确地表示了导航、制导与控制各部分的作用。对于采用推力矢量控制、直接力控制、变质心控制等的飞行器，其控制系统结构未必可以清晰地表示为内、外回路控制，内回路控制姿态转动、外回路控制质心移动，而可能是内、外回路交织在一起，质心移动控制和姿态转动控制交织在一起的。

1.2 飞行器制导控制基本原理和方法

1.2.1 飞行控制基本原理

飞行控制的目的在于改变飞行器的运动速度和方向，要达到这一目的就需要产生与飞行速度方向平行或垂直的控制力。以大气层内飞行的有翼导弹为例，在飞行过程中导弹主要受到重力、空气动力和发动机推力的作用，可以将它们的合力分解为沿飞行方向的切向力和垂直于飞行方向的法向力。容易得知切向力可以改变飞行速度的大小，而法向力可以改变飞行速度的方向，前者可通过调节发动机推力实现，后者则可通过调节发动机推力或空气动力实现。飞机的飞行控制也是通过类似的方式实现的。对于大气层外的飞行器，如弹道导弹、运载火箭和卫星等，其法向力就只能通过调节发动机推力或在侧面安装推进装置产生。

下面结合有翼导弹在纵向对称平面内的机动飞行来说明飞行控制的基本原理。图 1.2 标示出了导弹在纵向平面内的受力情况，导弹在纵向平面内受到重力 G、推力 P、升力 Y 和阻力 D 的作用。

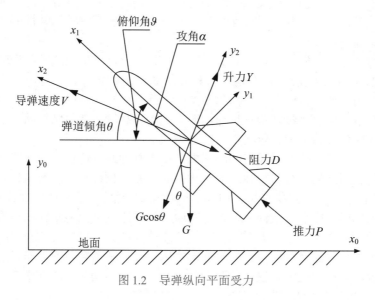

图 1.2　导弹纵向平面受力

由图 1.2，将图中各力投影到速度的法向上，可得导弹沿弹道法向的运动方程

$$F_y = ma_y = Y + P\sin\alpha - G\cos\theta$$

a_y 称为导弹的法向加速度。可以看出 a_y 的值与飞行器的升力和推力分量成线性关系。在纵向平面内，弹道倾角的角速度 $\dot{\theta}$ 满足 $a_y = V\dot{\theta}$，也就是说法向加速度越大，弹道倾角的角速度越大，导弹转弯就越快，机动能力越强。在工程上，通常使用法向过载来描述导弹的机动能力，它是除了重力分量之外的法向加速度 a 与重力加速度 g 的比值

$$n = \frac{a}{g}$$

导弹的机动能力指标主要围绕法向过载展开。在制导律设计中会对导弹的需用过载提出要求，即导弹需要能够达到的法向过载，而导弹实际所能达到的最大法向过载则被称为法向过载。

1.2.2　飞行器制导方案

制导方案是指飞行器在飞行过程中采用的制导方法和制导律的组合。飞行器在整个飞行

过程中可能有多种制导方案，制导方案的选择是由飞行弹道的形式决定的。例如，某型弹道导弹可以在初始段采用程序制导，在弹道中段采用惯性制导，在弹道末端采用自寻的制导。

按照目标信息来源的不同进行制导方案分类，如图 1.3 所示。非自寻的制导方案中目标信息在发射前预先设定，自寻的制导方案中目标信息由导弹上搭载的探测设备测量得到，遥控制导方案中目标信息由制导站发送给导弹。下面对这 3 种基本的制导方案进行简单介绍。

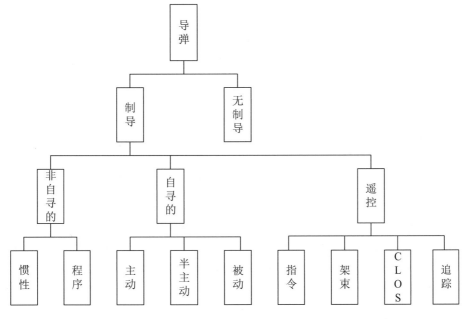

图 1.3　制导方案的分类

1. 非自寻的制导方案

非自寻的制导方案主要包含程序制导（Programmed Guidance）和惯性制导（Inertial Guidance）两种方案。程序制导也称方案制导或自主制导，为导弹按照预定程序，沿着指定的弹道飞行的制导技术。程序制导的设备简单，制导系统无须与外界通信，因此具有良好的抗干扰性。但程序制导的误差会随时间积累，导致实际应用中程序制导方案通常无法单独用于全程制导。程序制导方案主要在弹道的初始段使用，在发射后自动转向目标方向飞行，具体的应用场景有以下几种：

（1）垂直发射转弯；

（2）机载/舰载导弹发射离轨；

（3）越肩发射。越肩发射是指机载火控系统引导空空导弹攻击侧后方目标的打击方式。导弹发射后航向转向目标的过程一般采用程序制导。

惯性制导是利用惯性导航系统引导飞行器的制导方式。惯性导航系统采用陀螺仪、加速度计等惯性器件测量飞行器相对于惯性空间的姿态角度和加速度等运动状态参数，通过对时间积分计算得到飞行器的位置和速度。

惯性制导的优势在于基于力学原理测量飞行状态参数，因此不受无线电干扰，且能全天候工作于空中、地面、水下以及太空；能够提供位置、速度、姿态、航向等全面的运动状态数据，信息连续性好、数据更新率高，短期精度和稳定性好。因此，惯性制导被各种弹道导弹所采用。

惯性制导的缺点同样来自于惯性导航系统。通过惯性器件测量结果积分得到运动状态的同时，测量误差和噪声也会随之积累，导致长期精度较差；使用之前需要较长时间的初始对准；惯性导航系统价格昂贵。惯性制导的误差可以通过其他导航系统来修正，如卫星导航、天文导航、地形匹配等，这种方法称为组合导航。

2. 自寻的制导方案

自寻的制导（Homing Guidance）方案利用弹上的导引头获取目标辐射或反射的信号（无线电波、可见光、红外线、激光、声音等），测量出导弹相对目标运动相关参数，形成控制指令引导导弹飞向目标。其中，雷达自寻的制导方案接收无线电信号，可用于能较强反射电磁波的目标，如车辆、船舶、飞机等。另有一些目标本身发射无线电信号，如雷达站等，也可利用雷达自寻的制导方案进行打击，执行这类打击任务的导弹称为反辐射导弹。自寻的制导一般用于各类导弹的末端弹道，以提高末制导精度。自寻的制导适合攻击运动目标，特别是具有高机动性的目标，如战斗机等。

自寻的制导可分为主动式、半主动式和被动式。主动式自寻的制导系统照射目标的能源在导弹上，导弹自身对目标发射信号，同时接收目标反射回的信号。采用主动式自寻的制导的导弹，当导引头截获并稳定跟踪目标后，即可完全独立工作，不需要制导站的辅助。主动式自寻的制导的性能受到导弹信号发射装置的功率限制，由于导弹自身体积有限，无法安装大功率的发射装置，因此主动式自寻的制导的作用距离不能太远。目前，实际应用的主动式自寻的制导系统主要为雷达自寻的制导系统。

半主动式自寻的制导系统照射目标的能源在导弹以外的制导站或其他位置，因此半主动式自寻的制导系统的照射功率可以很大，作用距离也比主动式更远。一些雷达自寻的制导系统可在半主动方式下运行，使得装备这种系统的导弹可以在更远处发射，当目标进入主动式自寻的制导方案的作用范围后再切换到主动方式运行，不再需要制导站辅助。

被动式自寻的制导系统不照射目标，而是接收目标本身辐射或反射环境的信号，并以此跟踪目标。被动式自寻的制导系统的作用距离一般不大，其代表是红外自寻的制导系统。被动式自寻的制导通过目标辐射或反射的能量来测量飞行误差，容易受到干扰的影响。

3. 遥控制导方案

遥控制导方案由制导站发出制导指令来控制导弹的飞行。与非自寻的或自寻的制导方案不同，遥控制导方案中目标信息不由弹上装置测得，而由外界（制导站或其他地面设备）提供。制导站测量导弹和目标的运动状态参数，并将二者进行比较，根据所选定的制导律生成制导指令，通过通信装置传输给导弹。根据导引指令在制导系统中形成的部位不同，可将遥控制导分为驾束制导和遥控指令制导等方式。

驾束制导又称波束制导，地面、机载或舰载制导站向目标发射一束圆锥形波束，导弹沿着波束飞行，弹上的传感器测量导弹偏离波束中心的距离，并产生相应的导引指令修正方向。驾束制导系统结构较为简单，主要在早期的导弹系统上应用，用于短程导弹。驾束制导主要分为雷达驾束制导和激光驾束制导。驾束制导的主要缺点是随着距离的增加，波束的强度会衰减，同时波束宽度会增大，导致精度降低，而且制导站必须持续照射目标，从而导致自身容易暴露，因此驾束制导的应用范围在逐渐减小。

遥控指令制导由制导站的导引设备同时测量目标、导弹的运动参数，在制导站上形成制导指令，并通过无线或有线方式直接发送到弹上，引导弹上控制系统操纵导弹飞向目标。

1.2.3 飞行控制方式

从执行机构的工作原理出发，可将飞行器所采用的控制方式分为空气动力控制、推力矢量控制（Thrust Vector Control）、直接力控制等。在大气中飞行的飞行器受到推力 **P**、空气动力 **R** 和重力 **G** 的作用。显然重力 **G** 是无法控制的，但推力 **P** 和空气动力 **R** 可以进行一定程度的调节，从而改变飞行器所受合力的大小和方向，调节的方式就是所述的 3 种控制方式。

空气动力控制是利用舵机驱动翼面偏转产生的空气动力来控制飞行器的航向和姿态的控制方式，其优势在于可以持续工作，而推力矢量或直接力控制需要消耗燃料，导致无法持续工作。因此，在大气内飞行的飞行器大多采用空气动力控制，而需要在稀薄大气或太空中飞行的飞行器则需要推力矢量或直接力控制。但空气动力控制的显著缺点是控制力大小与动压（$q = \frac{1}{2}\rho V^2$）成正比，意味着在低速飞行时可能会有控制力不足的问题，例如，存在下列的几种情况：

（1）远程弹道导弹和运载火箭，在弹道的初始段运动速度较低，仅靠空气动力无法产生足够的过载让飞行器转向；

（2）潜射导弹或垂直发射导弹，在发射后必须尽快机动转向目标方位；

（3）某些短程空空导弹，飞行时间很短，只有几秒钟时间，需要具有特殊的机动性能以获得较好的覆盖范围。

推力矢量控制利用改变火箭发动机等推进装置产生的燃气流方向来改变推力的方向，从而控制飞行方向和姿态。由于控制力来源于发动机推力的法向分量，推力矢量控制可以提供较大的控制力，且不依赖空气动力，因此推力矢量控制适合在空气稀薄空域或太空使用，可以快速补偿较大的飞行器姿态偏差。推力矢量控制可通过摆动喷管、流体二次喷射和喷流偏转 3 类执行机构实现。其中，摆动喷管的控制效率高、推力损失较小，在火箭和弹道导弹上应用广泛。

直接力控制是指通过安装在飞行器上的侧向喷流机构调节飞行器姿态的控制技术，同样具有不依赖气动力、响应速度快的优点。相比于推力矢量控制，直接力控制更适合姿态的精确控制。

大气层内飞行器的飞行控制技术可分为侧滑转弯（Sideslip-to-Turn，STT）控制方式和倾斜转弯（Bank-to-Turn，BTT）控制方式两种。STT 控制方式通过攻角和侧滑角的配合产生不同方向的法向过载。在小攻角和小侧滑角下，飞行器的俯仰和偏航运动可以近似视为独立的，此时可以单独设计两个控制通道控制两个方向的运动，设计比较简单，且 STT 控制方式省去了 BTT 控制方式的滚转运动环节，反应速度比 BTT 快。但 STT 的主要缺点在于难以进行大过载机动，这是因为在大攻角和侧滑角下，之前的小角度假设不再成立。在大攻角下偏航和滚转运动存在明显耦合，为了避免滚转通道饱和必须降低可用过载，因此限制了导弹的机动性能。

BTT 控制方式是先倾斜机身，使升力面偏转，让升力在侧向产生分力用于转向，这一控制方式与飞机是相同的。BTT 控制方式的优势在于其充分利用了导弹的升力面，相比 STT 导弹需要两对升力面分别负责两个通道的控制，只用一对主升力面转弯可在最大过载相同的情况下取得更高的升阻比。BTT 的不足在于不能瞬时产生法向过载，滚转运动会带来更大的速度衰减，且滚转与转弯的协调运动相比 STT 更加困难。随着导弹控制技术的发展，现代导弹多采用 STT 与 BTT 结合的转弯方式，即发射后先采用 BTT 转弯，在接近目标时再采用 STT，以同时保证射程、精度和灵活性。

1.3 航空器飞行控制系统

飞机的控制系统的发展主要可以分为两大阶段：传统飞行控制阶段和现代飞行控制阶段。对于早期的飞机，姿态的控制大多是依靠绳索和滑轮将各个翼面连接到驾驶舱内，由飞行员手动调节操纵杆进行飞行控制的。显然，这样的传动方式只适合于早期的低速小飞机。随着技术不断发展，飞机越做越大，飞行速度越来越快，飞机各个翼面上受到的气动力急剧上升，单靠飞行员的力量已经很难使飞机翼面运动。20 世纪 60 年代，新型飞机对操控性能的要求进一步提高。例如，对于大型飞机，机身挠性的影响已经不可忽略，作用在飞机上的气动力会导致机身发生振动，引发所谓气动弹性问题。机械传动系统已无法满足飞行需要。在这一背景下，研究人员将自动控制系统引入飞行操纵系统中，设计出电传飞行操纵系统，简称为电传飞控。

本小节以飞机为研究对象，介绍航空器飞行控制系统的构成，以两个典型飞行控制系统为例进行分析，并给出相应的控制回路图。

1.3.1 飞机控制系统构成

飞机控制系统一般由 3 个反馈回路构成，即舵回路、稳定回路和控制（制导）回路，如图 1.4 所示。可以将飞机控制系统的基本组成部件分为 4 类：测量部件、信号处理部件、放大部件和执行机构。

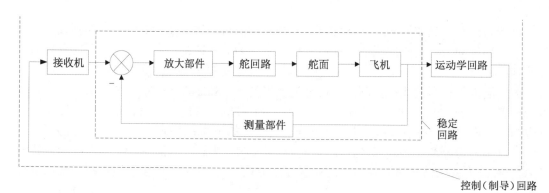

图 1.4　飞机控制系统回路构成

（1）测量部件。

测量部件是飞机控制系统的信息来源，用来测量飞行控制所需要的飞机运动参数，常用的测量部件有垂直陀螺仪、航向陀螺仪、接收机、速率陀螺以及加速度计等。

（2）信号处理部件。

信号处理部件主要将测量部件的测量信号加以处理，形成符合控制要求的信号和飞行自动控制规律。所谓的飞行控制规律，就是自动控制器的输出信号与输入信号之间的动态关系，即自动控制器的静态和动态特性的数学表达式。常用的信号处理部件为机载计算机。

（3）放大部件。

放大部件可以将信号处理部件的输出信号进行必要的放大处理，以便驱动执行机构。

（4）执行机构。

执行机构根据放大部件的输出信号驱动舵面偏转。常用的执行机构有电动伺服舵机和液压伺服舵机等。

图 1.4 中的舵回路用于改善舵机的性能以满足飞行控制系统的要求，它通常将舵机的输出信号反馈到输入端，形成负反馈回路伺服系统。舵回路一般包括放大器、舵机、舵面、测速机、位置传感器，舵回路原理如图 1.5 所示。

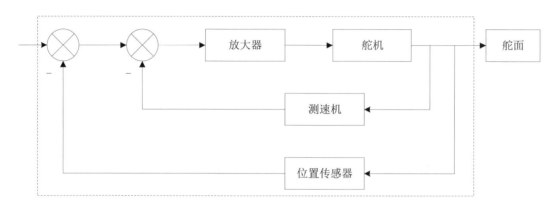

图 1.5　舵回路原理

图 1.5 中，存在着两个负反馈回路，一是将位置传感器测量的舵机输出的角位置信号反馈到舵回路的输入端，使控制信号与舵机输出信号形成比例关系；二是将测速机测出舵机输出的角速率信号，反馈到放大器来增大舵回路的阻尼，改善舵回路的动态性能。

1.3.2　飞机控制系统

1. 飞机俯仰姿态保持系统

如果测量部件测量的是飞机的飞行姿态信息，则姿态测量部件、控制器和舵回路就构成了自动飞行控制系统（Automatic Flight Control System，AFCS）。下面以俯仰姿态保持为例，进行姿态驾驶仪在姿态控制过程中的工作原理介绍。

俯仰姿态保持的控制模型一般用于飞机纵向平面内的高度改变（爬升、降落）、加速、减速以及平飞，控制变量为俯仰角，传感器为姿态参考陀螺。由于攻角随飞行条件变化，因此控制律并不保持飞机航迹倾角为常数。这样，如果推力增加，攻角会趋于减小，飞机爬升；当飞机重量减小，攻角减小，也会导致缓慢爬升。由于这些特点，俯仰姿态保持的自动驾驶仪需要采用反馈构型。

2. 飞机高度保持系统

高度保持是飞机自动飞行控制系统的一种重要控制模式，它使飞机在航路走廊上保持固定的高度，以满足空管部门的要求。由于角稳定系统在常值干扰力矩的干扰下存在姿态角的静差，导致高度漂移，所以不能直接应用于飞行高度的稳定与控制系统中。因此，在飞机飞行高度的稳定与控制系统中，需要直接测量飞行高度，使用高度差传感器，如气压式高度表或无线电高度表等，根据高度差的信息直接控制飞机的飞行姿态，从而改变航迹倾角，实现对飞行高度的闭环稳定与控制。

1.4 航天器飞行控制系统

前面我们介绍了航空器的飞行控制系统，对于大气层内的飞行器，其飞行控制是以飞行力学为基础的。本小节以大气层外的飞行器为对象，介绍航天器在空间环境中的运动规律。与气动飞行环境类似，空间运动也包括两个部分，即质心的平移及绕质心的转动。

对于航天器，姿态和轨道控制是航天器的重要组成部分，对星载有效载荷任务的完成起着十分重要的作用。航天器的在轨正常工作及运行性能依赖于控制系统的支持，航天器控制系统由姿态控制与轨道控制两部分组成，其中轨道控制系统主要功能包括轨道确定、轨道稳定保持以及轨道机动控制，姿态控制系统主要功能包括姿态确定、指定方向控制以及姿态机动控制，如图1.6所示。

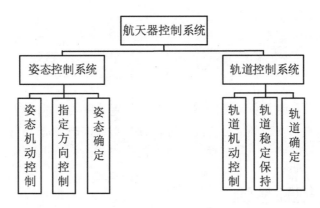

图 1.6 航天器控制系统组成及主要功能

1.4.1 轨道控制系统

航天器的轨道控制的主要目的是控制航天器沿既定轨道运动，通常是通过控制航天器的速度来实现的。受地球扁率、大气阻力、太阳光压、日月等其他天体的摄动因素的影响，航天器会逐渐偏离目标轨道。为了能让航天器保持在目标轨道上，地面测控站需要定期对航天器进行测量并更新计算，对轨道进行修正。航天器轨道控制系统主要由测量系统、控制器和推进系统组成，如图1.7所示。

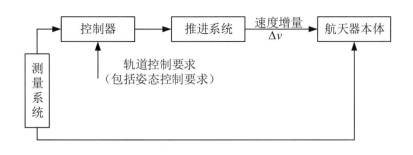

图 1.7 航天器轨道控制系统组成及原理

1. 测量系统

测量系统利用仪器对航天器运行轨道进行跟踪观测。常用的仪器有单脉冲雷达、多普勒测速仪、干涉仪、光学摄像机。

1）单脉冲雷达

单脉冲雷达是能从单个回波脉冲信号中获得目标全部角坐标信息的跟踪雷达。它每发射一个脉冲，天线能同时形成若干个波束，将各波束回波信号的振幅和相位进行比较，当目标位于天线轴线上时，各波束回波信号的振幅和相位相等，信号差为零；当目标不在天线轴线上时，各波束回波信号的振幅和相位不等，产生信号差，驱动天线转向目标直至天线轴线对准目标，这样便可测出目标的高低角和方位角，综合各波束接收的信号，可测出目标的距离，从而实现对目标的测量和跟踪。

2）多普勒测速仪

航天器会发射固定频率的无线电波，随着航天器运动，地面站会接收到频率变化的信号，应用这个频率便可求得航天器的运动速度。这是单向多普勒系统，即航天器发射电波、地面站接收的方法。也可以在地面站发射电波，经航天器转发，再由地面站接收，这样的方法称为双向多普勒系统。

3）干涉仪

干涉仪通过测量位于不同波前的天线接收信号的相位差，经过处理获取来波方向。当航天器离测站很远时，可认为两个距离不远的天线的电波是平行的。通过测量两个到达电波的相位差，可计算出电波的到达角。

4）光学摄像机

光学摄像机以天空恒星为背景，拍摄航天器的照片，根据天空中恒星的位置，推算航天器的位置。使用这类方法可确定航天器在天球中的赤经和赤纬，且推算结果精度较高。

2. 控制器

轨道控制器可分为非自主轨道控制的控制器和自主轨道控制的控制器。控制器根据地面轨道控制的遥控指令或者轨道敏感器的数据，执行轨道计算与估计、扰动估计、控制律的计算等，然后输出指令，控制推进系统工作。

3. 推进系统

推进系统在空间应用已经有几十年的历史，在 20 世纪 60 年代至 70 年代，推进系统主要用来完成一般航天器的轨道控制和姿态控制。近十几年来，随着永久性空间站的出现，为了保证空间站的长期正常工作，推进系统向着研制高可靠、寿命长的特点发展。推进系统中典型的代表有冷气推进系统、单组元推进系统、双组元推进系统和电推进系统。

1.4.2 姿态控制系统

航天器运行于目标轨道还需要运动姿态的保证。航天器飞行姿态的每一个细微角度都会影响太阳能电池板的朝向、探测器信号的接收、卫星所携带的摄像机的视角等。按照部件组成的角度划分，航天器姿态控制系统由姿态敏感器、控制器、执行机构和航天器本体4部分组成。航天器姿态控制系统构成原理图如图1.8所示。

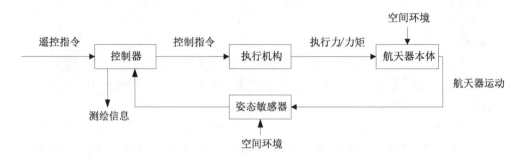

图 1.8　航天器姿态控制系统构成原理图

1. 姿态敏感器

姿态敏感器分为方向敏感器和惯性姿态敏感器两类，如图1.9所示。

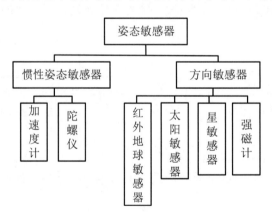

图 1.9　姿态敏感器的分类

惯性姿态敏感器测量星体相对于外部参考矢量的方位，也可以在星体内部建立基准，测量星体相对于此参考基准的姿态变化。速率积分陀螺是一种惯性姿态敏感器，高速旋转陀螺转子的角动量可以作为一种参考矢量。在理想的无外力矩作用时，该角动量在惯性空间固定不变。两个双自由度陀螺即可提供一个基准参考系，测得星体轴与转子轴之间的夹角，获得相应的姿态信息。利用陀螺转子在外力矩作用下的进动特性，可做成敏感星体角速度的速率陀螺。假定速率陀螺能给出星体的三轴角速度，并已知初始时刻的初始姿态，则可求解相对于惯性空间的姿态。

方向敏感器是测量空间基准场的仪表，它通过测量卫星本体坐标系相对于某个基准坐标系的相对角位置来确定卫星的姿态。不同方向敏感器在原理、具体结构形式、信号与数据处理、性能等方面可以有很大的差别，最常用的方向敏感器是光学敏感器，如太阳敏感器、红外地球敏感器、星敏感器等。

2. 控制器

早期的控制器是由电子线路实现的，多采用分立元件，后来逐步向组件化和数字化方向发展，从而实现数字控制。近些年来随着计算机技术的发展，控制器已经广泛采用计算机。控制器就像是航天器的"大脑"，通过使用姿态敏感器传递过来的姿态信息与系统输入的目标姿态进行决策，确定航天器需要采取的下一步动作，将控制指令传递给执行机构。

3. 执行机构

航天器可携带的执行机构主要有推力器、飞轮和环境场执行机构。

1）推力器

利用质量排出产生反作用推力的装置称为推力器。根据产生推力的能源的不同，又可分为冷气推力器、热气推力器、电推力器和光子推力器。其中冷气推力器和热气推力器消耗的工质需由卫星从地面携带，因此有限且无法补充。电推力器消耗电能，可以通过太阳能电池在轨补充，工质消耗量大大减小。光子推力器基于光压原理，不需要携带化学反应所需燃料，但开发和部署光子推力器的成本较高。

2）飞轮

飞轮的构成主要包括驱动电机、支承、轮体和控制线路等。飞轮根据"动量矩守恒"定理，通过改变安装在航天器上的高速旋转刚体的角动量矢量（包括大小和方向），产生与飞轮角动量变化率成正比的控制力矩，作用于航天器上，使其动量矩相应地变化，从而产生动量交换，进而控制航天器姿态。但飞轮也存在一些缺点，飞轮是高速旋转的物体，其对轴承寿命和可靠性要求很高。另外，飞轮存在饱和问题，达到饱和转速后不能继续提供控制力矩，需要外力矩进行卸载。

3）环境场执行机构

环境场执行机构利用磁场、引力场等环境场与航天器相互作用产生力矩，如磁力矩、重力梯度力矩、太阳辐射力矩和气动力矩等，实现对姿态的控制。这些力矩一般都比较小，而且与运行高度、航天器结构和姿态等因素有关。其中，磁力矩是最常见的一种，航天器上安装的通电线圈就是最简单的磁力矩器。通电线圈产生的磁力矩与地球磁场相互作用就可以产生控制力矩，实现姿态控制。

1.5 导弹制导控制系统

导弹制导控制系统由制导和控制两个系统组成。

制导系统用来探测或测定导弹相对于目标或者发射点的位置，按照要求规划弹道，形成制导指令并传递给控制系统。制导回路针对质心运动，分析验证位置、速度、过载等参数。制导回路可以用阻尼、超调、稳定裕度等性能指标描述其特性。

控制系统响应制导系统传来的指令信号产生作用力，迫使导弹改变姿态角，使导弹能够沿着所要求的弹道飞行。控制回路主要针对姿态运动，分析验证姿态角、姿态角速率等参数。描述控制回路特性的主要性能指标有阻尼、超调、固有频率、截止频率、谐振峰、谐振频率、稳定裕度等。

1.5.1　制导控制系统性能指标

制导控制系统的性能主要体现在制导精度、目标分辨率、目标跟踪能力、响应时间、抗干扰能力、可靠性等方面。

1. 制导精度

制导精度是制导控制系统最重要的指标，它指的是制导控制系统能够引导导弹准确到达预定目标的程度，通常用脱靶量来衡量。脱靶量是导弹实际命中点与预定目标点之间的最短距离。

2. 目标分辨率

在被攻击目标附近有其他物体时，制导控制系统需要对目标有较高的距离或角度分辨能力，即距离分辨率和角度分辨率。制导控制系统对目标的分辨率主要由传感器的测量精度所决定，因此，要提高目标分辨率，必须采用高分辨能力的目标传感器。目前，制导控制系统对目标的距离分辨率可达米级，角度分辨率可达毫弧度级。

3. 目标跟踪能力

目标跟踪能力是制导控制系统在复杂背景或者面对高速机动目标的情况下，对目标进行持续跟踪的能力。制导控制系统对目标的跟踪能力主要取决于导引头的性能（分辨率、灵敏度、抗干扰能力）、制导控制系统处理器的计算速度以及环境电子干扰等因素，是一个复杂的系统能力。制导控制系统需要进行精密的设计和测试，以确保其在各种条件下都能有效跟踪目标。

4. 响应时间

响应时间指的是制导控制系统对目标或环境变化做出反应的时间，快速响应对于精确打击动态或高机动目标尤为重要。随着科技的发展，目标的运动速度越来越快，对目标的远距离搜索和探测变得越来越困难。提高制导控制系统响应时间的主要途径是提高制导控制系统准备工作的自动化速度。目前，弹道导弹响应时间一般为几分钟，近程防空导弹的反应时间可达几秒钟。

5. 抗干扰能力

抗干扰能力是指制导控制系统在电子作战环境或其他干扰源（敌方袭击、反导对抗、内部干扰）存在时保持正常工作的能力。提高制导控制系统抗干扰能力的方法，一是降低制导控制系统对干扰的灵敏程度；二是让制导控制系统的动作具有突发性、欺骗性和隐蔽性；三是让制导控制系统采用多种工作模式，使其在被干扰时可以快速进行模式切换。

6. 可靠性

可靠性指的是制导控制系统在给定时间和条件下无故障工作的能力，通常用平均无故障时间来衡量。整个制导控制系统可靠性的高低取决于系统内各个组件、元件的可靠性。目前，技术先进的制导控制系统可靠性最高可达 95%。

1.5.2 制导控制系统构成

制导控制系统作为现代武器系统的核心组成部分，其精确度和可靠性直接关系到武器系统的打击效果。一个典型的制导控制系统可由测量装置、计算装置和执行装置 3 部分组成，它们相互协作，共同完成对目标的精确打击任务。

1. 测量装置

导弹的测量装置可用于测量导弹和目标的相对运动信息，也可用于测量弹体在飞行过程中的姿态和中心横向加速度，并将这些参数及其变化趋势以电信号的形式传递给控制系统。常用的测量装置有雷达、红外、激光探测器、高度表、加速度计、陀螺仪等。

2. 计算装置

计算装置指的是弹上的制导计算机，将测量装置传递来的电信号按照选定的导引规律加以计算处理，形成制导指令信号。

3. 执行装置

对于导弹的制导控制系统，执行装置通常指的是舵机。舵机根据制导和控制信号的要求操纵舵面进行偏转，以产生改变弹体运动的控制力矩。设计舵机时一般要考虑多个因素。首先，舵机要有足够的能力对抗作用在弹体翼片和舵面上的空气阻力。其次，舵机要能产生足够的偏转角和角速度，同时要具备快速性，能够快速满足弹体姿态变化所需的控制力，否则就会出现导弹姿态滞后的现象，影响制导精度。最后，还要求舵机具有尺寸小、质量轻等特点。根据所用能源的形式，舵机有液压舵机、气压舵机、燃气舵机及电动舵机等不同类型。对舵机的性能要求，主要有舵面的最大偏转角、舵面的最大偏转角速率、舵机的最大输出力矩，以及动态过程的时间响应特性等。

1.5.3 制导控制系统设计流程

制导控制系统的设计是一个较为复杂的问题，需要根据不同的研究目的将其分为若干设计阶段，并按照严格的设计流程开展相关设计和分析工作。参考相关武器型号的研制过程和相关军用标准，制导控制系统的设计大致可以分为 3 个主要阶段：方案论证、方案设计和方案验证。这 3 个阶段相互关联，逐渐深入。无论是设计的哪一个阶段，都要围绕着满足制导控制系统性能指标来进行。

1. 方案论证阶段

制导控制系统方案论证阶段需要配合武器系统或导弹系统总体方案进行，通过几轮的迭代设计，最终初步建立制导控制系统结构框架。该阶段的主要工作如下。

（1）确定制导体制：在设计过程中，需要根据导弹作战目标和任务要求，选择合适的制导体制。不同的制导体制在精度、抗干扰能力、成本等方面具有各自的优缺点，是制导控制系统的重要参数。

（2）选择控制方案：根据导弹外形布局和弹道要求，选择参数合适的稳定控制回路、敏感器件和执行机构，并考虑各设备的尺寸、重量以及供电等问题，并与总体方案进行反复迭代。

（3）指标初步估计：需要结合总体设计方案完成制导精度、交接班区域、发射条件等诸多参数的初步估计，以及相关器件的论证选型。

2. 方案设计阶段

本阶段需要开展相关工作细化方案的设计，主要包括控制回路的设计和制导回路的设计两方面。控制回路在设计时，需要先根据导弹气动力数据进行弹体气动特性分析，确定其是否能够满足控制性能要求；然后，需要开展控制系统设计，分析并设计控制系统的时域指标和频域指标；最后，验证考核控制方案的控制性能。制导回路在设计时，需要研究制导律选择、目标信息的预估处理、目标信息识别与跟踪等内容。

3. 方案验证阶段

在完成制导控制系统方案设计后，需要对设计方案开展多种形式的验证工作，主要包括全数字仿真、半实物仿真、靶试试验等，来评估系统设计方案是否满足战技指标。

1）全数字仿真

目前，主要采用蒙特卡洛仿真方法，在完成制导律选择和控制回路设计后，通过大量的仿真计算，用建立的全系统数学模型考核制导控制系统性能、优化系统设计方案、调整系统控制参数。

2）半实物仿真

在完成全数字仿真后，将制导控制系统中的核心部件，如弹载计算机、导引头、陀螺和舵机等部件，引入到仿真回路中，验证制导控制系统各个器件之间的软、硬件的协调性和正确性，研究分析控制作用的能力和系统的抗干扰能力。

3）靶试试验

靶试试验用来最终验证全系统的设计结果和战技指标，在靶试试验后，通过一系列数据分析，可以为导弹制导控制系统的优化改进提供理论依据。

需要说明的是，制导控制系统的设计并不是严格按照工作步骤顺序执行的，而是需要根据设计结果进行反复迭代，不断地对系统和分系统之间的性能参数进行综合权衡，优化系统结构和设计参数，最终才能得到满意的设计结果。

本 章 小 结

本章简要介绍了飞行器制导控制系统的概念与组成。从反馈回路的角度，介绍了组成飞行器制导控制系统的舵回路、控制回路和制导回路，简要介绍了飞行控制基本原理及飞行器制导方案和控制方式。将飞行器分为航空器、航天器、火箭和导弹三大类，以飞机、卫星、导弹为例，介绍了每类飞行器的飞行控制系统构成和原理。简要介绍了导弹制导控制系统的性能指标、构成以及设计流程。

习 题 1

1. 简述航空器的飞行控制系统构成。
2. 简述航天器轨道和姿态控制系统组成。
3. 简述飞行器制导控制系统的基本组成以及各组成部分的基本作用。
4. 简要说明描述导弹制导控制系统特性的性能指标。

第2章
MWORKS 平台介绍

  MWORKS 是一款基于国际知识统一表达与互联标准打造的新一代科学计算与系统建模仿真平台，其中，MWORKS.Syslab 是面向科学计算的软件，通过 Julia 语言支持多范式统一编程，提供通用编程、科学计算、数据科学、机器学习、信号处理、通信仿真、并行计算等功能，并可使用内置的图形进行数据可视化。MWORKS.Sysplorer 是新一代多领域工程系统建模、仿真、分析与优化的通用 CAE 软件，基于多领域统一建模规范 Modelica 语言建模，提供了从可视化建模、仿真计算到结果分析的完整功能，支持多学科多目标优化、硬件在环仿真及与其他工具的联合仿真。

  MWORKS 为科研和工程计算人员提供了交互式科学计算和建模仿真环境，实现了科学计算软件 MWORKS.Syslab 与系统建模仿真软件 MWORKS.Sysplorer 的双向融合，形成了新一代科学计算与系统建模仿真的一体化基础平台，满足各行业在设计、建模、仿真、分析、优化方面的业务需求。

  本章首先介绍了 MWORKS.Syslab 与 MWORKS.Sysplorer 的基本界面和相关设置，继而通过软件平台提供的示例说明了 MWORKS.Syslab 与 MWORKS.Sysplorer 软件之间的数据交互方法，使读者掌握 MWORKS.Syslab 与 MWORKS.Sysplorer 的交互功能与应用，为制导控制系统建模与仿真的实现奠定基础。

通过本章的学习，读者可以了解（或掌握）：
- ❖ MWORKS 平台简介。
- ❖ MWORKS.Syslab 软件界面及基本设置。
- ❖ MWORKS.Sysplorer 软件界面及基本设置。
- ❖ MWORKS.Sysplorer 和 MWORKS.Syslab 的交互功能和应用。

2.1 MWORKS平台简介

装备数字化指数字技术与装备技术深度融合。在实现装备研制模式变革（新方法）、产品智能升级（新能力）和价值体系重塑（新价值）的演进过程中，数字化工程为装备研制模式变革提供了全新机遇，也对装备数字化工程的推进落地提出了巨大挑战。MWORKS 是苏州同元软控信息技术有限公司面向数字化和智能化融合推出的新一代、自主可控的科学计算与系统建模仿真平台。MWORKS 提供机械、电子、液压、控制、热、信息等多领域统一建模仿真环境，实现复杂装备数字化模型标准表达，支持物理系统和信息系统的融合，为装备数字化工程提供基础工具支撑，是基于模型的系统工程（Model-Based Systems Engineering, MBSE）方法落地的使能工具。MWORKS 为复杂系统工程研制提供全生命周期支持，已广泛应用于航空、航天、能源、车辆、船舶、教育等行业，为国家探月工程、空间站、国产大飞机、核能动力等系列重大工程提供了先进的数字化设计技术支撑和深度技术服务保障，整体水平位居国际前列，是国内为数不多、具有国际一流技术水平的工业软件之一。

2.1.1 MWORKS 科学计算与系统建模仿真平台

随着现代工业产品智能化、物联化程度不断提升，MWORKS 已发展为以机械系统为主体，集电子、控制、液压等多个领域子系统于一体的复杂多领域系统。在传统的系统工程研制模式中，研发要素的载体为文档，设计方案的验证依赖实物试验，存在设计数据不同源、信息可追溯性差、早期仿真验证困难和知识复用性不足等问题，与当前复杂系统研制的高要求愈发不相适应，难以支撑日益复杂的研制任务需求。

MBSE 是基于模型的系统工程，是用数字化模型作为研发要素的载体，实现描述系统架构、功能、性能、规格需求等各个要素的数字化模型表达，依托模型可追溯、可验证的特点，实现基于模型的仿真闭环，为方案的早期验证和知识复用创造了条件。

MWORKS 采用基于模型的方法全面支撑系统研制，通过不同层次、不同类型的仿真实现系统设计的验证。围绕系统研制的方案论证、系统设计与验证、测试与运维等阶段，MWORKS 分别提供小回路、大回路和数字孪生虚实融合三个设计验证闭环，如图 2.1 所示。

1. 小回路设计验证闭环

在传统研制流程中，70%的设计错误在系统设计阶段被引入。在论证阶段引入小回路设计验证闭环，可以实现系统方案的早期验证，提前暴露系统设计缺陷与错误。

基于模型的系统设计以用户需求为输入，能够快速构建系统初步方案，然后进行计算和多方案比较得到论证结果，在设计早期就实现多领域系统综合仿真验证，以确保系统架构设计和系统指标分解的合理性。

2. 大回路设计验证闭环

在传统研制流程中，80%的问题在实物集成测试阶段被发现。引入大回路设计验证闭环，通过多学科统一建模仿真及联合仿真，可以实现设计方案的数字化验证，利用虚拟试验对实物试验进行补充和拓展。

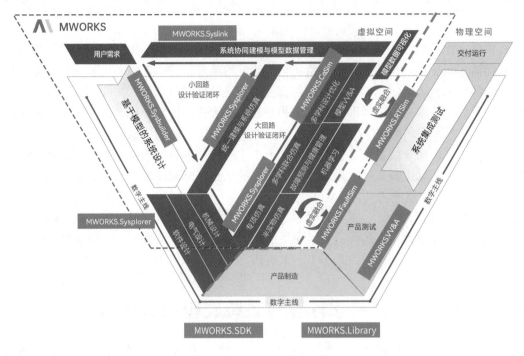

图 2.1　MWORKS 设计与验证

在系统初步方案基础上开展细化设计，以系统架构为设计约束，各专业开展专业设计、仿真，最后回归到总体，开展多学科联合仿真，验证详细设计方案的有效性与合理性，开展多学科设计优化，实现正确可靠的设计方案。

3. 数字孪生虚实融合设计验证闭环

在测试和运维阶段，构建基于 Modelica+的数字孪生模型，实现对系统的模拟、监控、评估、预测、优化、控制，对传统的基于实物试验的测试验证与基于测量数据的运行维护进行补充、拓展。

利用系统仿真工具建立产品数字功能样机，通过半物理工具实现与物理产品的同步映射和交互，形成数字孪生闭环，为产品测试、运维阶段提供虚实融合的研制分析支持。

2.1.2　MWORKS 产品体系

科学计算与系统建模仿真平台 MWORKS 由四大系统级产品和系列工具箱组成，如图 2.2 所示。

1. 四大系统级产品

1）系统架构设计环境 Sysbuilder（全称为 MWORKS.Sysbuilder）

Sysbuilder 是面向复杂工程系统的系统架构设计环境，以用户需求为导入，按照自顶向下的系统研制流程，以图形化、结构化、面向对象方式覆盖系统的需求导入、架构建模、逻辑仿真、分析评估，通过与 Sysplorer 的紧密集成，支持用户在系统设计的早期开展方案论证并实现基于模型的多领域系统综合分析和验证。

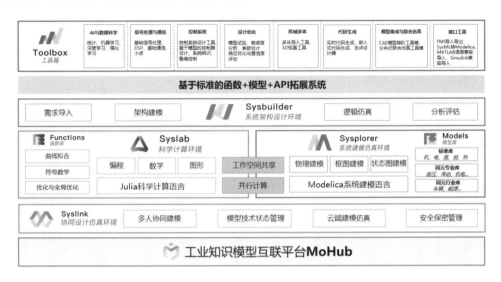

图 2.2　科学计算与系统建模仿真平台 MWORKS 架构图

2）科学计算环境 Syslab（全称为 MWORKS.Syslab）

Syslab 是面向科学计算和数据分析的计算环境，基于高性能动态科学计算语言 Julia 提供交互式编程环境，实现科学计算编程、编译、调试和绘图功能，内置数学运算、符号计算、信号处理和通信等多种应用工具箱，支持用户开展科学计算、数据分析、算法设计，并进一步支持信息物理融合系统的设计、建模与仿真分析。

3）系统建模仿真环境 Sysplorer（全称为 MWORKS.Sysplorer）

Sysplorer 是大回路闭环及数字孪生的支撑平台，是面向多领域工业产品的系统级综合设计与仿真验证平台，完全支持多领域统一系统建模语言 Modelica，遵循现实中拓扑结构的层次化建模方式，支撑 MBSE 应用，提供方便易用的系统仿真建模、完备的编译分析、强大的仿真求解、实用的后处理功能及丰富的扩展接口，支持用户开展产品多领域模型开发、虚拟集成、多层级方案仿真验证、方案分析优化，并进一步为产品数字孪生模型的构建与应用提供关键支撑。

4）协同设计仿真环境 Syslink（全称为 MWORKS.Syslink）

Syslink 是面向协同设计与模型管理的基础平台，是 MBSE 环境中的模型、数据及相关工作协同管理解决方案，将传统面向文件的协同转变为面向模型的协同，为工程师屏蔽了通用版本管理工具复杂的配置和操作，提供了多人协同建模、模型技术状态管理、云端建模仿真和安全保密管理功能，为系统研制提供基于模型的协同环境。Syslink 打破单位与地域障碍，支持团队用户开展协同建模和产品模型的技术状态控制，开展跨层级的协同仿真，为各行业的数字化转型全面赋能。

2. 系列工具箱

Toolbox 是基于 MWORKS 开放 API 体系开发的系列工具箱，提供 AI 与数据科学、信号处理与通信、控制系统、设计优化、机械多体、代码生成、模型集成与联合仿真、接口工具等多个类别的工具箱，可满足多样化的数字设计、分析、仿真及优化需求。Toolbox 包括 3 种形态：函数库、模型库和应用程序。

1）函数库（Functions）

函数库提供面向基础数学和绘图等的基础功能函数，内置曲线拟合、符号数学、优化与全局优化等高质优选函数库，支持用户自行扩展；支持教学、科研、通信、芯片、控制等行业用户开展教学科研、数据分析、算法设计和产品分析。

2）模型库（Models）

模型库涵盖传动、液压、电机、热流等多个典型专业，覆盖航天、航空、车辆、能源、船舶等多个重点行业，支持用户自行扩展；提供的基础模型可大幅降低复杂产品模型开发门槛与模型开发人员的学习成本。

3）应用程序（App）

应用程序提供基于函数库和模型库构建的线性系统分析器、控制系统设计、系统辨识、滤波器设计、模型线性化、频率响应估算、模型试验、敏感度分析、参数估计、响应优化与置信度评估、实时代码生成、嵌入式代码生成、定点设计等多个交互式应用程序，支持用户自行扩展；图形化的操作可快速实现特定功能，而无须从零开始编写代码。

2.2 Syslab软件简介

Syslab 是新一代科学计算软件，基于高性能科学计算语言 Julia，提供交互式编程环境的完备功能。Syslab 支持多范式统一编程，简约与性能兼顾，内置通用编程、数学、符号数学、曲线拟合、信号处理、通信的函数库，可用于科学计算、数据分析、算法设计、机器学习等领域，并通过内置丰富的图形进行数据可视化。

2.2.1 Syslab 软件界面

在完成 Syslab 的安装后，启动 Syslab。Syslab 软件界面是一个高度集成的工作界面，如图 2.3 所示，该界面可呈现工具栏、侧边栏、命令行窗口、工作区、文档、状态栏等。需要说明的是，Syslab 软件界面随着 Syslab 版本的不同会有一定的差异。

1. 工具栏

在工具栏区域，用户可以通过单击完成相关操作，包括主页、绘图和视图等。其中，主页中包含各种常用操作和设置，主要有文件的操作、变量的加载与保存、代码的运行、Sysplorer 软件的启动等内容；绘图中包含各种绘图指令，主要有曲线图、柱状图、散点图等；视图中包含外观的设置、编辑器布局、代码折叠和显示设置等内容。

2. 侧边栏

侧边栏用于提供不同的功能部件，单击可以展开功能面板。

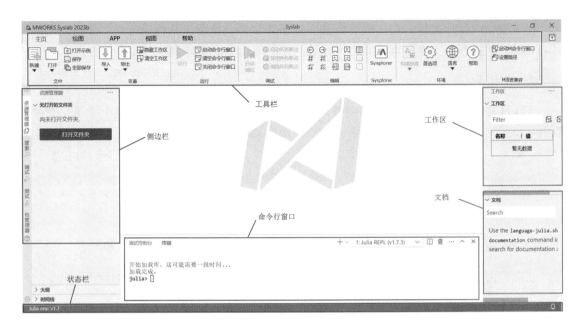

图 2.3　Syslab 软件界面

3. 命令行窗口

命令行窗口（Read-Eval-Print-Loop，REPL）是 Syslab 操作的主要窗口，在该区域内，用户可以输入各种命令、函数和表达式，同时，各种运算结果和运行提示也会在该窗口中显示。

启动 REPL：在工具栏的主页中，单击"启动命令行窗口"按钮，将打开命令行窗口，如图 2.4 所示。

图 2.4　命令行窗口

在 REPL 中执行文件：在代码编辑器中打开.jl 文件，单击工具栏"运行"按钮，系统将启动 REPL 并执行该文件脚本，并将执行过程中的输出信息打印到 REPL 中。

4．工作区

工作区显示了 Syslab 中的所有变量，包括名称、大小、类型等。双击某个变量，会弹出数据编辑区，便于用户查看数据或编辑数据。选中某个变量，单击右键，在菜单中可以完成复制、删除、重命名及各种绘图操作。

5．文档

文档用于查看函数说明。

6．状态栏

状态栏用于提示状态信息，可通过状态栏了解 Syslab 是否处于运行或加载等状态。

2.2.2　Syslab 软件设置

Syslab 平台的上方提供了快捷按钮"首选项"，如图 2.5 所示，其支持打开 Syslab 选项设置页面。

图 2.5　首选项快捷设置

1．路径设置

路径设置项说明如下：

（1）Julia 可执行文件路径：第三方底层支撑软件 julia.exe 文件路径。

（2）MWORKS.Sysplorer 可执行文件路径：工程建模软件 mworks.exe 的文件路径。

（3）系统映像文件路径：即用户自定义的系统映像文件路径。

（4）仿真结果目录：即 Work 目录，用来存放仿真结果文件。

2. 工作区

工作区设置项说明如下：

（1）是否显示模块：工作区是否显示 Module 节点，默认不显示。

（2）是否显示函数：工作区是否显示 Function 节点，默认不显示。

（3）是否显示结构体：工作区是否显示 Struct 节点，默认不显示。

（4）是否显示取值为 nothing 的变量：工作区是否显示取值为 nothing 的变量，默认不显示。

（5）调试开始时是否导入 REPL 工作区变量：启动调试时，是否将 REPL 工作区的变量列表导入到运行和调试中的变量面板中，默认为 false。

（6）调试结束时是否将结果导出到 REPL 工作区：调试结束时，是否将调试结果导出到 REPL 工作区中，默认为 false。

3. 预加载

预加载设置项说明如下：

（1）启动 REPL 时预加载基础库：启动 REPL 时预先加载基础库，REPL 加载完成后，可直接使用，默认预加载基础库。

（2）启动 REPL 时加载自定义系统映像文件（JuliaSysimage.dll）：启动 REPL 时加载自定义系统映像文件，节省库的预编译时间，默认加载自定义系统映像文件。

（3）启动调试时加载自定义系统映像文件（JuliaSysimage.dll）：启动调试时加载自定义系统映像文件，节省库的预编译时间，默认加载自定义系统映像文件。

4. 镜像源

镜像源设置项说明如下：

（1）是否使用国内镜像源：是否使用国内镜像源，默认不使用。

（2）下拉按钮选择国内镜像源：默认使用 USTC 中国科学技术大学开源软件镜像。

5. 导出配置

导出配置设置项说明如下：

导出 CSV 文件是否添加默认表头：导出 CSV 文件是否添加默认表头，默认不添加。

6. 帮助文档

帮助文档设置项说明如下：

下拉按钮选择帮助文档浏览器：默认使用默认浏览器。

7.日志

日志设置项说明如下：

（1）是否勾选调试日志记录：默认不勾选。

（2）日志文件夹路径：存放 Syslab 运行过程中的日志记录、Syslab IDE 启动的流程日志、Syslab IDE 启动的渲染过程日志。

（3）清除日志：清除文件夹下的所有日志文件。

8. 远程仓库

远程仓库设置项说明如下：

（1）远程仓库地址：远程 gitlab 服务器中远程仓库地址，主要用于私有开发包的版本管理。

（2）私有注册表地址：远程 gitlab 服务器中私有注册表地址，主要用于私有注册表的版本管理。

（3）远程仓库用户名：远程 gitlab 服务器上已注册的用户名。

（4）远程仓库密码：远程 gitlab 服务器上已注册的用户名的对应密码。

9. 快捷键

单击左侧边栏下方的"设置"图标，再选择"键盘快捷方式"，打开"键盘快捷方式"页面，可以浏览和编辑 Syslab 的所有快捷键。

10. 主题设置

Syslab 提供颜色主题设置。在工具栏的"视图"标签页中，单击"颜色主题"按钮，弹出颜色主题选择列表，如图 2.6 所示。允许用户切换不同的颜色主题，上下箭头键可以预览颜色主题的效果，单击颜色主题，颜色主题更改生效。

图 2.6　主题设置

2.3 Sysplorer软件简介

Sysplorer 是面向多领域工业产品的系统级综合设计与仿真验证软件，基于 Modelica 的国际统一建模标准，支持物理对象、框图和状态机等图形化建模，内置机械、液压、气动、电机等高保真专业库，全面支撑基于模型的系统设计和仿真验证。嵌入代码生成功能，支持设计和实现的一体化，是完全自主的系统建模与仿真软件。更为重要的是，Syslab 与 Sysplorer 之间实现了双向深度融合，形成新一代科学计算与系统建模仿真的一体化基础平台，满足各行业在设计、建模、仿真、分析、优化方面的业务需求。

2.3.1 Sysplorer 软件界面

在完成 Sysplorer 的安装后启动软件，Sysplorer 主要可分为建模环境与仿真环境。如图 2.7 所示，工具栏包括"建模""编辑""仿真""图表""工具"等。

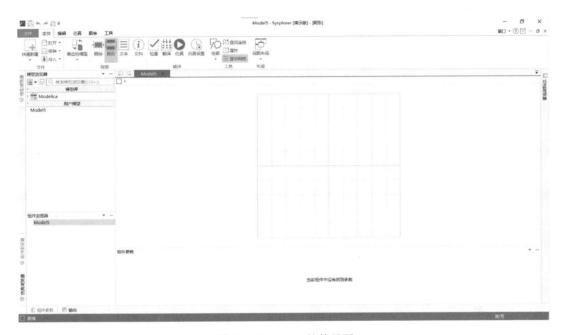

图 2.7　Sysplorer 软件界面

1. "建模"标签页

单击工具栏顶部的"建模"进入如图 2.7 所示的建模环境，主要包括模型编辑窗口、模型浏览器、组件浏览器、组件参数、组件变量等子窗口，可通过单击右上角"窗口"菜单来决定显示哪些子窗口。

模型编辑窗口是建模环境的主要工作区域，用于建立、编辑和查看模型。编辑窗口与模型浏览器和组件浏览器密切关联。用户可以使用拖放方式从模型浏览器中拖动模型到编辑窗口建立组件，组件浏览器中实时显示编辑窗口中当前主模型的相关信息，如主模型中声明的组件等。模型编辑窗口有 4 种不同的显示模式，在建模环境下，在工具栏内单击如图 2.8 所示的按钮可实现模式切换，其中，图标视图表示在其他模型中作为组件时的图形显示，图形视图表示显示模型的组件，文本视图表示显示模型的文本，文档表示显示模型的说明信息。

图 2.8　不同视图按钮

模型浏览器默认位于建模主窗口的左侧，以树状形式显示当前已加载模型的层次结构，包括模型库和用户自定义模型。模型浏览器包括两个部分：功能区和浏览区，其中，功能区提供以下 3 个功能：

（1）模型库加载功能：单击"模型库"按钮，展开的下拉菜单中会显示配置完成的模型库，单击即可加载对应模型库至模型浏览器。通过此方法，在下次打开软件时不会自动加载此次打开的模型库。若单击"模型库设置"，则将打开"选项"窗口，在打开的"选项"窗口中单击展开"环境"的子菜单，从中选择"模型库"，即可进行模型库配置。通过此方法，在下次打开软件时会自动加载此次选择的模型库。

（2）全部折叠功能：即可将当前模型浏览器内的所有节点折叠。

（3）模型查找功能：在其中输入要查找的模型名（注意不区分大小写），如 DCMotor，浏览区树形结构可筛选出符合条件的模型。此时按 Enter 键，模型浏览器中自顶向下显示第 1 个符合条件的模型，将模型名背景置为灰色以标识匹配。继续按 Enter 键，则从当前位置继续向下查找。

组件浏览器以树形结构显示已打开模型中的组件层次结构。组件列表的内容与模型编辑窗口紧密关联，总是显示模型编辑窗口中当前主模型的组件列表。在模型编辑窗口中选中组件，组件浏览器中对应的组件名称会以蓝底高亮显示。双击组件浏览器中的节点进入组件，模型编辑窗口显示组件对应的模型。右击组件浏览器中的组件节点，在弹出的上下文菜单中选择"进入组件"，也可实现与双击组件节点相同的操作效果。

组件参数面板显示当前模型或选中的组件中参数的名称、值、单位、描述等信息，其中参数名称和描述不可以直接修改。在图标视图和图形视图下，组件参数面板分为以下 4 种情况显示参数：

（1）未选中组件时，显示当前模型的参数。

（2）选中单个组件时，显示此组件的参数。

（3）选中多个组件时，获取的参数数据列表为空。

（4）打开某个组件类型而未选中组件时，显示此组件类型的参数，其他情况遵循上述原则。

输出窗口可通过先单击"窗口"按钮，再单击"输出窗口"打开。输出窗口分为建模输出窗口和仿真输出窗口，用来显示用户请求的操作结果，以及在建模、仿真过程中产生的错误和警告。

命令窗口支持运行 Python 命令，可在命令窗口">>"标识符后输入命令，按 Enter 键执行命令，执行结果会输出到命令窗口。命令窗口也接受脚本文件（实为文本文件，后缀一般为.mos 或.py），将脚本文件从操作系统的资源管理器中直接拖入到主窗口，松开鼠标后即可执行。将鼠标光标焦点置于命令输入栏，按方向键"↑"，则回退至上一次执行的命令（显示在输入栏），按 Enter 键执行该命令；按方向键"↓"，则前进至下一条命令。

在窗口中右击鼠标会弹出上下文菜单，提供对窗口内容的撤销、重做、复制、粘贴、全选、清空等操作。

2. "编辑"标签页

单击"编辑"标签页后，Sysplorer 界面如图 2.9 所示，除工具栏相较"建模"标签页发生变化外，其余保持一致。在编辑标签页下，便于完成绘制图元等编辑操作。

图 2.9 "编辑"标签页

3．"仿真"标签页

使用 Sysplorer 完成模型搭建后，需要对所建模型进行仿真分析，单击"仿真"标签页后，Sysplorer 界面如图 2.10 所示，工具栏分为"仿真""图表""动画控制""布局" 4 栏，在"仿真"栏中可进行模型翻译、仿真设置、算法选择等操作，在"图表"栏中可对仿真数据进行绘图显示等操作，在"动画控制"栏中可对仿真动画进行控制，在"布局"栏中可调整视图布局。

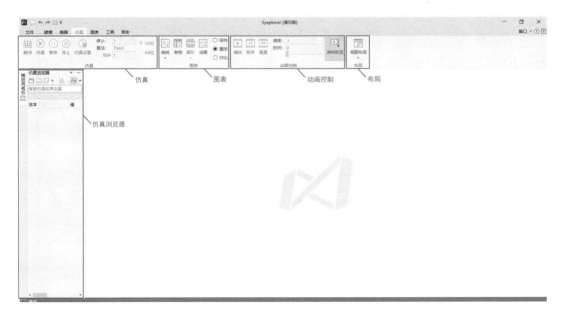

图 2.10 仿真环境

仿真浏览器如图 2.11 所示，默认置于主窗口的左边，可以根据需要或者使用习惯调整到其他合适的位置。仿真浏览器以树形显示模型的编译结果，并可列出模型中的组件层次结构。

仿真浏览器中的工具栏可对仿真结果进行另存为、导出、显示指定时刻变量值等操作；通过搜索表框可输入要查找的变量名，根据输入的

图 2.11　仿真浏览器

关键字，搜索结果即时显示；仿真过程中，工具栏的下方可显示仿真进度条，根据当前仿真时间，显示进度。

4. "图表"标签页

单击选择"图表"标签页，工具栏如图 2.12 所示。

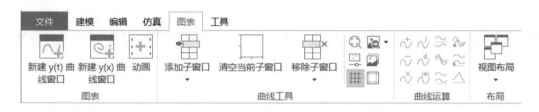

图 2.12　"图表"标签页

对物理模型进行仿真的一个目的是通过仿真查看物理模型的状态与变化，Sysplorer 提供了 3 种窗口供用户观察模型的状态变化：曲线窗口、3D 动画窗口、2D 动画窗口。

5. "工具"标签页

单击选择"工具"标签页，工具栏如图 2.13 所示，主要分为"导出""应用""环境" 3 栏，其中，通过"导出"栏，可以进行 FMU 文件导出，支持 FMI 版本、类型、平台等设置；通过"应用"栏可以实现运行脚本、频率估算、模型标定等操作，插件管理用于管理 Sysplorer 插件，实现界面化查看插件信息，包括启用、禁用和卸载插件的功能；通过"环境"栏，可进行环境、建模、仿真、Syslink 等相关设置，对使用许可和语言进行设置。

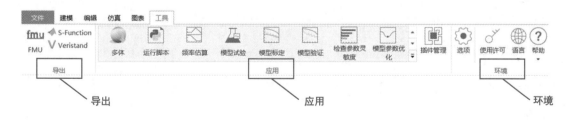

图 2.13　"工具"标签页

2.3.2　Sysplorer 软件设置

1. 运行主程序

打开 Sysplorer 有以下 3 种方式：
（1）双击桌面快捷方式 MWORKS.Sysplorer(x64)。
（2）单击程序组快捷方式。
（3）通过 Syslab 中工作栏区域打开 Sysplorer。

2. 加载标准模型库

（1）启动 Sysplorer 后选择菜单中的"文件"命令，再选择"模型库"选项，可以选择任意一个标准库进行加载，如图 2.14 所示。若已经存在加载的模型库，则会弹出切换对话框，单击"是"按钮重新加载模型库，单击"否"按钮取消加载。

图 2.14　通过文件菜单选择标准库

（2）选择菜单"工具"标签页，再单击"选项"按钮，弹出"选项"对话框，如图 2.15 所示。打开 Modelica 标准库的下拉菜单可以看到不同的标准库，选择一个模型库后单击"确定"按钮，弹出对话框，单击"确定"按钮后就会加载对应的模型库，并且在下次打开软件时也会自动加载对应的模型库。

3. 加载自定义模型库

单击图 2.15 中的"新增库目录"按钮，弹出如图 2.16 所示的"选择模型库目录"对话框。选择所需要新增的模型库目录，单击"选择文件夹"按钮后，可以看到。图 2.17 中"选项"的模型库节点下同步增加了模型库目录，单击"确定"按钮后，即可加载模型库，并且在下次打开软件时也会自动加载对应的模型库。

图 2.15 通过"选项"对话框选择标准库

图 2.16 "选择模型库目录"对话框

图 2.17　自定义模型库

注意，在"选项"对话框中添加模型库后，每次启动 Sysplorer 时都会自动加载前面所选模型库。如果不想在启动时加载该模型库，则需要将 Modelica 标准库设置成"无"，且取消勾选模型库配置中的模型库。

4. C/C++编译器设置

为了仿真模型，设置编译器是必要的。一般情况下，系统会指定一个编译器。若对编译器有要求，或者指定的编译器不存在，则可以在菜单栏中选择"工具"命令，单击其中的"选项"按钮，在打开的"选项"对话框中，展开"仿真"子菜单栏，单击"C 编译器"选项，从中进行设置，如图 2.18 所示。

图 2.18　编译器设置

（1）内置 Gcc：默认内置的编译器。

（2）自定义 Gcc：默认设置内置 VC 编译器。

（3）自动检测到的 VC：自动检测列出本机已有的 Visual Studio 编译器版本。

（4）自定义 VC：设置 Visual Studio 编译器目录。通过单击"浏览"按钮，可以选择编译器所在目录。

（5）校验编译器：单击"校验"按钮，检查所选编译器是否正确。

注意：Sysplorer 支持以下编译器：

- Microsoft Visual C++ 2019；
- Microsoft Visual C++ 2017；
- Microsoft Visual C++ 2015；
- Microsoft Visual C++ 2013；
- Microsoft Visual C++ 2012；
- Microsoft Visual C++ 2010；
- Microsoft Visual C++ 2008；
- VC6.0；
- Gcc。

5. 面板布局设置

Sysplorer 窗口中可显示各类面板，如图 2.19 中所示的模型浏览器、组件浏览器、组件参数等。面板总控按钮位于主界面左下角，可用于控制所有面板的显示与隐藏；位于界面右上角的"窗口"菜单可用于打开面板。当某一面板停靠在主界面的侧边时，对应侧边的控制栏内会显示该面板的名称按钮，可用于控制面板的显示与隐藏。如图 2.19 中"模型浏览器"面板停靠在主界面左侧边，在左上控制栏内显示"模型浏览器"。

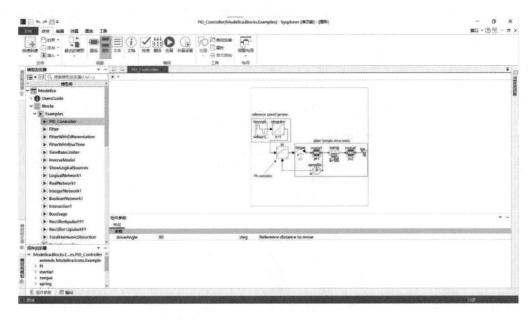

图 2.19　Sysplorer 中的面板

可停靠面板支持显示状态与位置设置，有停靠、滑动停靠、自动隐藏、窗口4种显示模式，及8个可选择的显示位置，即左上、左下、右上、右下、上左、上右、下左、下右。如图 2.20 所示。

图 2.20　面板的设置菜单

Sysplorer 软件关闭时会自动保存当前窗口布局，并在下次启动软件时自动恢复到上次关闭时的状态。

2.4　Sysplorer与Syslab交互模块及相互调用

科学计算软件 Syslab 侧重于算法设计、开发，系统建模仿真软件 Sysplorer 侧重于物理系统模型集成与仿真验证。要充分发挥两者能力，需要通过底层开发支持可视化建模仿真与科学计算环境的无缝连接，构建科学计算与系统建模仿真一体化通用平台。科学计算环境与系统建模仿真环境的数据互通主要提供两种形式：一是 ToWorkspace 模块，实现 Sysplorer 将仿真结果输出到 Syslab 工作空间；二是 FromWorkspace 模块，实现 Sysplorer 从 Syslab 工作空间获取数据。

建模仿真语言和科学计算语言之间的互相调用，即科学计算语言可以操作仿真模型、仿真模型中支持调用科学计算函数，可以通过以下两种形式实现：

（1）在科学计算环境 Syslab 中打开系统建模仿真环境 Sysplorer；

（2）在系统建模仿真环境 Sysplorer 中打开科学计算环境 Syslab 并编辑模块代码。

2.4.1　Syslab 与 Sysplorer 交互模块

1. Syslab 调用 Sysplorer 中的仿真数据

Sysplorer 中的 ToWorkspace 模块实现 Sysplorer 将仿真结果输出到 Syslab 工作空间的功能。ToWorkspace 共分为 4 种：ToWorkspace_Scale 用于输出标量数据；ToWorkspace_Vector 用于输出一维数组；ToWorkspace_Matrix 用于输出二维数组；ToWorkspace_3D_Array 用于输出三维数组。

要使用 ToWorkspace 向 Syslab 工作区写入数据，需要执行下列操作：

（1）打开 Syslab，启动 REPL。

（2）在 Syslab 中启动 Sysplorer，并加载 SyslabWorkspace 模型库。

（3）在 Sysplorer 中，选取 ToWorkspace 组件并添加到模型。

（4）对 ToWorkspace 组件设置参数，包括：

- varName：指定 Syslab 工作区中变量 out 的分量名称。
- sampleTime：采样时间。
- row_dims、col_dims、dims：变量维度参数。

（5）模型构建完成后，就可以开始仿真运行。

（6）在仿真暂停或停止时，系统会将仿真结果写入 Syslab 工作区。

ToWorkspace 向工作区写入数据时，会自动生成一个名为 out 的命名元组变量，该变量包含一个名为 tout 的时间序列。同时，模型中每一个 ToWorkspace 组件都会在 out 中生成一个由 varName 指定名称的分量。

ToWorkspace 模块中的采样时间可通过设置 sampleTime 控制 ToWorkspace 组件记录数据的周期。对于每一个 ToWorkspace 组件，采样时间可以单独设置。一般而言，对于定步长算法，推荐使用默认设置或将采样时间设置为仿真输出步长的倍数。

2. Sysplorer 调用 Syslab 工作区数据

Sysplorer 中的 FromWorkspace 模块可实现将 Syslab 工作空间的计算结果导入 Sysplorer。FromWorkspace 共分为 5 种：FromWorkspace_Scale 从 Syslab 工作区中获取标量数据；FromWorkspace_Vector 从 Syslab 工作区中获取一维数组；FromWorkspace_Matrix 从 Syslab 工作区中获取二维数组；FromWorkspace_3D_Array 从 Syslab 工作区中获取三维数组；FromWorkspaceTimeTable 从 Syslab 工作区中获取表格矩阵，并通过线性插值来生成（可能是不连续的）信号。此外，MWORKS 2023b 及以上版本提供了 FromWorkspace，可实现以函数的形式从工作区中读取数据，并可以直接将获取的数据作为其他组件的参数值。

通过 FromWorkspace 获取 Syslab 工作区中的数据，需要执行下列操作：

（1）启动 Syslab，启动 REPL，并确保工作区中有变量。

（2）在 Syslab 中启动 Sysplorer，并加载 SyslabWorkspace 模型库。

（3）在 Sysplorer 中，选取 FromWorkspace 组件并添加到模型。

（4）对 FromWorkspace 组件设置参数，包括：

- varName：Syslab 工作区中的变量名，支持分量表达式，如 f、multiarry[1:2,:]。
- interpreted：仿真过程中是否实时读取数据。
- row_dims、col_dims、dims：所需获取数据的维度参数（若有）。
- offset、startTime：时间表参数（若有）。

（5）模型构建完成后，即可开始仿真。

需要注意的是，如果无法在 Syslab 工作区内找到对应的变量，则仿真会报错；如果出现数据类型错误或数据长度错误，FromWorkspace 组件会输出 0。

在 Sysplorer 中使用 FromWorkspace 读取工作区数据时，可使用参数 interpreted 控制是否实时读取。无论 Sysplorer 模型采用何种仿真模式（独立仿真、实时同步仿真），实时刷新会在工作区变量刷新之后即时生效。一般而言，如果需要实时刷新 FromWorkspace 组件的输出值，则推荐采用实时同步仿真模式。

2.4.2 Syslab 调用 Sysplorer 仿真数据示例

1. PID 控制器

在 Syslab 的安装路径下，以 Examples\SyslabWorkspace 路径找到 Demo_ToWorkspace_PID_Controller.jl 文件，在 Syslab 中打开，如图 2.21 所示。

图 2.21　Demo_ToWorkspace_PID_Controller.jl

在 Sysplorer 的安装路径下，以 Library\SyslabWorkspace 1.0\SyslabWorkspace\Examples 路径找到 Demo_ToWorkspace_PID_Controller.mo 文件，在 Sysplorer 中打开，如图 2.22 所示。

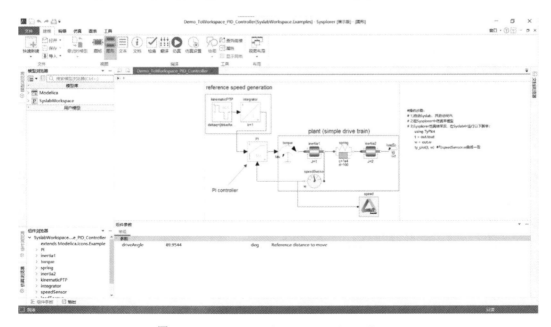

图 2.22　Demo_ToWorkspace_PID_Controller.mo

首先，在 Sysplorer 中运行仿真模型 Demo_ToWorkspace_PID_Controller.mo，再在 Syslab 中运行 Demo_ToWorkspace_PID_Controller.jl。在模型运行时，ToWorkspace_Scale 组件获取了速度传感器的输出，并写入 Syslab 工作区。

在默认参数下，本示例的仿真结果输出到 Syslab 工作区，绘图结果如图 2.23 所示。

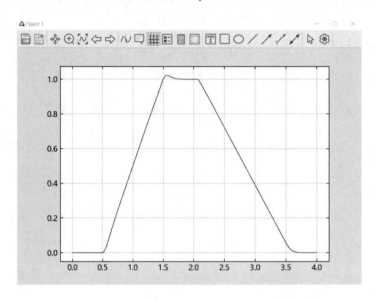

图 2.23　PID 控制器绘图结果

2. 滤波器

在 Syslab 的安装路径下，以 Examples\SyslabWorkspace 路径找到 Demo_ToWorkspace_Filter.jl 文件，在 Syslab 中打开，如图 2.24 所示。

图 2.24　Demo_ToWorkspace_Filter.jl

在 Sysplorer 的安装路径下，以 Library\SyslabWorkspace 1.0\SyslabWorkspace\ Examples 路径找到 Demo_ToWorkspace_Filter.mo 文件，在 Sysplorer 中打开，如图 2.25 所示。

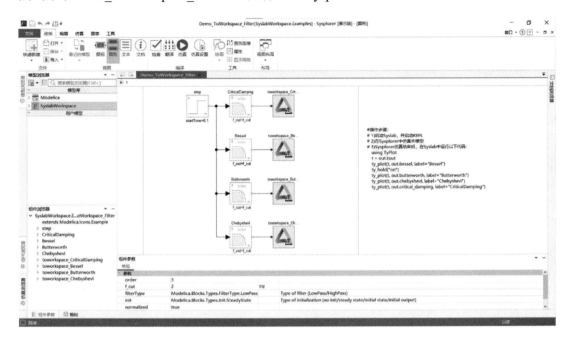

图 2.25　Demo_ToWorkspace_Filter.mo

在 Sysplorer 中运行仿真模型 Demo_ToWorkspace_Filter.mo，再在 Syslab 中运行 Demo_ ToWorkspace_Filter.jl 文件。在模型运行时，4 个 ToWorkspace_Scale 组件分别获取了 4 种不同滤波器的输出，并写入 Syslab 工作区。

在默认参数下，本示例的仿真结果输出到 Syslab 工作区，绘图结果如图 2.26 所示。

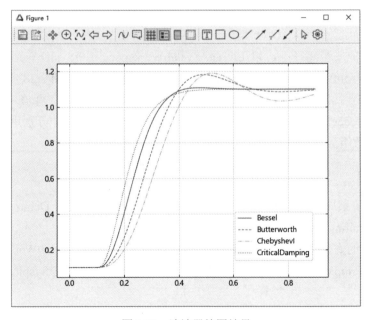

图 2.26　滤波器绘图结果

2.4.3 Sysplorer 获取 Syslab 工作区数据示例

依据 2.4.1 节介绍的 FromWorkspace 模块，本小节采用 MWORKS 平台软件提供的简单示例与受拉滚轮两个示例，来说明 Sysplorer 获取 Syslab 工作区数据的功能及应用。

1. 简单示例

在 Syslab 的安装路径下，以 Examples\SyslabWorkspace 路径找到 Demo_FromWorkspace.jl 文件，在 Syslab 中打开，如图 2.27 所示。

图 2.27　Demo_FromWorkspace.jl

在 Sysplorer 的安装路径下，以 Library\SyslabWorkspace 1.0\SyslabWorkspace\ Examples 路径找到 Demo_FromWorkspace.mo 文件，在 Sysplorer 中打开，如图 2.28 所示。

在 Sysplorer 中运行仿真模型 Demo_FromWorkspace.mo，再在 Syslab 中运行 Demo_FromWorkspace.jl 文件；在模型运行时，4 个 FromWorkspace 组件分别用于获取浮点数、字典元素、多维数组分量、时间表，并在输出组件中输出相应数据。

2. 受拉滚轮

在 Syslab 的安装路径下，以 Examples\SyslabWorkspace 路径找到 Demo_FromWorkspace_ RollingWheelSetPulling.jl 文件，在 Syslab 中打开，如图 2.29 所示。

在 Sysplorer 的安装路径下，以 Library\SyslabWorkspace 1.0\SyslabWorkspace\ Examples 路径找到 Demo_FromWorkspace_RollingWheelSetPulling.mo 文件，在 Sysplorer 中打开，如图 2.30 所示。

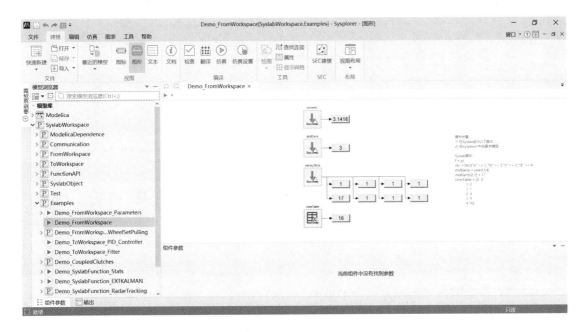

图 2.28　Demo_FromWorkspace.mo

图 2.29　Demo_FromWorkspace_RollingWheelSetPulling.jl

　　在 Sysplorer 中运行仿真模型 Demo_FromWorkspace_RollingWheelSetPulling.mo，再在 Syslab 中运行 Demo_FromWorkspace_RollingWheelSetPulling.jl 文件；在模型运行时，3 个 FromWorkspaceTimeTable 组件分别用于获取拉力随时间变化的 x、y、z 轴分量，运行结果可实现滚轮动画。

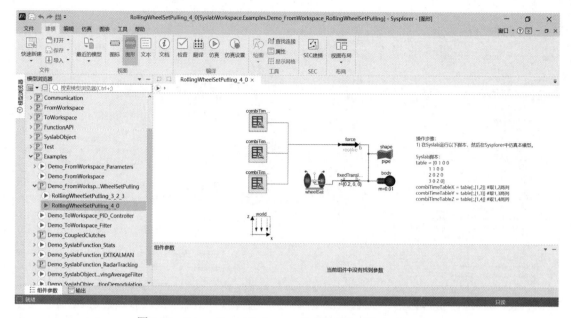

图 2.30　Demo_FromWorkspace_RollingWheelSetPulling.mo

本 章 小 结

本章主要介绍了 Syslab 和 Sysplorer 软件的基本知识，包括软件界面介绍与基本设置情况，以及 Syslab 和 Sysplorer 软件的数据交互功能，为后续使用 MWORKS 奠定了基础。主要内容包括：

（1）Syslab 软件界面介绍及其选项设置方法。

（2）Sysplorer 软件标签的界面介绍、用途及属性设置方法。

（3）使用 ToWorkspace 向 Syslab 工作区写入数据类型与具体操作方法。

（4）使用 FromWorkspace 从 Syslab 工作区中读取数据类型与具体操作方法。

（5）采用 MWORKS 给出的 Syslab 与 Sysplorer 实现数据交互的示例，以 PID 控制器与滤波器为例演示向 Syslab 中导入 Sysplorer 仿真所得的数据，以简单示例与受拉滚轮为例演示向 Sysplorer 导入 Syslab 中的数据。

习 题 2

1. 熟悉并掌握 Syslab 软件界面及基本设置。

2. 熟悉并掌握 Sysplorer 软件界面及基本设置。

3. 以 PID 控制器为例，完成 Syslab 对 Sysplorer 仿真数据的调用，绘制数据曲线。

4. 以受拉滚轮为例，完成 Sysplorer 对 Syslab 仿真数据的调用，并获得运行动画。

第 3 章

基于飞行器线性模型的控制
系统仿真分析

本章主要介绍 MWORKS 中采用经典控制理论的控制系统仿真分析方法。经典控制理论适用于线性定常系统。很多飞行器都具有某些飞行特征点或典型的飞行状态，在这些特征点或典型飞行状态下，可以把飞行器近似为线性定常系统，用线性模型描述飞行器的动力学模型，进而采用经典控制理论开展飞行器控制系统的设计和仿真分析。

本章首先介绍 MWORKS 环境下线性定常系统的数学模型描述方法，然后顺序介绍采用 MWORKS 进行时域分析、根轨迹分析和频率响应分析的方法。最后以某固定翼飞机的纵向运动为仿真分析对象，建立飞机在典型巡航飞行阶段纵向运动的传递函数模型，根据飞行品质需求采用 PID 控制建立俯仰角控制系统和高度控制系统的仿真分析模型，并对系统的时域和频域等相关性能指标及闭环系统特征根随某些参数变化的轨迹进行仿真分析。

通过本章的学习，读者可以了解（或掌握）：

❖ 系统模型的传递函数和状态空间描述。
❖ 瞬态响应和稳态响应的相关性能指标。
❖ 伯德图的绘制方法。
❖ 频率响应法及频率响应的相关性能指标。
❖ 根轨迹的绘制方法。
❖ 系统的稳定性、可控性和可观性的判定方法。

3.1 线性系统模型在MWORKS中的描述方法

3.1.1 数学模型

研究控制系统时，必须建立包含被控对象、传感器、控制律、操纵机构等各组成部分的数学模型。数学模型是一组方程，对于给定的系统，数学模型表示形式不是唯一的，一个系统可以用不同的方式表示，可以具有许多种形式的数学模型。采用经典控制理论进行控制系统设计与仿真分析时，主要采用数学模型的传递函数来描述系统；在分析系统的可控性和可观测性时，则采用数学模型的状态空间表达式比较有利。不同的数学模型表示形式之间是可以相互转换的。一旦获得了系统的数学模型，就可以采用多种分析方法和计算机工具对系统进行分析和设计。以本章后面采用的固定翼飞机为例，获得飞机纵向运动的传递函数模型后，就可以采用 MWORKS 的仿真工具，分析飞机的短周期和长周期运动特性，开展俯仰控制系统和高度控制系统的设计和仿真分析。

在建立数学模型时，必须在模型的简化性与分析结果的精确性之间做出折中考虑。在推导合理的简化数学模型时，特别是当采用线性数学模型时，总是需要忽略系统中可能存在的某种程度的非线性因素。如果这些被忽略掉的因素对响应的影响比较小，那么数学模型的分析结果与实际系统的试验结果将很好地吻合。一般来说，在飞行器控制系统设计与分析时，常常需要建立一个比较容易求解的、合理的简化模型，然后再建立比较完善的数学模型，对系统进行比较精确的分析。在本章后面的固定翼飞机高度控制系统的 PID 参数设计中，就先忽略了发动机的影响并简化了舵机模型，然后在 Sysplorer 环境中再考虑发动机等的影响，对所设计的 PID 参数进行仿真验证。

3.1.2 线性系统

对于任意一个系统，如果系统满足叠加原理，则称其为线性系统。叠加原理表明，两个不同的作用函数同时作用于系统的响应，等于两个作用函数单独作用的响应之和。因此，线性系统对几个输入量同时作用的响应可以一个一个地处理，然后对响应结果进行叠加。

微分方程是系统的最基本的数学模型表示形式，系统的动态特性可以用微分方程描述。如果微分方程的系数是常数，则该微分方程是线性定常微分方程。由线性定常微分方程描述的系统称为线性定常系统。如果描述系统的微分方程的系数是时间的函数，则称这类系统为线性时变系统。

3.1.3 传递函数模型

对于一个线性定常系统，如果建立了描述系统输入量和输出量关系的线性定常微分方程，就可以很容易地获得系统的传递函数。线性定常微分方程的传递函数定义为在全部初始条件为零的假设下，输出量的拉普拉斯变换与输入量的拉普拉斯变换之比。

考虑由微分方程 3.1 描述的线性定常系统，有

$$a_n \overset{(n)}{y} + a_{n-1} \overset{(n-1)}{y} + \cdots + a_1 \dot{y} + a_0 y = b_m \overset{(m)}{x} + b_{m-1} \overset{(m-1)}{x} + \cdots + b_1 \dot{x} + b_0 x \tag{3.1}$$

其中，y 为系统输出量，x 为系统输入量。在初始条件全为零时，输出量与输入量的拉普拉斯变换之比，就是系统的传递函数。

$$\text{传递函数} = G(s) = \frac{\mathcal{L}\left[\text{输出量}\right]}{\mathcal{L}\left[\text{输入量}\right]}\Bigg|_{\text{零初始条件}} \tag{3.2}$$

$$= \frac{Y(s)}{X(s)} = \frac{b_m s^m + b_{m-1} s^{m-1} + \cdots + b_1 s + b_0}{a_n s^n + a_{n-1} s^{n-1} + \cdots + a_1 s + a_0}$$

可见，传递函数将系统描述为以 s 为变量的代数方程。如果传递函数分母中 s 的最高阶次为 n，则称系统为 n 阶系统。

在线性定常系统的设计和分析中，常使用传递函数描述系统。系统的传递函数是一种数学模型，是联系输出变量与输入变量的微分方程的一种运算方法。传递函数是系统本身的一种属性，但是它不提供有关系统物理结构的任何信息，许多物理上完全不同的系统，可以具有相同的传递函数。传递函数与输入量的大小和性质无关。如果系统的传递函数已知，就可以获取各种不同形式的输入量作用下系统的输出或响应，从而研究系统的特性。

考虑当初始条件全部等于零时，线性定常系统在单位脉冲输入量作用下的输出响应，因为单位脉冲函数的拉普拉斯变换为 1，所以系统输出量的拉普拉斯变换为

$$Y(s) = G(s) \tag{3.3}$$

对式 3.3 给出的输出量进行拉普拉斯反变换，得到系统的脉冲响应函数 $g(t)$，

$$\mathcal{L}^{-1}\left[G(s)\right] = g(t) \tag{3.4}$$

可见，脉冲响应函数 $g(t)$ 是初始条件全部为零时，线性定常系统对单位脉冲输入的响应，该函数的拉普拉斯变换就是系统的传递函数。所以，线性定常系统的传递函数和脉冲响应函数包含关于系统动态特性的相同信息，用脉冲输入信号激励系统并测量系统的响应，能够获得有关系统动态特性的全部信息。

3.1.4 状态空间模型

系统的状态变量是描述系统特性的一组最小变量。如果至少需要 n 个变量 $x_1, x_2, \cdots, x_n$ 才能完全描述系统的特性，则这 n 个变量就是一组状态变量。

如果完全描述一个给定系统的特性需要 n 个状态变量，那么这 n 个状态变量可以看成向量 $\boldsymbol{x} = [x_1, x_2, \cdots, x_n]^{\text{T}}$ 的 n 个分量，该向量就称为状态向量。设 $x_1, x_2, \cdots, x_n$ 为状态变量，那么由 x_1 轴，x_2 轴，$\cdots$，x_n 轴所组成的 n 维空间称为状态空间。任何状态都可以用状态空间中的一点表示。

假设多输入、多输出系统中包含 n 个积分器，系统中有 r 个输入量 $u_1(t), u_2(t), \cdots, u_r(t)$ 和 m 个输出量 $y_1(t), y_2(t), \cdots, y_m(t)$。于是，系统可描述为

$$\dot{\boldsymbol{x}}(t) = \boldsymbol{f}(\boldsymbol{x}, \boldsymbol{u}, t) \tag{3.5}$$

$$\boldsymbol{y}(t) = \boldsymbol{g}(\boldsymbol{x}, \boldsymbol{u}, t) \tag{3.6}$$

其中，　$\boldsymbol{x} = \left[x_1(t), x_2(t), \cdots, x_n(t) \right]^{\mathrm{T}}$，

$\boldsymbol{y} = \left[y_1(t), y_2(t), \cdots, y_m(t) \right]^{\mathrm{T}}$，

$\boldsymbol{u} = \left[u_1(t), u_2(t), \cdots, u_r(t) \right]^{\mathrm{T}}$，

$\boldsymbol{f}(\boldsymbol{x}, \boldsymbol{u}, t) = \left[\boldsymbol{f}_1(\boldsymbol{x}, \boldsymbol{u}, t), \boldsymbol{f}_2(\boldsymbol{x}, \boldsymbol{u}, t), \cdots, \boldsymbol{f}_n(\boldsymbol{x}, \boldsymbol{u}, t) \right]^{\mathrm{T}}$，

$\boldsymbol{g}(\boldsymbol{x}, \boldsymbol{u}, t) = \left[\boldsymbol{g}_1(\boldsymbol{x}, \boldsymbol{u}, t), \boldsymbol{g}_2(\boldsymbol{x}, \boldsymbol{u}, t), \cdots, \boldsymbol{g}_m(\boldsymbol{x}, \boldsymbol{u}, t) \right]^{\mathrm{T}}$。

式 3.5 和式 3.6 合称为状态空间模型或状态空间方程，其中，式 3.5 为状态方程，式 3.6 为输出方程。由于输出量往往是可以观测、可以测量的，因此，式 3.6 也称为观测方程或量测方程。

如果在状态空间某一点对式 3.5 和式 3.6 进行线性化，则有下列线性化状态方程和输出方程：

$$\dot{\boldsymbol{x}}(t) = \boldsymbol{A}(t)\boldsymbol{x}(t) + \boldsymbol{B}(t)\boldsymbol{u}(t) \tag{3.7}$$

$$\boldsymbol{y}(t) = \boldsymbol{C}(t)\boldsymbol{x}(t) + \boldsymbol{D}(t)\boldsymbol{u}(t) \tag{3.8}$$

其中，$\boldsymbol{A}(t)$ 称为状态矩阵，$\boldsymbol{B}(t)$ 称为输入矩阵，$\boldsymbol{C}(t)$ 称为输出矩阵，$\boldsymbol{D}(t)$ 称为直接传输矩阵。如果 $\boldsymbol{A}, \boldsymbol{B}, \boldsymbol{C}, \boldsymbol{D}$ 不随时间变化，则称该系统为定常系统。于是，得到线性定常系统的状态空间模型：

$$\dot{\boldsymbol{x}}(t) = \boldsymbol{A}\boldsymbol{x}(t) + \boldsymbol{B}\boldsymbol{u}(t) \tag{3.9}$$

$$\boldsymbol{y}(t) = \boldsymbol{C}\boldsymbol{x}(t) + \boldsymbol{D}\boldsymbol{u}(t) \tag{3.10}$$

3.1.5　MWORKS 中建立系统数学模型

1. 传递函数模型

对于线性定常系统的传递函数

$$G(s) = \frac{b_m s^m + b_{m-1} s^{m-1} + \cdots + b_1 s + b_0}{a_n s^n + a_{n-1} s^{n-1} + \cdots + a_1 s + a_0} \tag{3.11}$$

可以用 MWORKS 的控制系统工具箱中提供的 tf() 函数进行系统定义，主要调用格式如下：

```
sys = tf(num,den);
```

其中，sys 表示系统的传递函数 $G(s)$，num 和 den 分别表示传递函数 $G(s)$ 的分子多项式和分母多项式。num 和 den 按照 s 多项式的降幂顺序赋值，赋值格式如下：

```
num = [ bₘ   bₘ₋₁   ...   b₁   b₀ ]
den = [ aₙ   aₙ₋₁   ...   a₁   a₀ ]
```

MWORKS 提供了 tfdata() 函数，用于从系统传递函数中提取系统的分子多项式和分母多项式，其调用格式如下：

```
num,den = tfdata(sys)
```

tfdata() 函数的返回值 num 和 den 为矩阵。当 sys 为多输入多输出系统时，矩阵中的元素为对应不同输入输出的传递函数的分子或分母多项式系数向量。例如，可通过下列代码获取

从第 3 个输入到第 2 个输出的分子和分母多项式向量：

```
num,den = tfdata(sys)
num23,den23 = num[2,3],den[2,3]
```

其中，num 和 den 的第 2 个维度表示输入，第 1 个维度表示输出。当 sys 为单输入单输出系统时，num 和 den 都是 1×1 矩阵，可通过下列代码获取分子和分母多项式向量：

```
num,den = tfdata(sys)
num1,den1 = num[1],den[1]
```

如果传递函数的分子分母多项式不是式 3.11 的完全展开形式，而是若干因子的乘积或包含其他运算，这种情况下可以定义拉普拉斯算子 s：

```
s = tf('s')
```

以类似数学表达式的形式输入传递函数表达式，建立系统模型。

2. 串联、并联和闭环反馈系统的传递函数

假设有两个子系统 $G_1(s)$ 和 $G_2(s)$，分别以串联、并联和闭环反馈的方式进行连接，形成串联系统、并联系统和闭环反馈系统，如图 3.1 所示。在 MWORKS 中，两个子系统 $G_1(s)$ 和 $G_2(s)$ 分别表示为 sys1 和 sys2，求解串联连接、并联连接和闭环反馈连接传递函数的命令分别如下：

```
sys = series(sys1,sys2)        #=串联连接=#
sys = parallel(sys1,sys2)      #=并联连接=#
sys = feedback(sys1,sys2)      #=闭环反馈连接=#
```

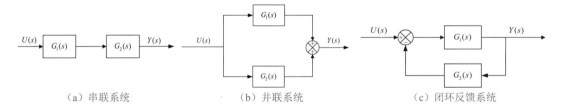

（a）串联系统　　　　　　　（b）并联系统　　　　　　　（c）闭环反馈系统

图 3.1　两个子系统的 3 种不同连接方式

下面通过例题说明如何在 MWORKS 中求解串联连接、并联连接和闭环反馈连接传递函数。

【例 3-1】设两个子系统 $G_1(s)$ 和 $G_2(s)$ 分别为

$$G_1(s) = \frac{4}{s^2 + 2s + 4}, \qquad G_2(s) = \frac{5}{s + 5} \tag{3.12}$$

求 $G_1(s)$ 和 $G_2(s)$ 分别按照图 3.1 表示的串联、并联和闭环反馈连接关系的系统传递函数。

下面的 Syslab 程序给出了 $G_1(s)$ 和 $G_2(s)$ 的串联、并联和闭环反馈连接方式的系统传递函数。

```
num1 = [4];
```

```
den1 = [1,2,4];
sys1 = tf(num1,den1);
num2 = [5];
den2 = [1,5];
sys2 = tf(num2,den2);
sys_s = series(sys1,sys2)
sys_p = parallel(sys1,sys2)
sys_f = feedback(sys1,sys2)
```

程序运行结果如下：

```
            20
--------------------
s^3 + 7s^2 + 14s + 20
连续时间传递函数模型

    5s^2 + 14s + 40
--------------------
s^3 + 7s^2 + 14s + 20
连续时间传递函数模型

      4s + 20
--------------------
s^3 + 7s^2 + 14s + 40
连续时间传递函数模型
```

于是得到串联、并联和闭环反馈连接方式的系统传递函数分别为

$$G_s = \frac{20}{s^3 + 7s^2 + 14s + 20},$$

$$G_p = \frac{5s^2 + 14s + 40}{s^3 + 7s^2 + 14s + 20},$$

$$G_f = \frac{4s + 20}{s^3 + 7s^2 + 14s + 40}$$

也可以将两个传递函数分别相乘或相加，计算相应串联或并联系统的传递函数。代码

```
sys_s = sys1 * sys2
```

等同于

```
sys_s = series(sys1,sys2)
```

代码

```
sys_p = sys1 + sys2
```

等同于

```
sys_p = parallel(sys1,sys2)
```

3. 状态空间模型

MWORKS 的控制系统工具箱中提供了 ss() 函数,用于描述以状态空间形式表示的线性系统,其常用的调用格式如下:

```
sys = ss(A,B,C,D)
```

MWORKS 提供了 ssdata() 函数,其作用与 tfdata() 类似,可用于从状态空间方程模型中提取矩阵 A, B, C, D,其调用格式如下:

```
A, B, C, D = ssdata(sys)
```

4. 传递函数模型与状态空间模型的转换

如果已知系统的传递函数模型,通过 MWORKS 提供的 tf2ss() 或 ss(),就可以获得系统的状态空间模型。同样地,如果得到系统的状态空间模型,通过 ss2tf() 或 tf(),可以把状态空间模型变换为传递函数模型表达式。

【例 3-2】设某系统的传递函数如下:

$$G(s) = \frac{3(s^2+3)}{(s+2)(s^2+2s+1)(s+5)} \tag{3.13}$$

求此系统的状态空间模型。

该系统可以有多种状态空间模型表达式,编写如下 Syslab 程序,得到其中一种状态空间模型表达式。式 3.13 所示的传递函数不易看出其分子、分母多项式的各项系数,因此可以先定义拉普拉斯算子 s,然后建立传递函数模型。

```
s = tf('s');
G = 3(s^2+3)/((s+2)*(s^2+2s+1)*(s+5));     #=建立系统传递函数模型=#
num,den = tfdata(G);                        #=提取分子多项式 num 和分母多项式 den=#
A,B,C,D = tf2ss(num[1],den[1])
```

程序运行后即得到对应的状态空间模型方程的 4 个状态矩阵 A, B, C, D。也可利用 ss() 函数,先建立传递函数模型,再转换到状态空间模型,程序代码如下:

```
s = tf('s');
G = 3(s^2+3)/((s+2)*(s^2+2s+1)*(s+5));     #=建立系统传递函数模型=#
sys_ss = ss(G)                              #=转换为状态空间模型=#
```

第 1 段程序输出状态空间方程的各个矩阵 A, B, C, D,程序运行结果如下:

```
([-9.0 -25.0 -27.0 -10.0; 1.0 0.0 0.0 0.0; 0.0 1.0 0.0 0.0; 0.0 0.0 1.0 0.0], [1.0; 0.0; 0.0; 0.0;;], [0.0 3.0 0.0 9.0], [0.0;;])
```

第 2 段程序则输出状态空间方程形式的系统模型。程序运行结果如下:

```
A =
   0.0    1.0    0.0    0.0
   0.0    0.0    2.0    0.0
   0.0    0.0    0.0    4.0
  -1.25  -3.375 -6.25  -9.0
B =
```

```
    0.0
    0.0
    0.0
    1.0
C =
   1.125    0.0    0.75    0.0
D =
    0.0
连续时间状态空间模型
```

比较两段程序的运行结果，可以发现两段程序的计算结果并不相同，这是由于状态变量选择方式不同导致的，但两者表达的是同一个系统，两段程序得出的状态矩阵 A 的特征值是相同的。

选用第 2 段程序运行结果，得到系统的状态空间模型为

$$\begin{bmatrix} \dot{x}_1 \\ \dot{x}_2 \\ \dot{x}_3 \\ \dot{x}_4 \end{bmatrix} = \begin{bmatrix} 0 & 1 & 0 & 0 \\ 0 & 0 & 2 & 0 \\ 0 & 0 & 0 & 4 \\ -1.25 & -3.375 & -6.25 & -9 \end{bmatrix} \begin{bmatrix} x_1 \\ x_2 \\ x_3 \\ x_4 \end{bmatrix} + \begin{bmatrix} 0 \\ 0 \\ 0 \\ 1 \end{bmatrix} u$$

$$y = \begin{bmatrix} 1.125 & 0 & 0.75 & 0 \end{bmatrix} \begin{bmatrix} x_1 \\ x_2 \\ x_3 \\ x_4 \end{bmatrix}$$

【例 3-3】设某系统的状态空间方程为

$$A = \begin{bmatrix} 0 & 1 & 0 \\ 0 & 0 & 1 \\ -10 & -6 & -30 \end{bmatrix}, \quad B = \begin{bmatrix} 0 \\ 8 \\ -20 \end{bmatrix}$$

$$C = \begin{bmatrix} 1 & 0 & 0 \end{bmatrix}, \quad D = \begin{bmatrix} 0 \end{bmatrix}$$

(3.14)

求此系统的传递函数模型。

可以采用 tf() 函数，求得该系统的传递函数模型。编写 Syslab 程序如下：

```
A = [0 1 0; 0 0 1; -10 -6 -30];
B = [0 8 -20]';
C = [1 0 0];
D = 0;
sys_ss = ss(A,B,C,D);
sys_tf = tf(sys_ss)
```

可得到状态空间方程对应的传递函数模型，程序运行结果如下：

```
    3.552713678800501e-15s^2 + 8.000000000000028s + 219.99999999999963
-------------------------------------------------------------------------
1.0s^3 + 29.999999999999993s^2 + 5.9999999999999805s + 9.999999999999995
连续时间传递函数模型
```

由于存在计算机舍入误差，对数值计算得出的结果进行取整，得到系统的传递函数模型：

$$G(s) = \frac{8s + 220}{s^3 + 30s^2 + 6s + 10}$$

3.2 线性定常系统稳定性、可控性、可观性分析

3.2.1 稳定性分析

稳定性是描述系统特性的重要指标。系统的数学模型建立后，往往最关心的是系统是否稳定。在经典控制理论中，被研究的对象通常是传递函数描述的单输入单输出系统，反映的仅是输入和输出的关系，并不涉及系统的内部状态。因此，这里只讨论系统的输出稳定问题。如果系统在干扰消失后，在一定时间内其输出能恢复到原来的稳态输出，则称系统是稳定的。

图 3.2 是负反馈闭环系统示意图，反馈信号 $B(s)$ 与作用误差信号 $E(s)$ 之比称为开环传递函数。输出量 $Y(s)$ 与作用误差信号 $E(s)$ 之比称为前向传递函数。如果反馈回路的传递函数 $H(s)=1$，则该系统称为单位负反馈系统，此时，开环传递函数和前向传递函数是相同的。输出量 $Y(s)$ 与输入量 $U(s)$ 的传递函数之比称为闭环传递函数。

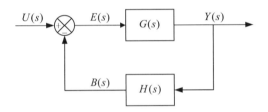

图 3.2　负反馈闭环系统

$$开环传递函数 = \frac{B(s)}{E(s)} = G(s)H(s)$$

$$前向传递函数 = \frac{Y(s)}{E(s)} = G(s)$$

$$闭环传递函数 = \frac{Y(s)}{U(s)} = \frac{G(s)}{1 + G(s)H(s)}$$

此闭环系统的特征方程为

$$\Delta(s) = 1 + G(s)H(s) = 0 \tag{3.15}$$

闭环系统的特征方程根就是闭环传递函数的极点（简称"闭环极点"），复平面的稳定性分析方法根据闭环极点的分布情况来判定系统的稳定性。线性系统稳定的充分必要条件是：闭环系统特征方程的所有根均具有负实部，即闭环传递函数的极点均严格地位于 s 平面的左半平面。因此，只要求得闭环系统特征方程的根，通过分析根在 s 平面的分布就能判断系统的稳定性。

利用 MWORKS 的 roots() 函数、eigen() 函数和 pole() 函数可以很方便地获得闭环系统传递函数特征方程的根。如果全部根都位于 s 左半平面，则该闭环系统是稳定的，任何瞬态响应最终将达到平衡状态；如果存在 s 右半平面的根，则系统是不稳定的。理论上，闭环极点在

虚轴上时，将形成振荡过程，振荡的幅值既不随时间衰减，也不随时间而增加。但实际上，任何系统都存在难以预测的不确定性和噪声，很可能引起振荡的振幅增加，最终可能导致系统不能正常工作。因此系统不应当有位于虚轴上的闭环极点。

【例 3-4】 某单位负反馈系统的闭环传递函数为

$$G(s) = \frac{261.12}{s^5 + 40.2s^4 + 552.32s^3 + 121.12s^2 + 154.88s - 522.24}$$

判断此闭环系统的稳定性。

采用如下 Syslab 程序分析该闭环系统的稳定性。

```
num = [261.12];
den = [1 40.2 552.32 121.12 154.88 -522.24];
G = tf(num,den);                      # 开环系统模型
sys_cl = feedback(G);                 # 闭环系统模型
num_cl,den_cl = tfdata(sys_cl);       # 获得闭环系统分子、分母多项式
A,B,C,D = tf2ss(num_cl,den_cl);       # 获得闭环系统状态空间模型

poles = pole(sys_cl)                  # 闭环系统极点
eigens = eigen(A)                     # 闭环系统特征值
spec_roots = roots(den_cl[1])         # 闭环系统特征方程的根
```

程序运行结果如下：

```
5-element Vector{ComplexF64}:
  -20.000000000000004 + 12.000000000000004im
  -20.000000000000004 - 12.000000000000004im
              -0.4 + 0.7999999999999993im
              -0.4 - 0.7999999999999993im
   0.5999999999999998 + 0.0im

Eigen{ComplexF64, ComplexF64, Matrix{ComplexF64}, Vector{ComplexF64}}
values:
5-element Vector{ComplexF64}:
  -20.000000000000004 - 12.000000000000004im
  -20.000000000000004 + 12.000000000000004im
  -0.40000000000000013 - 0.7999999999999993im
  -0.40000000000000013 + 0.7999999999999993im
   0.5999999999999998 + 0.0im
vectors:
5×5 Matrix{ComplexF64}:
     0.99908-0.0im          0.99908+0.0im        …   0.103995+0.0im
   -0.0367309+0.0220385im  -0.0367309-0.0220385im     0.173325+0.0im
   0.000864256-0.00162048im  0.000864256+0.00162048im   0.288875+0.0im
   3.97177e-6+7.8641e-5im   3.97177e-6-7.8641e-5im     0.481458+0.0im
  -1.88075e-6-2.8036e-6im   -1.88075e-6+2.8036e-6im     0.80243+0.0im

5-element Vector{ComplexF64}:
  -20.000000000000004 + 12.000000000000004im
  -20.000000000000004 - 12.000000000000004im
```

在程序代码中可以看到，pole()、eigen()和roots()3个函数输入参数分别对应系统的传递函数、状态空间方程和特征方程3种形式。运行结果中，3个函数计算的系统特征根相同，eigen()函数返回值额外包含了一个5×5矩阵，是状态空间方程中系统矩阵A的特征向量。系统的5个特征根分别为

$$r_{1,2} = -20 \pm j12, \quad r_{3,4} = -0.4 \pm j0.8, \quad r_5 = 0.6$$

其中，特征根$r_5 = 0.6$位于右半复平面，因此该闭环系统不稳定。

3.2.2 可控性分析

对于线性定常系统，其状态空间方程为

$$\dot{x} = Ax + Bu$$
$$y = Cx + Du$$

（3.16）

其中，x为n维状态向量（简称"状态量"），y为m维输出向量（简称为"输出量"），u为r维输入向量（或称为控制向量，简称"输入量"或"控制量"）。

线性系统的可控性通常是指系统状态向量$x(t)$的可控性，由于$x(t)$包含了系统内部状态，因此，系统的可控性也表示了系统内部状态受系统输入量$u(t)$控制的能力。

对于式3.16描述的线性定常系统，若存在一个分段连续的控制量u，能在有限的时间$[t_0,t_f]$内，将系统从t_0时刻的初始状态向量$x(t_0)$，转移到任意指定的最终状态向量$x(t_f)$，则称系统在t_0时刻的状态向量$x(t_0)$是可控的；反之，只要状态向量中有一个变量不可控，则称系统是不可控的。

系统状态可控的充分必要条件是可控判别矩阵$M = \begin{bmatrix} B & AB & \cdots & A^{n-1}B \end{bmatrix}$为满秩矩阵，也就是可控判别矩阵的秩与系统状态向量的维数同为n。如果可控判别矩阵的秩小于n，则表示系统中存在不可控的状态。可控判别矩阵的秩表示了系统中可控状态的个数。

系统输出量受系统输入量控制的能力在某种程度上更受关注。有些情况下，组成系统状态向量的每个变量不一定完全可控，但是系统的输出量却是可控的。因此，系统的可控性也包含输出量的可控性。对任意给定初始输出量$y(t_0)$，总能找到一个分段连续的控制量$u(t)$，使系统输出量能在有限的时间$[t_0,t_f]$内，转移到任意指定的输出量$y(t_f)$，则称系统在t_0时刻的输出量$y(t_0)$是可控的。对于式3.16描述的线性定常系统，如果输出可控判别矩阵$[CB \quad CAB \quad CA^2B \quad \cdots \quad CA^{n-1}B \quad D]$的秩为$m$，与系统输出量的维数相同，则系统是输出可控的。

MWORKS提供了ctrb()函数，用于计算系统的可控判别矩阵M。另外，MWORKS还提供求取矩阵秩的函数rank()函数，用于计算可控判别矩阵M的秩。如果矩阵的秩与系统状态变量相同，则系统完全可控；否则，矩阵的秩就是系统中可控状态的个数。这两个函数的调用格式如下：

```
Co = ctrb(A,B);        #=计算系统的可控判别矩阵=#
Co = ctrb(sys);        #=计算系统的可控判别矩阵=#
r = rank(Co);          #=计算可控判别矩阵的秩=#
```

【例 3-5】两个线性定常系统的状态空间模型分别为

系统 1：

$$A_1 = \begin{bmatrix} -1.6 & -1.2 & -0.2 & -0.2 \\ 0.5 & -1.9 & -0.1 & 0.9 \\ 0.1 & 0.9 & -1.5 & 1.1 \\ -1.8 & 0.7 & 0.6 & 1.5 \end{bmatrix}, \quad B_1 = \begin{bmatrix} -2.2 & 0.5 \\ -1.2 & -0.9 \\ -0.6 & -0.4 \\ -0.1 & 0.3 \end{bmatrix},$$

$$C_1 = \begin{bmatrix} 1.6 & 0.1 & 0.5 & 0.9 \end{bmatrix}$$

系统 2：

$$A_2 = \begin{bmatrix} 5 & -8 & 4 \\ 0 & 1 & 0 \\ -1 & 0 & 1 \end{bmatrix}, \quad B_2 = \begin{bmatrix} 6 \\ 0 \\ -2 \end{bmatrix},$$

$$C_2 = \begin{bmatrix} 1 & 0 & 1 \end{bmatrix}$$

分析这两个系统的可控性。

通过如下 Syslab 程序建立两个系统模型，构造可控判别矩阵并求其秩。系统 1 的相应代码如下：

```
A1 = [ -1.6    -1.2    -0.2    -0.2;
        0.5    -1.9    -0.1    0.9;
        0.1     0.9    -1.5    1.1;
       -1.8     0.7     0.6    1.5];
B1 = [-2.2 0.5; -1.2 -0.9; -0.6 -0.4; -0.1 0.3];
C1 = [1.6 0.1 0.5 0.9];
Co1 = ctrb(A1,B1)                    #= 计算系统 1 的可控判别矩阵 =#
r1 = rank(Co1)                       #= 计算可控判别矩阵的秩 =#
```

建议将最后两条语句分开单独执行，以分别输出可控判别矩阵及其秩。

程序计算结果如下：

```
4×8 Matrix{Float64}:
 -2.2   0.5   5.1    0.3   -9.96   -2.974   12.535    11.2926
 -1.2  -0.9   1.15   2.27   2.765  -5.368  -15.041     7.9295
 -0.6  -0.4  -0.51   0.17   5.181   0.366  -11.5216   -6.5895
 -0.1   0.3   2.61  -1.32  -4.766  -0.829   15.8231    0.5717
4
```

系统 2 的相应代码如下：

```
A2 = [5 -8   4;
      0  1   0;
     -1  0   1];
B2 = [6 0 -2]';
C2 = [1 0 1];
```

```
Co2 = ctrb(A2,B2)                        #= 计算系统 2 的可控判别矩阵 =#
r2 = rank(Co2)                           #= 计算可控判别矩阵的秩 =#
```

程序计算结果如下:

```
3×3 Matrix{Int64}:
   6   22   78
   0    0    0
  -2   -8  -30
   2
```

由计算结果可见:系统 1 的可控判别矩阵秩为 4,即矩阵满秩;系统 2 的可控判别矩阵秩为 2,即矩阵不满秩。因此系统 1 是完全可控的,系统 2 不是完全可控的。

3.2.3 可观性分析

线性系统的可观性是指系统状态空间模型中状态向量的可观测性,描述系统状态可通过系统输出量得到观测的能力。对于式 3.16 描述的线性定常系统,如果对任意给定的输入量 $u(t)$,总能在有限的时间段 $[t_0, t_f]$ 内由系统输入量 $u(t)$ 和系统输出量 $y(t)$ 唯一地确定 t_0 时刻的状态量 $x(t_0)$,则称系统在 t_0 时刻是状态可观测的。若系统在所讨论时间段内每个时刻都可观测,则称系统是完全可观测的。

对于式 3.16 描述的线性定常系统,完全可观测的充分必要条件是可观判别矩阵 $N = \begin{bmatrix} C & CA & \cdots & CA^{n-1} \end{bmatrix}^{\mathrm{T}}$ 的秩等于 m。

与可控性判断类似,MWORKS 提供了 obsv() 函数用于构造系统的可观判别矩阵 N。获得系统的可观判别矩阵之后,就可以用 rank() 函数求出可观判别矩阵的秩。如果可观判别矩阵的秩为 m,则系统是完全可观测的。obsv() 函数的调用格式如下:

```
Ob = obsv(A,C);                          #=求解系统可观判别矩阵=#
Ob = obsv(sys);                          #=求解系统可观判别矩阵=#
```

3.3 利用MWORKS的线性控制系统时域分析 ///

3.3.1 时域分析概述

时域分析的主要内容是分析系统在外部输入信号作用下的输出结果和时域指标。因此,时域分析也称为时间响应分析,分析系统在外部输入信号作用下系统输出量随时间的变化关系。

系统的时间响应可以分为两个组成部分:瞬态响应和稳态响应。瞬态响应是指系统从初始状态到最终状态的响应过程,也称为动态过程、过渡过程或瞬态过程。稳态响应是指当时间趋于无穷大时系统的输出状态。相应地,与时域分析相关联的性能指标也可以分为两类,一类是瞬态响应的性能指标,另一类是稳态响应的性能指标。

时域分析中采用脉冲函数、阶跃函数、斜坡函数、加速度函数等非周期信号作为输入信号。这些输入信号被称为典型输入信号，因为这些信号代表了系统在实际工作状态下最常见的输入信号形式。如果系统的输入信号是随时间逐渐变化的函数，则可以用斜坡函数表示输入信号。如果系统的输入信号是突然的扰动量，则阶跃函数可以作为输入信号的表示形式。而当系统的输入信号是冲击输入量时，脉冲函数则可以很好地表示冲击输入信号。典型输入信号为系统的性能分析与比较提供基础。以阶跃函数这一典型输入信号为例，系统的瞬态响应性能指标是以系统对阶跃函数这一典型的输入信号的响应曲线定义的。在控制系统设计中，经常采用阶跃函数作为系统的输入信号，分析比较不同设计在同一阶跃函数作用下的响应曲线。

3.3.2　典型输入信号

上文提到，时域分析中采用脉冲函数、阶跃函数、斜坡函数、加速度函数等非周期信号作为输入信号，分别简称为脉冲输入、阶跃输入、斜坡输入、加速度输入。这里给出它们的定义和拉氏变换。

1. 脉冲函数

脉冲函数的定义及拉氏变换为

$$r(t) = c\delta(t)$$

$$\delta(t) = \begin{cases} \infty, & t = 0 \\ 0, & t \neq 0 \end{cases}, \quad 且 \int_{-\infty}^{+\infty} \delta(t)\mathrm{d}t = 1 \qquad (3.17)$$

$$R(s) = \mathcal{L}\big[c\delta(t)\big] = c$$

其中，c 为任意常数。如果 $c=1$，则该脉冲函数称为单位脉冲函数或单位脉冲输入。从式中可以看出，脉冲函数的幅值在零时刻为无穷大。由于单位脉冲函数的传递函数等于 1，因此系统对单位脉冲函数的响应的传递函数就是系统的传递函数本身。

2. 阶跃函数

阶跃函数的定义及拉氏变换为

$$r(t) = \begin{cases} c, & t > 0 \\ 0, & t \leq 0 \end{cases}, \quad R(s) = \mathcal{L}\big[r(t)\big] = c \cdot \frac{1}{s} \qquad (3.18)$$

其中，c 为任意常数，如果 c 等于 1，则称为单位阶跃函数或单位阶跃输入。

3. 斜坡函数

斜坡函数的定义及拉氏变换为

$$r(t) = \begin{cases} ct, & t > 0 \\ 0, & t \leq 0 \end{cases}, \quad R(s) = \mathcal{L}\big[r(t)\big] = c \cdot \frac{1}{s^2} \qquad (3.19)$$

其中，c 为任意常数，如果 c 等于 1，则称为单位斜坡函数或单位斜坡输入。

4. 加速度函数

加速度函数的定义及拉氏变换为

$$r(t) = \begin{cases} ct^2, & t > 0 \\ 0, & t \leqslant 0 \end{cases}, \quad R(s) = \mathcal{L}\big[r(t)\big] = c \cdot \frac{2}{s^3} \tag{3.20}$$

其中，c 为常数，如果 c 等于 1/2，则称为单位加速度函数或单位加速度输入。

3.3.3 MWORKS 的典型输入信号响应函数

MWORKS 提供了 impulse()、step()、initial()、lsim() 等函数，分别用于求取脉冲输入、阶跃输入、初始条件输入、任意函数输入的时间响应。对于 lsim() 函数，还提供了一个信号生成函数 gensig()，用于生成正弦信号、方波信号和脉冲序列信号。下面介绍它们各自的调用格式。

1. impulse()

impulse() 函数用于绘制系统的单位脉冲输入响应曲线、求单位脉冲输入响应的数值解。主要的调用格式如下：

```
impulse(sys);                        #=绘制脉冲输入响应曲线=#
impulse(sys,t);                      #=绘制指定时间的响应曲线=#
y = impulse(sys,t;fig=false);        #=保存响应信息，不绘制响应曲线=#
```

其中，输入参数 sys 为系统模型，t 为向量 t=[t1,t2,…,tn]，即响应曲线的各个时刻。当输入参数含有 t 时，impulse 函数将根据参数 t 中各个时刻对应的响应幅值绘制响应曲线。当输入参数含有 fig=false 时，返回参数 t 中各个时刻对应的响应曲线幅值 y=[y1,y2,…,yn]，但不绘制响应曲线。

2. step()

step() 函数用于绘制系统的单位阶跃输入响应曲线、求取单位阶跃输入响应的数值解。主要的调用格式如下：

```
step(sys);                        #=绘制单位阶跃输入响应曲线=#
step(sys,t);                      #=绘制指定时间的响应曲线=#
y = step(sys,t;fig=false);        #=保存响应信息，不绘制响应曲线=#
```

其中，输入参数 sys 为系统模型，t 为向量 t=[t1,t2,…,tn]，即响应曲线的各个时刻。当输入参数含有 t 时，step 函数将根据参数 t 中各个时刻对应的响应幅值绘制响应曲线。当输入参数含有 fig=false 时，返回参数 t 中各个时刻对应的响应曲线幅值 y=[y1,y2,…,yn]，但不绘制响应曲线。

3. initial()

在零输入情况下，initial() 函数用于绘制系统在初始条件作用下的响应曲线、求取响应数值解。主要的调用格式如下：

```
initial(sys,x0);                  #=绘制系统零输入响应曲线=#
initial(sys,x0,tFinal);           #=绘制 t=0 到 t=tFinal 的响应曲线=#
```

initial(sys,x0,t);	#=绘制指定时间的响应曲线=#
y, tout, x = initial(____;fig=false)	#=指定为 t 或 tFinal 的响应时间，返回响应数据=#

其中，输入参数 sys 为系统模型，在 initial()函数中必须为状态空间模型。x0 为系统状态变量的初始值。t 为向量 t=[t1,t2,…,tn]，即响应曲线的各个时刻。tFinal 则为标量，表示响应曲线的终止时刻。"____"表示省略的参数，它可以是上面前 3 种调用格式中任意一种的输入参数。

输出参数中，tout 为响应曲线上各点的时刻，y 为响应曲线上对应 tout 的幅值，x 为 tout 中各个时刻的系统状态变量值。当输入参数含有 t 时，输出参数 tout 就等于 t；当输入参数不含 t 时，tout 的值由 Syslab 自动确定。

4. lsim()

lsim()函数用于绘制系统的任意输入响应曲线、求取任意输入响应的数值解。主要的调用格式如下：

lsim(sys,u,t);	#=绘制系统对输入 u(t)的响应曲线=#
lsim(sys,u,t,x0=value);	#=对状态空间模型进一步指定初始条件 x0=#
y = lsim(sys,u,t);	#=返回指定时间 t 采样的系统响应 y=#
y = lsim(sys,u,t,x0=value);	#=指定初始条件 x0 返回系统响应 y=#

其中，输入参数 sys 为系统模型，t 为向量 t=[t1,t2,…,tn]，即响应曲线的各个时刻，u 为向量 u=[u1,u2,…,un]，为 t 中各个时刻对应的输入值。value 为系统模型初始值 x0 的值，只有当 sys 为状态空间模型时才能指定 x0。输出参数中，y 为响应曲线上对应 t 的幅值。

3.3.4 时域分析的性能指标

1. 瞬态响应的性能指标

对于一个稳定的系统，在单位阶跃输入作用下，描述瞬态响应随时间变化状况的指标称为瞬态响应的性能指标。由于系统对单位阶跃输入信号的瞬态响应与初始条件有关，为了便于分析比较，在求取系统瞬态响应性能指标时，默认系统在零时刻处于静止状态，输出量以及输出量对时间的各阶导数都等于零。

系统的瞬态响应在达到稳态以前，常常表现为阻尼振荡过程。图 3.3 为一个典型的单位阶跃响应曲线，图中的虚线表示系统的稳态值。单位阶跃响应曲线图体现了延迟时间、上升时间、峰值时间、调节时间和超调量 5 个性能指标。

（1）延迟时间 t_d：瞬态响应曲线第 1 次达到稳态值的 50%所需的时间称为延迟时间。

（2）上升时间 t_r：瞬态响应曲线从稳态值的 10%上升到 90%，或从稳态值的 5%上升到 95%，或从稳态值的 0%上升到 100%所需的时间都称为上升时间。对于图 3.3 所示的欠阻尼二阶系统，通常采用0%到100%的时间作为上升时间。对于过阻尼系统通常采用稳态值的10%到 90%的上升时间。

（3）峰值时间 t_p：瞬态响应曲线超过稳态值，达到第 1 个峰值所需的时间称为峰值时间。

（4）调节时间 t_s：瞬态响应曲线趋于稳态时，用稳态值的绝对百分数，通常取 2%或 5%，作为误差范围，瞬态响应曲线达到并保持在该误差范围内所需的时间称为调节时间。

（5）超调量 $\sigma\%$：超调量为最大偏离量和稳态值的差与稳态值之比的百分数。

$$\sigma\% = \frac{c(t_p) - c(\infty)}{c(\infty)} \times 100\% \qquad （3.21）$$

如果 $c(t_p) < c(\infty)$，则响应无超调。

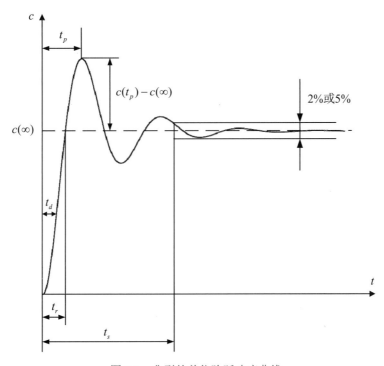

图 3.3　典型的单位阶跃响应曲线

2. 稳态响应的性能指标

稳态响应的性能指标主要为稳态误差。当时间趋于无穷大时系统的输出量不等于系统的输入量，则系统存在稳态误差。稳态误差的大小与系统本身有关，也与输入信号有关。对于同一个系统，在不同输入信号作用下，可能表现出不同的稳态误差。反之，在同一输入信号作用下，不同的系统也可能表现出不同的稳态误差。

通常选用阶跃函数、斜坡函数、加速度函数作为输入信号，研究不同类型系统对这 3 种输入信号的响应稳态误差。系统的类型由系统的开环传递函数在原点处的极点个数划分。对于单位反馈系统，其开环传递函数 $G(s)$ 写为

$$G(s) = \frac{K(T_a s + 1)(T_b s + 1)\cdots(T_m s + 1)}{s^N (T_1 s + 1)(T_2 s + 1)\cdots(T_p s + 1)} \qquad （3.22）$$

其中，对应于 $N=0$，$N=1$，$N=2$，……的系统，分别称为 0 型，1 型，2 型，……系统。对于单位反馈系统，表 3-1 给出了 0 型系统、1 型系统、2 型系统，对阶跃输入、斜坡输入、加速度输入的稳态误差。从表中可以看出系统的稳态误差与开环传递函数的类型和开环传递函数的增益有关，还与输入信号类型有关。如表 3-1 所示，对于 1 型系统，可以准确无误地跟踪单位阶跃输入信号，无稳态误差；在单位斜坡输入信号的作用下出现稳态误差 $1/K$；对

于单位加速度输入信号 1 型系统无法跟踪。

【例 3-6】求图 3.4 所示系统在单位脉冲输入、单位阶跃输入、单位斜坡输入作用下的响应曲线，并分析系统的稳态误差。

表 3-1 不同型别系统的稳态误差

系统型别	阶跃输入 $r(t) = 1(t)$	斜坡输入 $r(t) = t$	加速度输入 $r(t) = t^2/2$
0 型系统	$\dfrac{1}{1+K}$	∞	∞
1 型系统	0	$\dfrac{1}{K}$	∞
2 型系统	0	0	$\dfrac{1}{K}$

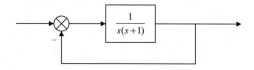

图 3.4 控制系统框图

分别采用 impulse() 和 step() 函数绘制系统的单位脉冲响应和单位阶跃响应曲线。

```
sys_op = tf(1,[1 1 0]);                    #= 开环传递函数 =#
sys_cl = feedback(sys_op);                 #= 闭环传递函数 =#
t = 0:0.01:15;                             #= 响应时间 =#
impulse(sys_cl,t);                         #= 绘制系统的单位脉冲输入 =#
figure();                                  #= 创建一个新图窗 =#
step(sys_cl,t);                            #= 绘制系统的单位阶跃输入 =#
```

运行程序，MWORKS 将分别绘制系统在 0 到 15 s 之内的单位脉冲响应和单位阶跃响应，如图 3.5、图 3.6 所示。

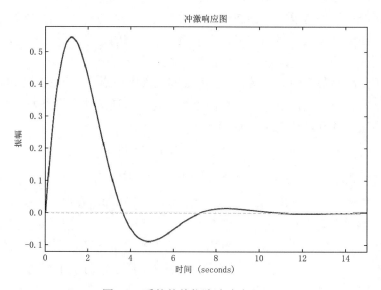

图 3.5 系统的单位脉冲响应

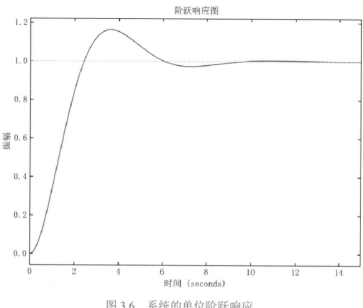

图 3.6　系统的单位阶跃响应

使用 lsim()函数计算系统的单位斜坡响应,并利用 legend()函数为系统响应和输入信号加上图例。

```
sys_op = tf(1,[1 1 0]);                    #= 开环传递函数 =#
sys_cl = feedback(sys_op);                 #= 闭环传递函数 =#
t = 0:0.01:10;                             #= 响应时间 =#
u = t;                                     #= 输入信号 u(t)=t =#
lsim(sys_cl,u,t);                          #= 计算系统响应 =#
legend("系统响应", "输入信号")
```

绘制系统的单位斜坡响应如图 3.7 所示。

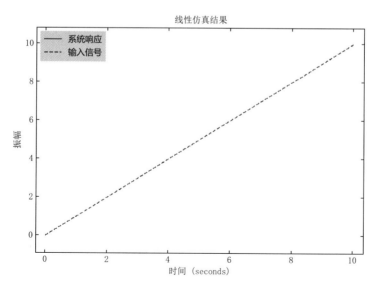

图 3.7　系统的单位斜坡响应

该系统开环传递函数的 $N=1$，是 1 型系统。从系统的响应曲线可以看出，系统准确无误地跟踪了单位阶跃输入信号，无稳态误差；但是单位斜坡输入信号的作用下出现稳态误差 $1/K=1$。

3.3.5 MWORKS 中时域分析性能指标求取

在 MWORKS 环境中，可以在响应曲线图上直接求出性能指标，也可以通过编程的方法计算性能指标。MWORKS 提供了 stepinfo() 函数可用于求解性能指标，其调用格式如下：

```
S = stepinfo(sys)                          #=计算系统 sys 的阶跃响应特性=#
S = stepinfo(sys, SettlingTimeThreshold=ST) #=指定稳定时间阈值 ST=#
S = stepinfo(___, RiseTimeLims=RT)          #=指定上升时间上下限阈值 RT=#
```

其中，输入参数 sys 为系统模型。ST 为稳定时间阈值，其值介于 0 到 1 之间，默认值为 0.02，即误差范围为稳态值的 2%。RT 为上升时间阈值，其值为包含 2 个元素的行向量，每个元素值均介于 0 到 1 之间，默认值为[0.1 0.9]，即稳态值 10%至 90%的上升时间。"___"为省略参数，它可以是上面两种调用格式中的任意一种参数。

输出参数为含有闭环系统 sys 的阶跃响应特性指标的结构体 S。结构体 S 中包含多个字段，具体字段名称和含义如表 3-2 所示。

表 3-2　字段名称和含义

字段	含义	字段	含义
RiseTime	上升时间	Overshoot	超调量（百分比）
TransientTime	瞬态时间	Undershoot	下冲量（百分比）
SettlingTime	调节时间	Peak	峰值
SettlingMin	上升后的响应最小值	PeakTime	峰值时间
SettlingMax	上升后的响应最大值		

需要注意的是，表 3-2 中"瞬态时间"定义与调节时间类似，但并不相同。计算瞬态时间所采用的误差范围是误差值与超调量大小的比值，而非与稳态值的比值。

【例 3-7】对于闭环系统

$$\text{sys}(s) = \frac{1}{s^2 + 0.3s + 1} \tag{3.23}$$

求该系统的阶跃响应曲线，并求取延迟时间、上升时间、峰值时间、调节时间、超调量等性能指标。

通过如下代码创建系统传递函数并绘制其单位阶跃响应曲线。

```
sys = tf([1], [1, 0.3, 1]);
step(sys);
```

在弹出的图形窗口中单击数据游标按钮 ，进入如图 3.8 所示界面。

使用鼠标拖动游标竖线，使其与响应曲线的峰值对齐。此时图窗左下角显示 x=3.14159，可知系统阶跃响应峰值时间约为 3.14159 s。根据 3.3.4 节时域响应指标的定义，可在图窗中量取其他指标。

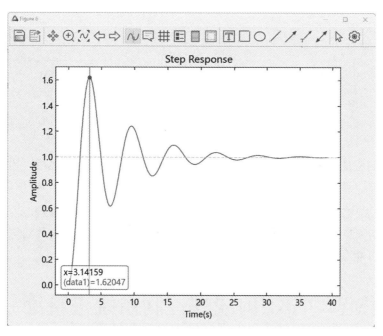

图 3.8　利用数据游标获得阶跃响应指标

在响应曲线图上求取性能指标的方法较为烦琐，得到的指标值也不是很准确。对于如式 3.23 所示的闭环系统，令上升时间阈值 RT=[0 0.5]，此时计算出的上升时间 RiseTime 即为延迟时间：

```
sys = tf([1], [1, 0.3, 1]);
S = stepinfo(sys, RiseTimeLims=[0 0.5]);
S.RiseTime
```

运行结果如下：

```
1×1 Matrix{Float64}:
 1.1060280117221652
```

可知系统阶跃响应的延迟时间约为 1.106 s。

欠阻尼二阶系统阶跃响应上升时间为系统响应从稳态值的 10%上升到 90%的时间，为 stepinfo()函数的默认设置。在默认设置下继续计算时域响应指标：

```
S = stepinfo(sys);
```

分别执行以下各行代码，输出系统阶跃响应的上升时间、调节时间、超调量和峰值时间：

```
S.RiseTime
S.SettlingTime
S.Overshoot
S.PeakTime
```

运行结果如下：

```
1×1 Matrix{Float64}:
 1.1758888563232683
```

1×1 Matrix{Float64}:
 25.853153959146322

1×1 Matrix{Float64}:
 61.72531632725444

1×1 Matrix{Float64}:
 3.0701134573208497

系统阶跃响应的上升时间、调节时间分别约为 1.176 s 和 25.85 s，超调量百分比约为 61.73%，峰值时间约为 3.07 s。由二阶系统的时域响应理论可知，峰值时间的理论值为 $\pi/\sqrt{1-0.15^2} \approx 3.1775$ s，stepinfo()函数的计算值与理论值存在一些偏差。这是由于 stepinfo() 函数根据系统阶跃响应的数值解求取响应指标，因此，所求得的峰值时刻与实际的时间响应曲线峰值时刻可能存在不一致。

3.4 利用MWORKS的线性控制系统根轨迹分析

3.4.1 根轨迹的相角和幅值条件

根轨迹是闭环系统特征方程的根与系统某一参数的全部取值的关系曲线图。系统某一参数通常采用系统的开环传递函数的增益（简称"开环增益"）。这样，如果给定系统的开环增益，就可以在根轨迹上确定相对应的闭环系统特征根。反之，对于给定的根轨迹图上的某个点，也就是给定了闭环系统的特征根，必定可以确定与其对应的开环增益。

如图 3.9 所示的闭环负反馈系统，系统的闭环传递函数为

$$\frac{Y(s)}{U(s)} = \frac{G(s)}{1+G(s)H(s)} \tag{3.24}$$

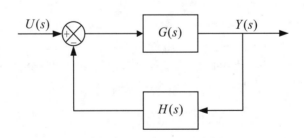

图 3.9　闭环负反馈系统

于是，得到闭环系统的特征方程

$$1+G(s)H(s)=0 \tag{3.25}$$

或

$$G(s)H(s)=-1 \tag{3.26}$$

闭环系统的特征方程的根称为闭环极点。根据等号两边的相角和幅值应分别相等的条件，

可以得到相角条件和幅值条件如下。

相角条件：

$$\underline{/G(s)H(s)} = \pm 180° \cdot (2k+1), \qquad k = 0, 1, 2, \cdots \qquad （3.27）$$

幅值条件：

$$\left| G(s)H(s) \right| = 1 \qquad （3.28）$$

由此可见，满足相角条件和幅值条件的 s 值，就是闭环系统特征方程的根，也就是闭环极点。

根轨迹为 s 平面上只满足相角条件的点所构成的图形。对应于给定开环增益的特征方程的根可以由幅值条件确定。

根轨迹反映了闭环反馈系统的开环传递函数与闭环系统特征根之间的关系。当改变开环增益或者增加开环极点和开环零点时，可以利用根轨迹对闭环极点位置的变化进行分析，从而设计出满足性能要求的闭环极点。

3.4.2　根轨迹的一般绘制法则

将如图 3.9 所示的闭环负反馈系统的闭环系统特征方程写成

$$1 + \frac{K(s+z_1)(s+z_2)\cdots(s+z_m)}{(s+p_1)(s+p_2)\cdots(s+p_n)} = 0 \qquad （3.29）$$

可见，该闭环负反馈系统的开环传递函数有 n 个开环极点、m 个开环零点，开环增益 K 以乘法因子的形式出现在闭环系统特征方程中。下面简要介绍这样的闭环负反馈系统根轨迹的一般绘制法则。

1. 确定根轨迹的起点、终点和分支数

根轨迹各分支起始于开环极点，终止于开环零点。如果开环零点数 m 小于开环极点数 n，那么，有 $n-m$ 条根轨迹沿着渐近线趋于无穷远处。根据开环传递函数的因子形式，确定开环极点和开环零点在 s 平面上的位置。根轨迹对称于 s 平面的实轴，根轨迹分支数与特征方程根的数目相等。

2. 确定实轴上的根轨迹

实轴上的开环极点和开环零点确定了实轴上的根轨迹，实轴上的每一段根轨迹都在某一开环极点或开环零点与另一开环极点或开环零点之间。开环传递函数的共轭复数极点和共轭复数零点对实轴上根轨迹的位置没有影响。

3. 确定根轨迹渐近线

根轨迹渐近线表示了 s 远大于 1 时根轨迹的变化趋势。闭环特征方程中，当 s 的值很大时，根轨迹必将趋近于直线，该直线称为渐近线。渐近线的条数为极点和零点个数的差值，即有 $n-m$ 条。渐近线的斜率为

$$渐近线斜率 = \frac{\pm 180°(2k+1)}{n-m}, \quad k = 0, 1, 2, \cdots \qquad （3.30）$$

全部渐近线都相交于实轴，渐近线与实轴交点的坐标 s 的计算公式为

$$s = -\frac{(p_1 + p_2 + \cdots + p_n) - (z_1 + z_2 + \cdots + z_m)}{n - m} \tag{3.31}$$

4. 确定分离点与会合点

由于根轨迹相对于实轴的对称性，分离点和会合点或处于实轴上、或位于共轭复数对上。实际上，分离点和会合点为闭环特征方程的重根。如果把闭环特征方程写成

$$B(s) + KA(s) = 0 \tag{3.32}$$

则分离点和会合点可以由方程

$$\frac{\mathrm{d}K}{\mathrm{d}s} = -\frac{B'(s)A(s) - B(s)A'(s)}{A^2(s)} = 0 \tag{3.33}$$

的根确定。需要说明的是，分离点和会合点必须是相角方程 3.26 的根，但方程 3.26 的所有根并非都是分离点或汇合点。如果方程 3.26 的一个实根位于实轴的根轨迹上，则这个根就是一个分离点或会合点。如果方程 3.26 的一个实根不在实轴的根轨迹上，则这个根既不是分离点，也不是会合点。如果方程的两个根是一对共轭复根，那么必须对相应的 K 值进行检查，如果 K 值为正，则相应的根是分离点或会合点，否则相应的根不是分离点，也不是会合点。

5. 确定复数极点的出射角和复数零点的入射角

复数极点的出射角确定了复数极点附近的根轨迹出发方向，复数零点的入射角则指示了复数零点附近的根轨迹到达方向。复数极点的出射角和复数零点的入射角的计算公式为

复数极点的出射角 $= 180^{\circ} -$ (从其他极点到所考虑复数极点的向量的相角和)
$+$ (从所有零点到所考虑复数极点的向量的相角和)

到达复数零点的入射角 $= 180^{\circ} -$ (从其他零点到所考虑复数零点的向量的相角和)
$+$ (从所有极点到所考虑复数零点的向量的相角和)

6. 确定根轨迹与虚轴的交点

有两种方法可以求出根轨迹与虚轴的交点。

（1）利用劳斯稳定判据。劳斯稳定判据指出，如果劳斯阵列某一行中第一列系数为零，位于零上面的系数符号与位于零下面的系数符号相同，则表明有一对虚根存在。在求解根轨迹与虚轴交点时，可以根据闭环特征方程的劳斯阵列的实际情况，利用这些劳斯稳定判据，求出位于虚轴的根以及对应的开环增益 K。

（2）直接在闭环特征方程中令 $s = j\omega$，再分别令实部和虚部等于零，即可求出 ω 和 K 值。

7. 确定虚轴和原点附近的根轨迹

在虚轴两侧和原点附近的根轨迹需要依照幅值条件和相角条件进行计算描绘。

8. 确定闭环极点及相应的 K 值

根轨迹图描绘的是闭环系统特征根随开环传递函数增益 K 值的变化曲线。如果给定开环

传递函数增益 K 值，应用幅值条件就可以求出与给定增益 K 值相应的闭环极点在每一条根轨迹上的位置。同样，利用幅值条件，也能够确定根轨迹上任意指定的根所对应的开环增益 K 值。

3.4.3　用 MWORKS 绘制根轨迹图

MWORKS 中提供了根轨迹绘制函数 rlocus()，下面简要介绍这一函数的调用方法。

将式

$$1+\frac{K(s+z_1)(s+z_2)\cdots(s+z_m)}{(s+p_1)(s+p_2)\cdots(s+p_n)}=0 \tag{3.34}$$

表示为

$$1+K\frac{\mathrm{num}}{\mathrm{den}}=0 \tag{3.35}$$

其中，num 为分子多项式，den 为分母多项式，都以 s 的降幂形式表示，即

$$
\begin{aligned}
\mathrm{num} &= (s+z_1)(s+z_2)\cdots(s+z_m) \\
&= s^m+(z_1+z_2+\cdots+z_m)s^{m-1}+z_1z_2\cdots z_m \\
\mathrm{den} &= (s+p_1)(s+p_2)\cdots(s+p_n) \\
&= s^n+(p_1+p_2+\cdots+p_n)s^{n-1}+p_1p_2\cdots p_n
\end{aligned} \tag{3.36}
$$

通过如下代码，建立式 3.35 对应的系统模型 sys。

```
sys = tf(num,den);                       #=建立系统开环传递函数=#
```

利用 MWORKS 的 rlocus()函数，就可以绘制出该系统开环增益 K 从 0 到无穷大变化时的根轨迹，调用格式如下：

```
rlocus(sys);                             #=绘制系统根轨迹图=#
rlocus(sys, value_range);                #=绘制系统指定增益 value_range 的根轨迹图=#
root,gain = rlocus(sys; fig=false)       #=不绘制图形，返回系统极点位置=#
root,gain = rlocus(sys, value_range; fig=false)  #=指定增益 value_range，不绘制图形=#
```

输入参数中，向量 value_range 定义了开环增益取值范围。如果设定这个参数，将只绘制开环增益在 value_range 取值范围内的根轨迹图。输出参数 root,gain 为根轨迹图中各点对应的极点和开环增益，其中开环增益 gain 的变化步长由 MWORKS 自动确定。

【例 3-8】绘制如图 3.10 所示的单位负反馈系统。为保证系统稳定，参数 K 的取值范围是什么？

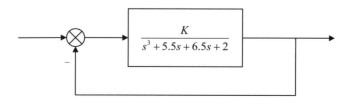

图 3.10　单位负反馈系统

由图 3.10 可知开环系统无零点。使用 pole()函数求取开环系统极点。

```
sys = tf([1],[1 5.5 6.5 2]);
pole(sys)
```

执行结果如下：

```
3-element Vector{ComplexF64}:
 -3.999999999999995 + 0.0im
 -0.9999999999999968 + 0.0im
 -0.5000000000000007 + 0.0im
```

因此，开环系统包含 3 个极点 $s_1 = -4$，$s_2 = -1$，$s_3 = -0.5$。

通过如下代码绘制系统根轨迹。

```
rlocus(sys);
```

绘制系统根轨迹图如图 3.11 所示。由图 3.11 可见，系统根轨迹一共有 3 条，分别起始于 3 个开环极点 s_1，s_2 和 s_3。

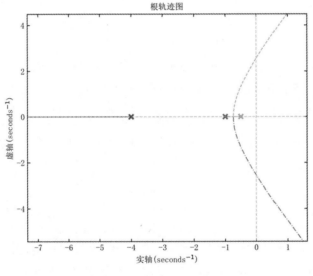

图 3.11　系统根轨迹图

图中，系统的开环极点用×表示。为保证系统稳定，全部闭环极点必须位于 s 平面的左半平面，如果闭环极点位于虚轴上，则系统将处于临界稳定状态，如果闭环极点落入 s 右半平面，则系统不稳定。

通过寻找最靠近虚轴的极点对应增益的值，可确定临界增益。编写如下代码：

```
value_range = collect(0:0.01:100);          #= 将 value_range 转换为向量形式 =#
root, gain = rlocus(sys, value_range; fig=false);
values, indexes = findmin(abs.(real.(root)),dims=2)
```

其中 findmin()函数为最小值查找函数，输入参数 abs.(real.(root))计算极点实部的绝对值。由于 root 中每个增益 K 对应各个极点的值以列向量的形式存储，因此使用 dims=2 沿着第 2 个维度（沿行）查找，以遍历每个增益对应各个极点的值。输出参数 values 为数组中的最小值，indexes 为最小值对应的数组下标。代码运行结果如下：

```
([3.999999999999997; 5.218048215738236e-14; 5.218048215738236e-14;;],
 CartesianIndex{2}[CartesianIndex(1, 1); CartesianIndex(2, 3376); CartesianIndex(3, 3376);;])
```

结合图 3.11 可见，3 个最小值分别对应左侧根轨迹的起始点和右侧根轨迹与虚轴的交点，交点的数组下标为 3376，则对应的临界增益就约等于 gain[3376]。编写如下代码：

```
gain[3376]
```

运行结果如下：

```
33.75
```

则虚轴的根所对应的临界增益约为 33.75。因此，为保证系统稳定，开环增益的取值范围如下：

$$0 < K < 33.75$$

3.5 利用MWORKS的线性控制系统频率响应分析

3.5.1 频率响应

系统对正弦输入信号的稳态响应称为频率响应。系统对正弦输入信号的稳态响应可以直接从正弦传递函数得到。所谓正弦传递函数，就是用 $j\omega$ 代替传递函数中的 s 得到的函数，其中 ω 为频率。

假设图 3.12 是线性定常系统，系统的传递函数为 $G(s)$，系统的输入量和输出量分别 $u(t)$ 和 $y(t)$，对应的拉氏变换为 $U(s)$ 和 $Y(s)$。

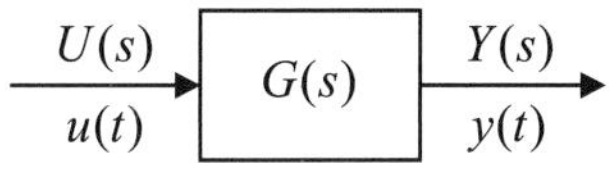

如果输入量为正弦信号，则稳态输出量也是一个相同频率的正弦信号，但是可能具有不同的振幅和相角。当达到稳定状态时，可以用 $j\omega$ 取代传递函数中的 s 来计算频率响应，系统对正弦输入信号的稳态响应满足关系式

$$\frac{Y(j\omega)}{U(j\omega)} = G(j\omega) \tag{3.37}$$

函数 $G(j\omega)$ 称为正弦传递函数。它是 $Y(j\omega)$ 与 $U(j\omega)$ 之比，是一个复数量，可以表示为幅值和相角两部分。幅值表示输出正弦信号与输入正弦信号的振幅之比，相角表示输出正弦信号相对于输入正弦信号的相移。

正弦传递函数是频率 ω 的复变函数，因此，可以用频率作为参量，将幅值和相角随频率的变化用曲线形式进行描绘。伯德图或对数坐标图、奈奎斯特图或极坐标图、尼柯尔斯图或对数幅–相图是 3 种正弦传递函数的图形表示法。

3.5.2 伯德图或对数坐标图

伯德图由幅值图和相角图组成。幅值图表示的是正弦传递函数幅值随频率的变化曲线，

图 3.12 线性定常系统

相角图则表示了正弦传递函数的相角随频率的变化曲线。幅值图和相角图的横坐标都是频率，采用对数刻度；纵坐标的幅值和相角都采用线性刻度。幅值图中，幅值采用的单位是分贝（dB），即 $20\lg\left|G(j\omega)\right|$。相角图中的相角采用的单位是度（°）。

1. 基本因子的伯德图

当不考虑传递延迟等非最小相位特性时，对于最小相位系统，正弦传递函数 $G(j\omega)$ 的基本组成因子有：

（1）比例因子 K；

（2）积分和微分因子 $(j\omega)^{\mp1}$；

（3）一阶因子 $(1+j\omega T)^{\mp1}$；

（4）二阶因子 $\left[1+2\zeta\left(j\omega/\omega_n\right)+\left(j\omega/\omega_n\right)^2\right]^{\mp1}$。

由于幅值图的幅值采用了"分贝"单位，正弦传递函数每个基本因子的幅值相乘关系在幅值图中转化为相加关系，所以任何一个正弦传递函数的伯德图，可以由基本组成因子伯德图叠加而成。

对于比例因子 K 这个基本组成因子，幅值等于 $20\lg K$ （dB），相角等于零，幅值曲线为一条水平直线。

对于积分因子 $1/j\omega$，相角为常量，等于–90°，用分贝表示的对数幅值为

$$20\lg\left|\frac{1}{j\omega}\right|=-20\lg\omega \quad (\text{dB}) \tag{3.38}$$

幅值曲线是斜率为–20 dB/十倍频程的直线。

对于微分因子 $j\omega$，相角也是常量，等于 90°，用分贝表示的对数幅值为

$$20\lg\left|j\omega\right|=20\lg\omega \quad (\text{dB}) \tag{3.39}$$

对于一阶因子 $1/(1+j\omega T)$，用分贝表示的对数幅值为

$$20\lg\left|\frac{1}{1+j\omega T}\right|=-20\lg\sqrt{1+\omega^2 T^2} \quad (\text{dB}) \tag{3.40}$$

图 3.13 是一阶因子 $1/(1+j\omega T)$ 的伯德图。幅值图中，实线是精确的对数幅值曲线，虚线是渐近线，是精确的对数幅值曲线的近似表示。

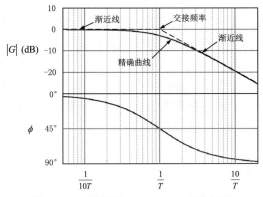

图 3.13　一阶因子 $1/(1+j\omega T)$ 的伯德图

在低频段，其对数幅值可以近似为

$$-20\lg\sqrt{1+\omega^2T^2}\approx-20\lg1=0\quad\text{(dB)}\tag{3.41}$$

因此，在低频段的对数幅值曲线是一条 0dB 的直线。在高频段，其对数幅值可以近似为

$$-20\lg\sqrt{1+\omega^2T^2}\approx-20\lg\omega T\quad\text{(dB)}\tag{3.42}$$

这是一条当 $\omega=1/T$ 时对数幅值等于 0 dB 的斜率为–20 dB/十倍频程的直线。

因此，一阶因子 $1/(1+j\omega T)$ 的幅值图可以用两条渐进直线近似表示，一条是当频率为 $\omega<1/T$ 时的 0 dB 直线，另一条是当频率为 $\omega\geq1/T$ 时的斜率为–20 dB/十倍频程的直线。两条渐近线相交处的频率称为转折频率或交接频率，对于一阶因子 $1/(1+j\omega T)$，频率 $\omega=1/T$ 就是转折频率或交接频率。

因子 $1/(1+j\omega T)$ 的相角为

$$\left/\frac{1}{1+j\omega T}\right.=-\arctan\omega T\tag{3.43}$$

因此，相角曲线在零频率处，相角等于 0°，在转折频率处相角为–45°，当频率为∞时，相角趋于–90°。

因子 $1+j\omega T$ 与因子 $1/(1+j\omega T)$ 互为倒数关系，因此，因子 $1+j\omega T$ 的幅值曲线和相角曲线与 $1/(1+j\omega T)$ 的幅值曲线和相角曲线仅仅相差一个符号：

$$20\lg|1+j\omega T|=-20\lg\left|\frac{1}{1+j\omega T}\right|\tag{3.44}$$

$$\left/1+j\omega T\right.=\arctan\omega T=-\left/\frac{1}{1+j\omega T}\right.\tag{3.45}$$

基本因子 $1+j\omega T$ 的转折频率与 $1/(1+j\omega T)$ 的转折频率同为 $1/T$，$1+j\omega T$ 在高频段的渐近线斜率为 20 dB/十倍频程，相角的变化范围为 0°到 90°。

很多系统可以近似用这个二阶因子表示：

$$G(j\omega)=\frac{1}{1+2\zeta\left(j\dfrac{\omega}{\omega_n}\right)+\left(j\dfrac{\omega}{\omega_n}\right)^2}\tag{3.46}$$

其中，ζ 是阻尼比，ω_n 称为固有频率。从式中可见，二阶因子的幅值和相角除了与频率有关，还与阻尼比有关。图 3.14 给出了当 ζ 取 0.1、0.5、1.0 时的幅值图和相角图，图中的虚线为近似表示的渐近线。从图中可见，当频率接近 ω_n 时，幅值曲线可能出现谐振峰，谐振峰值是否存在以及谐振峰的大小都与 ζ 有关；二阶因子的转折频率为固有频率 ω_n；渐近线由两条直线组成，一条是低频段的 0 dB 水平线，另一条是高频段的斜率为–40 dB/十倍频程的直线，两条直线相交于转折频率；渐近线在转折频率附近与精确曲线相差较大。

二阶因子 $1+2\zeta(j\omega/\omega_n)+(j\omega/\omega_n)^2$ 是 $\left[1+2\zeta(j\omega/\omega_n)+(j\omega/\omega_n)^2\right]^{-1}$ 的倒数，因此，只要改变因子 $\left[1+2\zeta(j\omega/\omega_n)+(j\omega/\omega_n)^2\right]^{-1}$ 的幅值曲线和相角曲线的符号，就得到 $1+2\zeta(j\omega/\omega_n)+(j\omega/\omega_n)^2$ 的幅值曲线和相角曲线。

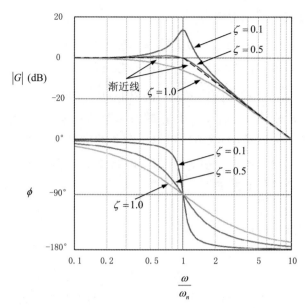

图 3.14　二阶因子 $\left[1+2\zeta\left(j\omega/\omega_n\right)+\left(j\omega/\omega_n\right)^2\right]^{-1}$ 的伯德图

2. 伯德图的手工绘制

手工绘制伯德图时，对于幅值曲线，要先绘制其渐近线。幅值渐近线的绘制方法：首先把要绘制的正弦传递函数写成由上述基本因子的乘积的形式；然后，从低频到高频列出每个基本因子的转折频率；最后，从低频开始，在每个转折频率，叠加每个基本因子的斜率绘制出幅值渐近线。

绘制好幅值渐近线后，就可以在转折频率以及转折频率附近二倍频程的范围内取若干个频率点，对幅值渐近线加以修正，从而得到伯德图的幅值曲线。

叠加每个基本因子的相角曲线，就得到伯德图的相角曲线。

3. 用 MWORKS 绘制伯德图

bode()用于绘制连续定常系统频率响应的伯德图，常用的 bode()调用格式如下：

```
bode(sys)                          #=绘制动态系统 sys 的频率响应=#
bode(sys,w)                        #=绘制指定频率的频率响应=#
mag, phase, wout = bode(sys, fig = false)      #=返回自动确定的频率 wout 对应的频率响应，不绘制图形=#
mag, phase, wout = bode(sys, w, fig = false)   #=返回指定频率的频率响应=#
```

如果 sys 为多输入多输出系统，则 bode()产生数组伯德图，每个图显示一个输入/输出对的频率响应。对于函数 bode(sys,w)，如果 w 是标量，则计算 0 到 w 之间的频率响应；如果 w 是频率向量，则计算每个指定频率处的响应。在 bode()后执行 bodegrid(true)可显示伯德图网格。

【例 3-9】给定单输入单输出系统的传递函数

$$G(s)=\frac{5s+1}{s(0.1s^2+0.04s+1)} \tag{3.47}$$

绘制此系统的伯德图。

可通过以下语句创建系统的传递函数模型，绘制带有网格线的伯德图。

```
G = tf([5 1], [0.1 0.04 1 0]);
bode(G)
bodegrid(true)
```

Syslab 将根据系统的实际特性，自动选择绘图范围并绘制图形，如图 3.15 所示。

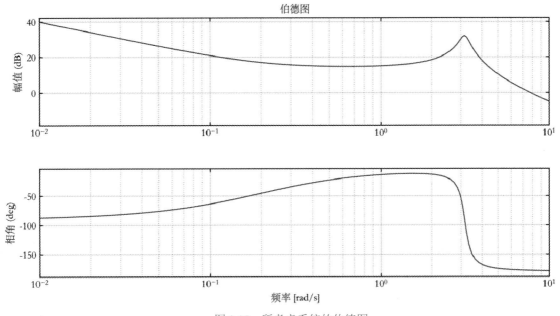

图 3.15　所考虑系统的伯德图

由图 3.15 可见，系统低频段幅值曲线斜率约为−20 dB/dec，相角从−90°出发，与系统中积分环节相对应。幅值曲线中频率为10^{-2} rad/s 时，幅值约为 $-20\log(10^{-2}) = 40$dB，说明系统的增益为1。

在转折频率 $\omega_1 = 0.2$ rad/s 处，幅值曲线斜率变为 0，相角增加到 45°附近。在转折频率 $\omega_2 = 3.16$ rad/s 处，幅值曲线出现谐振峰，相角从 0°减小到−180°附近，高频段幅值曲线斜率变为−40 dB/dec，与系统中二阶振荡环节相对应。

3.5.3　奈奎斯特图或极坐标图

极坐标图通常称为奈奎斯特图（Nyquist），是在极坐标上表示正弦传递函数 $G(j\omega)$ 的幅值与相角随 ω 由零变化到无穷大的关系图。因此奈奎斯特图是 ω 从零到无穷大时向量 $|G(j\omega)|\underline{/G(j\omega)}$ 的轨迹。图 3.16 是一个奈奎斯特图的示例。奈奎斯特图中横坐标和纵坐标分别为实轴和虚轴，实轴和虚轴构成了复平面。正相角是从正实轴开始，以逆时针旋转定义的，负相角同样是从正实轴开始，以顺时针旋转定义的。

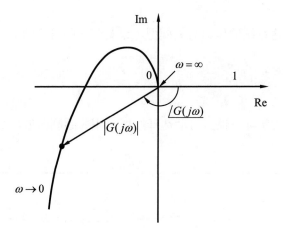

图 3.16　奈奎斯特图的示例

1. 基本因子的奈奎斯特图

1）积分和微分因子 $(j\omega)^{\mp 1}$

对于积分因子

$$G(j\omega) = \frac{1}{j\omega} = -j\frac{1}{\omega} = \frac{1}{\omega}\underline{/-90°} \tag{3.48}$$

可见，$G(j\omega) = 1/j\omega$ 的奈奎斯特图是负虚轴。微分因子 $G(j\omega) = j\omega$ 的奈奎斯特图是正虚轴。

2）一阶因子 $(1 + j\omega T)^{\mp 1}$

对于一阶因子

$$G(j\omega) = \frac{1}{1 + j\omega T} = \frac{1}{\sqrt{1 + \omega^2 T^2}}\underline{/-\arctan\omega T} \tag{3.49}$$

其奈奎斯特图如图 3.17 所示。在频率点 $\omega = 0$ 和 $\omega = 1/T$ 处，$G(j\omega)$ 分别为

$$G(j0) = 1\underline{/0°}, \qquad G\left(j\frac{1}{T}\right) = \frac{1}{\sqrt{2}}\underline{/-45°} \tag{3.50}$$

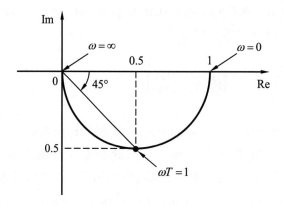

图 3.17　奈奎斯特图

当 ω 趋于无穷大时，$G(j\omega)$ 的幅值趋近于零，相角趋近于–90°。当频率 ω 从零变化到无穷大时，一阶因子的奈奎斯特图是一个半圆，圆心位于实轴 0.5 处，半径等于 0.5。

一阶因子 $1+j\omega T$ 的奈奎斯特图是复平面上通过点（1,0），并且平行于虚轴的一条上半部直线，如图 3.18 所示。

3）二阶因子 $\left[1+2\zeta\left(j\omega/\omega_n\right)+\left(j\omega/\omega_n\right)^2\right]^{\mp 1}$

对于二阶因子

$$G(j\omega)=\frac{1}{1+2\zeta\left(j\dfrac{\omega}{\omega_n}\right)+\left(j\dfrac{\omega}{\omega_n}\right)^2}, \qquad \zeta>0 \qquad （3.51）$$

其奈奎斯特图如图 3.19 所示。在频率点 $\omega=\omega_n$ 处，$G(j\omega)=1/(2\zeta j)$，这表明，在频率点 $\omega=\omega_n$，二阶因子的奈奎斯特图与负虚轴相交，相角为–90°。当 ω 从零变化到无穷大时，二阶因子的奈奎斯特图从 $\lim\limits_{\omega\to 0}G(j\omega)=1\underline{/0°}$ 开始到 $\lim\limits_{\omega\to\infty}G(j\omega)=0\underline{/-180°}$ 结束。当 ζ 取值很大、远大于 1 时，$G(j\omega)$ 的轨迹趋近于半圆。

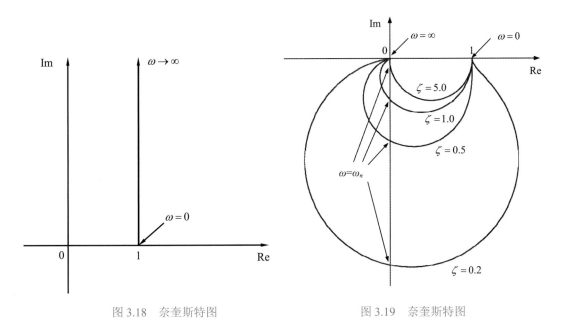

图 3.18　奈奎斯特图　　　　　　　　　图 3.19　奈奎斯特图

当 ζ 取值较小、处于欠阻尼情况时，频率响应出现谐振峰。如图 3.20 所示，在奈奎斯特图上，距离原点最远的频率点就是谐振频率 ω_r，对应的幅值就是谐振峰值 M_r。

对于二阶因子

$$G(j\omega)=1+2\zeta\left(j\frac{\omega}{\omega_n}\right)+\left(j\frac{\omega}{\omega_n}\right)^2 \qquad （3.52）$$

其奈奎斯特图如图 3.21 所示。在频率点 $\omega=\omega_n$ 处，$G(j\omega)=2\zeta j$，这表明，在频率点 $\omega=\omega_n$

处，二阶因子的奈奎斯特图与正虚轴相交，相角为 90°。当 ω 从零变化到无穷大时，二阶因子的奈奎斯特图从 $\lim_{\omega \to 0} G(j\omega) = 1\underline{/0°}$ 开始到 $\lim_{\omega \to \infty} G(j\omega) = \infty\underline{/180°}$ 结束。

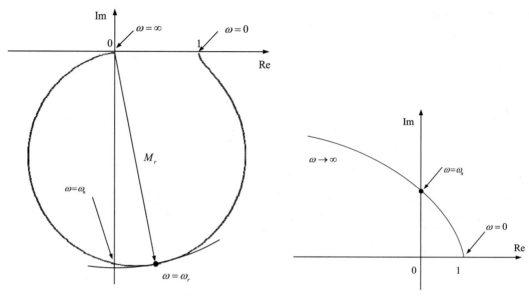

图 3.20　奈奎斯特图上的谐振频率和谐振峰值

图 3.21　奈奎斯特图

2. 用 MWORKS 绘制奈奎斯特图

nyquist()用于绘制和计算连续线性定常系统频率响应的奈奎斯特图，常用的 nyquist()调用格式如下：

```
nyquist(sys)                            #—绘制动态系统 sys 的奈奎斯特图=#
nyquist(sys, w)                         #—绘制指定频率的频率响应=#
re, ime, wout = nyquist(sys, fig = false)   #—返回自动确定的频率 wout 对应的频率响应，不绘制图形=#
re, ime, wout = nyquist(sys, w, fig = false)  #=返回指定频率 w 的频率响应=#
```

如果 sys 为多输入多输出模型，则 nyquist()将产生数个奈奎斯特图，每个图显示一对输入/输出的频率响应。使用 nyquist(sys,w)时，如果 w 是标量，则计算频率从 0 到 w 之间的频率响应；如果 w 是频率向量，则计算每个指定频率对应的频率响应。

【例 3-10】给定某系统的传递函数

$$G(s) = \frac{1}{s^3 + 1.4s^2 + 1.4s + 1} \tag{3.53}$$

利用 MWORKS 绘制其奈奎斯特图。

可通过以下语句创建系统模型并绘制奈奎斯特图：

```
G = tf([1], [1, 1.4, 1.4, 1]);
nyquist(G)
```

绘制图形如图 3.22 所示，曲线上箭头方向表示 ω 增加的方向。

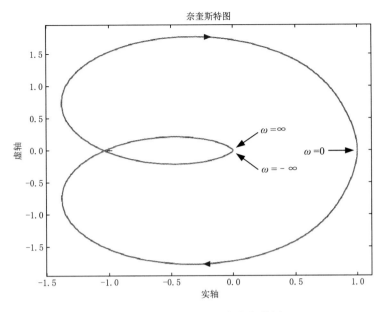

图 3.22　所考虑系统的奈奎斯特图

3. 奈奎斯特稳定判据

奈奎斯特稳定判据是一种根据开环频率响应和开环极点，确定闭环系统稳定性的方法。对于如图 3.23 所示的闭环反馈系统，其闭环传递函数为

$$\frac{Y(s)}{U(s)} = \frac{G(s)}{1+G(s)H(s)} \tag{3.54}$$

闭环系统的特征方程为

$$1+G(s)H(s) = 0 \tag{3.55}$$

如果闭环系统的特征方程的全部根都位于 s 左半平面，则系统是稳定的。

奈奎斯特稳定判据将开环频率响应 $G(j\omega)H(j\omega)$ 与 $1+G(s)H(s)$ 在 s 右半平面的零点数和极点数联系起来。这样，不需要求出闭环极点，只要知道开环频率响应数据，绘制出开环频率响应曲线，就可以分析闭环系统的稳定性。

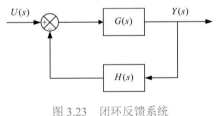

图 3.23　闭环反馈系统

用 $F(s)$ 表示闭环系统特征方程：

$$F(s) = 1+G(s)H(s) = 0 \tag{3.56}$$

可以证明，对于 s 平面上给定的一条不通过任何奇点的连续封闭曲线，在 $F(s)$ 平面上必存在一条封闭曲线与之对应。

奈奎斯特稳定判据表述如下：

（1）$G(s)H(s)$ 在 $j\omega$ 轴上没有极点也没有零点的情况。如果开环传递函数 $G(s)H(s)$ 在 s 右半平面有 i 个极点，并且 $\lim\limits_{s\to\infty} G(s)H(s) =$ 常数，则为了使闭环系统稳定，当 $j\omega$ 从 $-\infty$ 变到 ∞ 时，$G(j\omega)H(j\omega)$ 的轨迹必须逆时针包围 $-1+j0$ 点 i 次。

（2）$G(s)H(s)$ 有 $j\omega$ 轴上的极点和（或）零点的情况。如果开环传递函数 $G(s)H(s)$ 在 s 右半平面有 i 个极点，则为了使闭环系统稳定，当变量 s 顺时针通过变化后的奈奎斯特轨迹时，$G(s)H(s)$ 的轨迹必须逆时针包围 $-1 + j0$ 点 i 次。这种情况下，如果 $G(s)H(s)$ 有极点或零点位于原点（或者位于 $j\omega$ 轴上除原点以外的其他点），则 s 平面上的封闭曲线形状必须加以改变。例如，在原点附近改变封闭曲线形状的方法通常是采用具有无限小半径的半圆。

3.5.4 尼柯尔斯图或对数幅–相图

对数幅–相图也称为尼柯尔斯（Nichols）图。对数幅–相图将伯德图的幅值和相角两条曲线合并成一条曲线。对数幅-相图的横坐标为相角，纵坐标为分贝数表示的对数幅值，描述了正弦传递函数的幅值和相角随频率 ω 的变化曲线。

对数幅–相图中，改变正弦传递函数的增益，将使曲线上下移动，曲线形状不变。正弦传递函数 $G(j\omega)$ 和 $1/G(j\omega)$ 的对数幅–相图相对原点斜对称。

通过 nichols() 可绘制系统的尼柯尔斯图，常用的 nichols() 调用格式如下：

nichols(sys)	#=绘制动态系统 sys 的奈奎斯特图=#
nichols(sys, w)	#=绘制指定频率向量 w 的奈奎斯特图=#
mag, phase, wout = nichols(sys, fig = false)	#=返回自动确定的频率 wout 对应的幅值和相角，不绘制图形=#
mag, phase, wout = nichols(sys, w; fig = false)	#=计算指定频率对应的幅值和相角，不绘制图形=#

其中，输入参数 sys 为系统模型，w 为频率向量。输出参数 wout 为所计算的频率，当输入参数含有 w 时，有 wout=w。mag 和 phase 分别是频率 wout 对应的幅值和相角。

图 3.24 展示了二阶因子

$$G(j\omega) = \frac{1}{1 + 2\zeta\left(j\dfrac{\omega}{\omega_n}\right) + \left(j\dfrac{\omega}{\omega_n}\right)^2}$$

的伯德图、奈奎斯特图，以及尼柯尔斯图，图中都展示了谐振频率 ω_r 和谐振峰值 M_r。

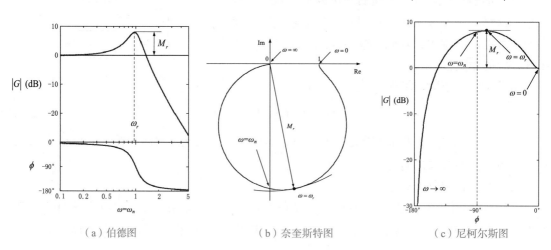

（a）伯德图　　　　（b）奈奎斯特图　　　　（c）尼柯尔斯图

图 3.24　二阶因子的 3 种频率响应表达形式

3.5.5 与频率响应有关的性能指标

1. 谐振频率和谐振峰值

对于正弦传递函数 $G(j\omega)$，如果在某一频率上具有峰值，则该频率称为谐振频率 ω_r，对应的峰值称为谐振峰值 M_r。如果正弦传递函数为二阶因子

$$G(j\omega) = \frac{1}{1 + 2\zeta\left(j\dfrac{\omega}{\omega_n}\right) + \left(j\dfrac{\omega}{\omega_n}\right)^2} \tag{3.57}$$

其谐振频率为

$$\omega_r = \omega_n\sqrt{1 - 2\zeta^2} \tag{3.58}$$

从式中可见，谐振频率的大小，除与固有频率有关外，还与阻尼 ζ 有关。当阻尼比 ζ 趋近于零时，谐振频率趋近于固有频率 ω_n；当 $\zeta > 0.707$ 时，将不产生谐振峰值，幅值随着频率 ω 的增大而单调减小。

当 $0 \leqslant \zeta \leqslant 0.707$ 时，对应谐振频率点的谐振峰值为

$$M_r = \left|G(j\omega)\right|_{\max} = \left|G(j\omega_r)\right| = \frac{1}{2\zeta\sqrt{1 - \zeta^2}} \tag{3.59}$$

对应谐振频率点的相角为

$$\underline{/G(j\omega_r)} = -\arctan\frac{\sqrt{1 - 2\zeta^2}}{\zeta} = -90° + \arcsin\frac{\zeta}{\sqrt{1 - \zeta^2}} \tag{3.60}$$

2. 幅值裕度和相角裕度

开环传递函数 $G(j\omega)$ 的轨迹越靠近 $-1 + j0$ 点，系统响应的振荡越大，因此轨迹对 $-1 + j0$ 点的靠近程度可以用来度量稳定裕度，通常用幅值裕度和相角裕度表示这种靠近程度。图 3.25 是在伯德图上表示的稳定系统和不稳定系统的幅值裕度和相角裕度。

在伯德图的相角曲线上，相角为–180°对应的频率称为相角交界频率，用 ω_ϕ 表示。在相角交界频率的幅值的倒数称为幅值裕度，因此幅值裕度

$$G_m = \frac{1}{\left|G(j\omega_\phi)\right|} \tag{3.61}$$

如果用分贝表示，则有

$$G_m(\text{dB}) = -20\log\left|G(j\omega_\phi)\right| \tag{3.62}$$

此时，如果 G_m 大于 1，则幅值裕度的分贝值为正值；如果 G_m 小于 1，则幅值裕度的分贝值为负值。因此正幅值裕度表示系统是稳定的，负幅值裕度表示系统是不稳定的。

对于稳定的最小相位系统，幅值裕度表示了系统在变成不稳定之前，幅值可以增加到多少。对于不稳定的系统，幅值裕度指出了为使系统稳定，幅值应当减小多少。

在伯德图的幅值曲线上，幅值 $\left|G(j\omega)\right|$ 等于 1 对应的频率称为幅值交界频率，用 ω_g 表示。

在幅值交界频率点，使系统达到不稳定边缘所需要的额外相角滞后量称为相角裕度。如果幅值交界频率处的相角为ϕ，则相角裕度P_m为

$$P_m = 180° + \phi$$

为了使最小相位系统稳定，相角裕度必须为正值。稳定系统具有正幅值裕度和正相角裕度。

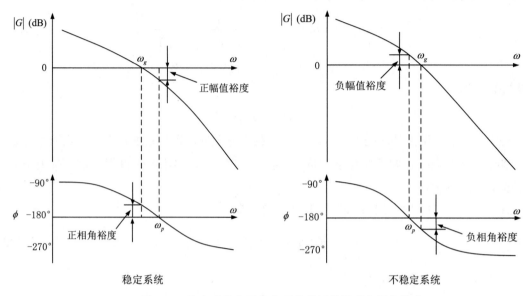

图 3.25　稳定系统和不稳定系统的幅值裕度和相角裕度

3. 截止频率和带宽

图 3.26 为闭环系统的截止频率和带宽。截止频率和带宽的一种定义：当闭环频率响应的幅值下降到 0 dB 以下 3 dB 时，对应的频率称为截止频率ω_b，频率范围$0 \leqslant \omega < \omega_b$称为系统的带宽。

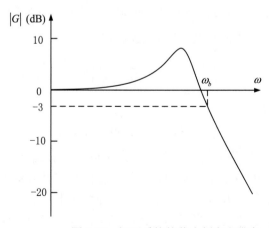

图 3.26　闭环系统的截止频率和带宽

3.5.6 用 MWORKS 求与频率响应有关的性能指标

1. 谐振频率、谐振峰值和带宽

利用 Syslab 的 getPeakGain() 和 bandwidth() 可求得闭环系统的谐振频率、谐振峰值和带宽。调用格式如下：

```
gpeak, fpeak = getPeakGain(sys)        #=计算谐振峰值和相应谐振频率=#
fb = bandwidth(sys)                     #=计算带宽=#
```

【例 3-11】考虑一闭环系统，其闭环传递函数为

$$G(s) = \frac{1}{s^2 + 0.3s + 1} \tag{3.63}$$

绘制闭环系统的频率响应曲线伯德图，求系统的谐振频率、谐振峰值和带宽。

通过以下指令建立系统模型，绘制伯德图，计算其谐振频率、谐振峰值和带宽。

```
G = tf([1], [1, 0.3, 1]);
bode(G);    bodegrid(true);
gpeak, fpeak = getPeakGain(G)
fb = bandwidth(G)
```

绘制伯德图如图 3.27 所示。

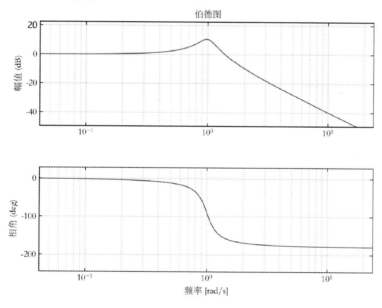

图 3.27 闭环系统的伯德图

程序运行结果如下：

```
(3.37147623229962, 0.9769696489931585)

1×1 Matrix{Float64}:
1.5298268795134435
```

由运行结果可以看出，此闭环系统的谐振峰值约为 3.37 dB，谐振频率约为 0.98 rad/s，带宽约为 1.53 rad/s。此系统的固有频率为 1rad/s，阻尼比为 0.15。

2. 幅值裕度、相角裕度、相角交界频率和幅值交界频率

利用 Syslab 的 margin() 可求得系统的幅值裕度、相角裕度、相角交界频率和幅值交界频率，并将它们标在伯德图上。调用格式如下：

```
margin(sys)                              #=绘制伯德图并标出幅值、相角裕度=#
margin(sys,w)                            #=计算指定频率 w 的响应并绘图=#
Gm, Pm, Wcg, Wcp = margin(sys, fig = false)
#=计算动态系统的幅值裕度、相角裕度、相角交界频率和幅值交界频率，不绘制图形=#
Gm, Pm, Wcg, Wcp = margin(sys, w, fig = false)    #=计算指定频率 w 的响应，不绘制图形=#
```

【例 3-12】考虑单位反馈系统，其开环传递函数为

$$G(s) = \frac{1}{s(s^2 + 2s + 1)} \tag{3.64}$$

绘制开环系统的频率响应曲线伯德图，求系统的幅值裕度和相角裕度，以及相角交界频率和幅值交界频率。

通过以下指令创建系统模型，绘制伯德图，计算幅值裕度和相角裕度，以及相角交界频率和幅值交界频率。

```
G = tf([1], [1, 2, 1, 0]);
margin(G)
Gm, Pm, Wcg, Wcp = margin(G, fig=false)
```

程序运行结果如下：

```
(gm = [2.000046119940691;;], pm = [21.385304333322523;;], wgm = [1.0000115298854686;;], wpm = [0.6823416859018818;;])
```

绘制图形如图 3.28 所示。可以看出，此开环传递函数具有 6.02 dB 的幅值裕度和 21.39° 的相角裕度，相角交界频率为 1.00 rad/s，幅值交界频率为 0.68 rad/s。

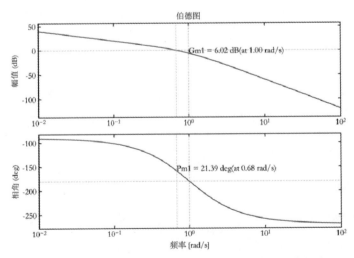

图 3.28　所考虑开环传递函数的幅值裕度和相角裕度

3.6 飞机自动飞行控制功能 ///////////////

本节及随后的 3 小节将以常规气动布局的固定翼飞机为研究对象，该飞机的基本数据如下。

机翼面积：$S_w = 260 \text{ m}^2$

机翼（半）展长：$b/2 = 22.4 \text{ m}$

质量：$m = 1.3 \times 10^5 \text{ kg}$

发动机最大推力：$T_{max} = 4.52 \times 10^5 \text{ N}$

巡航飞行高度：$H_0 = 10\ 000 \text{ m}$

巡航飞行速度：$V_0 = 264 \text{ m/s}$

飞机的自动飞行控制系统（AFCS）基本功能可分为 3 类：自动飞行控制功能、操作和使用功能、安全性功能。其中，自动飞行控制功能是本书关注的内容。自动飞行控制功能是根据对飞机运动参数的控制能力加以定义的，按照各种控制模式（mode）进行描述。每一种控制模式又根据飞机的纵向运动和横侧向运动分开两组独立地描述。纵向运动的控制模式主要有：

（1）升降速度控制和保持。该模式接通后，AFCS 对飞机当前的升降速度保持控制。当驾驶员给出新的升降速度指令后，将控制飞机追踪这个指令，提升或降低升降速度，并保持在新的升降飞行速度飞行。

（2）俯仰角保持。AFCS 对该模式接通时的飞机俯仰角进行保持控制。

（3）高度保持。AFCS 对该模式接通时的飞机气压高度进行保持控制。

（4）高度预选。该模式接通后，AFCS 先处于"高度保持"模式，当驾驶员给出新的气压高度指令后，AFCS 就控制飞机去追踪这个高度指令并保持。

（5）下滑道信标跟踪控制。该模式接通后，AFCS 将自动控制飞机去追踪下滑道信标，并保持飞机在下滑道上飞行，直至决断高度。

（6）速度预选和保持。对该模式接通时的飞行速度进行保持控制，若驾驶员给出了新的速度指令，AFCS 就控制飞机去追踪这个速度指令并保持。

横侧向运动的控制模式主要有：

（1）航向预选和保持。当该模式接通后，AFCS 先保持飞机的航向不变，当驾驶员给出新的航向指令后，AFCS 就控制飞机去追踪这个指令航向并保持。

（2）伏尔/航向信标航道跟踪控制。AFCS 控制飞机去追踪驾驶员已经选择和调谐的伏尔/航向信标航道，并保持飞机在此航道上飞行。

（3）远程导航航迹的跟踪控制。AFCS 控制飞机自动追踪驾驶员设定的大圆航线，并保持飞机在该航线上飞行。

由此可见，自动飞行控制有"保持"控制和"跟踪"控制两种功能。"保持"控制就是在对应模式接通时，让飞机当前的运动状态保持不变；"跟踪"控制则用于控制飞机改变当前的运动状态，到达驾驶员新设定的指令运动状态。在后面自动飞行控制系统各回路的仿真中，往往用阶跃函数作为输入信号，模拟"跟踪"和"保持"这样的指令。

AFCS 通过操纵面和油门杆控制飞机运动。升降舵和油门杆控制飞机的纵向运动，副翼、方向舵和扰流板用于控制横侧向运动。飞行力学原理说明了操纵面对飞机运动变量的影响，自动飞行控制的某种控制模式仅对某一运动变量进行控制，操纵面只能对某个运动变量进行直接控制，不能同时对另一个运动变量实施控制。所以在自动飞行的任何时刻，只能同时存在一个纵向运动控制模式和一个横侧向运动控制模式。

当自动飞行控制接通后，首先进入的自动飞行控制模式是默认模式，对于纵向运动可以是"升降速度保持"、"俯仰角保持"或"速度保持"等模式，横侧向运动则通常将"航向保持"作为默认模式。若规定仅在巡航高度飞行时才可以使用 AFCS，那么，纵向运动可以设置"高度保持"为默认模式。

这种飞机的自动飞行控制系统设计还是以经典控制理论为主的。因为这种飞机在接通自动飞行控制系统时，即飞机的操纵从人工转交给自动飞行控制系统时，飞机已处于"配平"或"平衡"状态，往往也称为飞机处于"基准运动"状态。随后的大部分时间，在自动飞行控制系统的反馈控制下，飞机将控制任何扰动引起的运动状态变化，使得运动状态在小范围内变化，保持在基准运动状态飞行。而在基准运动条件下飞行的飞机符合小扰动线性化条件，并且纵向运动与侧向运动解耦，可以将纵向和横侧向的小扰动运动分开处理，经过解耦的纵向运动和侧向运动在基准运动条件下可以表示为线性定常系统，可以用经典控制理论开展自动飞行控制系统的综合与分析。

经典控制理论方法简单、理论成熟，对设计结果的调整也较容易、直观。飞机的飞行品质规范、性能也采用系统的极点、典型二阶环节的特征参数进行评价，因此经典控制理论和方法对飞机的自动飞行控制系统的综合与分析是适用的。在随后的 3 个小节，将以飞机在巡航飞行阶段的纵向运动为研究对象，首先建立纵向运动的线性模型方程，之后，采用前面介绍的经典控制理论和 MWORKS 建模仿真工具，进行纵向运动的俯仰角控制回路和高度控制回路的建模和仿真。

3.7 飞机纵向运动传递函数模型

飞机大部分时间处于巡航飞行阶段，有些飞机只允许在巡航飞行阶段接通 AFCS，将飞机从人工驾驶转移到自动驾驶。巡航飞行阶段一般是最平稳的飞行阶段，该阶段飞行可以近似为定常运动或匀速直线运动，飞机纵向对称面处于铅垂面内，运动所在平面与纵向对称面重合，即此时的基准运动没有倾斜和侧滑。在巡航飞行阶段，飞机纵向运动特性可以分为短周期运动和长周期运动，下面分别给出对应的传递函数模型。

1）短周期运动

升降舵偏角 $\Delta\delta_e$ 为输入：

$$\frac{\Delta\alpha}{\Delta\delta_e} = \frac{b_{\delta_e}^{\alpha}s + b_\alpha}{s^2 + a_1 s + a_0} \tag{3.65}$$

$$\frac{\Delta q}{\Delta\delta_e} = \frac{b_{\delta_e}^{q}(s + b_q)}{s^2 + a_1 s + a_0} \tag{3.66}$$

油门位置 $\Delta\delta_T$ 为输入：

$$\frac{\Delta \alpha}{\Delta \delta_T} = \frac{c_{\delta_T}^{\alpha}}{s^2 + a_1 s + a_0} \tag{3.67}$$

$$\frac{\Delta q}{\Delta \delta_T} = \frac{c_{\delta_T}^{q}(s + c_q)}{s^2 + a_1 s + a_0} \tag{3.68}$$

其中，$\Delta \alpha$ 为迎角增量，Δq 为沿机体侧向轴转动角速率增量。表 3-3 列出了短周期运动传递函数模型中的系数定义。由于舵面偏转产生的升力相比机翼升力很小，可以忽略，因此可以进一步简化模型系数，得到简化后的系数定义如表 3-4 所示。在后续的短周期传递函数模型分析中，都使用简化的系数定义。

表 3-3　短周期运动传递函数模型中的系数定义

系数	定义	系数	定义
a_1	$a_1 = \frac{L_\alpha}{mV_0} - \frac{1}{I_y}(M_q + M_{\dot\alpha})$	a_0	$a_0 = -\frac{1}{I_y}\left(\frac{L_\alpha}{mV_0}M_q + M_\alpha\right)$
$b_{\delta_e}^{\alpha}$	$b_{\delta_e}^{\alpha} = -\frac{L_{\delta_e}}{mV_0}$	b_α	$b_\alpha = \frac{1}{I_y}\left(\frac{L_{\delta_e}}{mV_0}M_q + M_{\delta_e}\right)$
$b_{\delta_e}^{q}$	$b_{\delta_e}^{q} = \frac{1}{I_y}\left(M_{\delta_e} - \frac{L_{\delta_e}}{mV_0}M_{\dot\alpha}\right)$	b_q	$b_q = \frac{[L_\alpha/(mV_0)]M_{\delta_e} - [L_{\delta_e}/(mV_0)]M_\alpha}{M_{\delta_e} - [L_{\delta_e}/(mV_0)]M_{\dot\alpha}}$
$c_{\delta_r}^{\alpha}$	$c_{\delta_r}^{\alpha} = \frac{1}{I_y}T_{\delta_r}z_T$		
$c_{\delta_r}^{q}$	$c_{\delta_r}^{q} = \frac{1}{I_y}T_{\delta_r}z_T$	c_q	$c_q = \frac{L_\alpha}{mV_0}$

表 3-4　短周期运动传递函数模型（简化模型）中的系数定义

系数	定义	系数	定义
a_1	$a_1 = \frac{L_\alpha}{mV_0} - \frac{1}{I_y}(M_q + M_{\dot\alpha})$	a_0	$a_0 = -\frac{1}{I_y}\left(\frac{L_\alpha}{mV_0}M_q + M_\alpha\right)$
$b_{\delta_e}^{\alpha}$	$b_{\delta_e}^{\alpha} = 0$	b_α	$b_\alpha = \frac{1}{I_y}M_{\delta_e}$
$b_{\delta_e}^{q}$	$b_{\delta_e}^{q} = \frac{1}{I_y}M_{\delta_e}$	b_q	$b_q = \frac{L_\alpha}{mV_0}$
$c_{\delta_r}^{\alpha}$	$c_{\delta_r}^{\alpha} = \frac{1}{I_y}T_{\delta_r}z_T$		
$c_{\delta_r}^{q}$	$c_{\delta_r}^{q} = \frac{1}{I_y}T_{\delta_r}z_T$	c_q	$c_q = \frac{L_\alpha}{mV_0}$

2）长周期运动

（1）升降舵偏角 $\Delta \delta_e$ 为输入：

$$\frac{\Delta V}{\delta_e} = \frac{d_{\delta_e}^{V}(s + d_V)}{s^2 + c_1 s + c_0} \tag{3.69}$$

$$\frac{\Delta \theta}{\delta_e} = \frac{d_{\delta_e}^{\theta}(s^2 + d_{\theta_1}s + d_{\theta_0})}{s^2 + c_1 s + c_0} \tag{3.70}$$

（2）油门位置 $\Delta\delta_T$ 为输入：

$$\frac{\Delta V}{\Delta\delta_T} = \frac{h_{\delta_T}^{V}(s+h_V)}{s^2+c_1 s+c_0} \tag{3.71}$$

$$\frac{\Delta\theta}{\Delta\delta_T} = \frac{h_{\delta_T}^{\theta}(s^2+h_{\theta_1}s+h_{\theta_0})}{s^2+c_1 s+c_0} \tag{3.72}$$

其中，ΔV 为速度增量，$\Delta\theta$ 为俯仰角增量。表 3-5 列出了长周期运动传递函数模型中的系数定义。

表 3-5　长周期运动传递函数模型中的系数定义

系数	定义	系数	定义	系数	定义
		c_1	$c_1 = -\dfrac{T_V - D_V}{m} - \dfrac{D_\alpha}{m}\left(\dfrac{M_V + T_V z_T}{M_\alpha}\right)$	c_0	$c_0 = g\left[\dfrac{L_V}{mV_0} - \dfrac{L_\alpha}{mV_0}\left(\dfrac{M_V + T_V z_T}{M_\alpha}\right)\right]$
$d_{\delta_e}^{V}$	$d_{\delta_e}^{V} = \dfrac{D_\alpha}{m}\left(\dfrac{M_{\delta_e}}{M_\alpha}\right)$			d_V	$d_V = \dfrac{g}{V_0}\left(\dfrac{L_\alpha}{D_\alpha}\right)$
$d_{\delta_e}^{\theta}$	$d_{\delta_e}^{\theta} = -\dfrac{M_{\delta_e}}{M_\alpha}$	d_{θ_1}	$d_{\theta_1} = -\left(\dfrac{T_V - D_V}{m}\right) + \dfrac{L_\alpha}{mV_0}$	d_{θ_0}	$d_{\theta_0} = \left(\dfrac{mg - D_\alpha}{m}\right)\dfrac{L_V}{mV_0} - \dfrac{T_V - D_V}{m}\dfrac{L_\alpha}{mV_0}$
$h_{\delta_T}^{V}$	$h_{\delta_T}^{V} = \dfrac{T_{\delta_T}}{m}\left(1+\dfrac{D_\alpha z_T}{M_\alpha}\right)$			h_V	$h_V = \dfrac{g}{V_0}\left(\dfrac{L_\alpha z_T}{M_\alpha + D_\alpha z_T}\right)$
$h_{\delta_T}^{\theta}$	$h_{\delta_T}^{\theta} = -\dfrac{T_{\delta_T} z_T}{M_\alpha}$	h_{θ_1}	$h_{\theta_1} = \dfrac{L_\alpha}{mV_0} - \dfrac{T_V - D_V}{m} + \dfrac{M_V + T_V z_T}{mz_T}$	h_{θ_0}	$h_{\theta_0} = \dfrac{L_\alpha}{mV_0}\left(\dfrac{M_V + T_V z_T}{mz_T} - \dfrac{T_V - D_V}{m}\right) + \dfrac{L_V}{mV_0}\left(\dfrac{mg - D_\alpha}{m} - \dfrac{M_\alpha}{mz_T}\right)$

表 3-3～表 3-5 中有关飞机和飞行状态的参数以及气动力参数包括：

m：飞机质量；

V_0：巡航飞行这一基准运动的速度；

I_y：绕机体系侧向轴的转动惯量；

z_T：发动机推力偏心距离；

g：当地重力加速度；

L_{δ_e}、L_α、L_V：分别为升力 L 对升降舵偏角 δ_e、迎角 α、速度 V 的导数；

M_{δ_e}、M_q、$M_{\dot\alpha}$、M_α、M_V：分别为俯仰力矩 M 对升降舵偏角 δ_e、机体绕侧向轴角速率（俯仰角速率）q、迎角角速率 $\dot\alpha$、迎角 α、速度 V 的导数；

T_{δ_T}、T_V：分别为发动机推力 T 对油门杆位置 δ_T、速度 V 的导数；

D_α、D_V：阻力 D 对迎角 α、速度 V 的导数。

在巡航阶段，各参数取值见表 3-6、表 3-7。

表 3-6　巡航阶段的飞机和飞行状态参数

系数	定义	系数	定义
m	1.3×10^5 kg	V_0	264 m/s
I_y	10.53×10^6 kg·m²	z_T	2.65 m
g	9.78 m/s²		

表 3-7　巡航阶段的气动力参数

系数	定义	系数	定义
L_{δ_e}	1 450 946.64 N/rad	M_α	-26.663×10^6 (N·m)/rad
L_α	23 356 476 N/rad	M_V	0
L_V	24 206.925 6 N/rad	T_{δ_T}	9037.34 N/rad
M_{δ_e}	$-38.035\ 4\times10^6$ (N·m)/rad	T_V	0
M_q	$-10.913\ 3\times10^6$ (N·m)/(rad/s)	D_α	812 682 N/rad
$M_{\dot\alpha}$	$-0.017\ 1\times10^6$ (N·m)/(rad/s)	D_V	551.369 N/(m/s)

于是，可以得到飞机在巡航飞行阶段的纵向短周期和长周期运动的传递函数。
短周期运动：

$$\frac{\Delta\alpha}{\Delta\delta_e}=\frac{-0.04228(s+86.47)}{s^2+1.719s+3.237} \tag{3.73}$$

$$\frac{\Delta q}{\Delta\delta_e}=\frac{-3.612(s+0.6509)}{s^2+1.719s+3.237} \tag{3.74}$$

$$\frac{\Delta\alpha}{\Delta\delta_T}=\frac{0.002274}{s^2+1.719s+3.237} \tag{3.75}$$

$$\frac{\Delta q}{\Delta\delta_T}=\frac{0.002274(s+0.6806)}{s^2+1.719s+3.237} \tag{3.76}$$

长周期运动：

$$\frac{\Delta V}{\Delta\delta_e}=\frac{8.9178(s+1.0647)}{s^2+0.004241s+0.006898} \tag{3.77}$$

$$\frac{\Delta\theta}{\Delta\delta_e}=\frac{-1.4265(s^2+0.6848s+0.005375)}{s^2+0.004241s+0.006898} \tag{3.78}$$

$$\frac{\Delta V}{\Delta\delta_T}=\frac{0.0008982(s-0.09355)}{s^2+0.004241s+0.006898} \tag{3.79}$$

$$\frac{\Delta\theta}{\Delta\delta_T}=\frac{0.0008982(s^2+0.6848s+0.05997)}{s^2+0.004241s+0.006898} \tag{3.80}$$

3.8　俯仰角控制系统设计

俯仰角控制系统可以作为独立运行的系统，在纵向运动控制的"俯仰角保持"模式下，实现对俯仰角的保持。俯仰角保持一般是 AFCS 接通时的默认方式。

俯仰角控制系统是纵向飞行控制系统的核心回路。纵向运动控制的"升降速度控制和保持""高度保持""高度预选""速度预选和保持"等模式，都需要俯仰角控制系统作为内回路，采用内外回路结构，实现对飞行高度和速度的保持和控制。

目前，从飞机起飞、巡航飞行、进场飞行到着陆的全飞行阶段都具备自动飞行能力，飞机的自动飞行控制系统性能最终是由驾驶员评价的。驾驶员的评价可转换为自动飞行控制系统设计的基本原则和基本性能要求。

1. 控制律选取

图 3.29 给出了飞行员的满意程度评价与飞机的无阻尼自然频率和阻尼比的关系。一般根据飞行动力学和飞行控制以及相关的飞行品质标准规范，确定短周期运动的性能指标要求。本书在俯仰角控制系统回路设计中采用的性能指标如下：

无阻尼自然频率：$\omega_{ns} \approx 3 \text{ rad/s}$。

阻尼比：$\zeta_s \approx 0.7$。

幅值裕度：大于 $3\sim6$ dB。

相角裕度：大于 $30°\sim60°$。

其中无阻尼自然频率和阻尼比基本上位于图 3.29 中飞行员认为"满意"的区域中心。

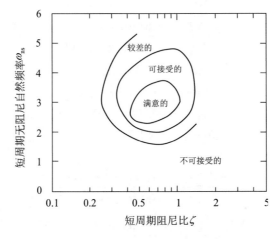

图 3.29　基于短周期运动模态参数的飞行员的满意程度评价

按照性能指标要求确定俯仰角控制系统的反馈控制回路结构，如图 3.30 所示。图中，舵机近似为比例环节，俯仰角控制系统有两个反馈回路，内回路为俯仰角速率增量 Δq 反馈，外回路为俯仰角增量 $\Delta \theta$ 反馈。这样的回路结构能改善俯仰角运动（也就是短周期运动）的阻尼特性，提高无阻尼自然频率。

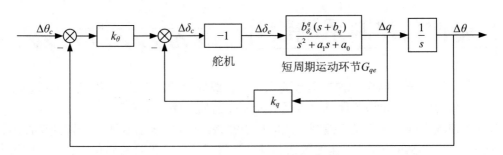

图 3.30　俯仰角控制系统的反馈控制回路结构

控制律就是对飞机操纵面的控制规律，是关于输入指令和反馈信号的函数。对俯仰角的

控制系统的控制律就是对升降舵的控制规律。由图 3.30 可见，控制律为

$$\Delta \delta_e = -\left[k_\theta (\Delta \theta_c - \Delta \theta) - k_q \Delta q \right] \tag{3.81}$$

则以俯仰角控制指令 $\Delta \theta_c$ 为输入，$\Delta \theta$ 为输出的传递函数如下：

$$\frac{\Delta \theta}{\Delta \theta_c} = \frac{-k_\theta b_{\delta_e}^q (s + b_q)}{s^3 + (a_1 - k_q b_{\delta_e}^q)s^2 + (a_0 - k_q b_{\delta_e}^q b_q - k_\theta b_{\delta_e}^q)s - k_\theta b_{\delta_e}^q b_q} \tag{3.82}$$

其中，b_q 的值很小，$s = b_q$ 这个零点主要影响飞机短周期运动中俯仰角速率增量 Δq 响应，对俯仰角增量 $\Delta \theta$ 响应的调节时间影响很小，因此这里假设 $b_q = 0$，于是式 3.82 简化为二阶系统

$$\frac{\Delta \theta}{\Delta \theta_c} = \frac{-k_\theta b_{\delta_e}^q}{s^2 + (a_1 - k_q b_{\delta_e}^q)s + (a_0 - k_\theta b_{\delta_e}^q)} \tag{3.83}$$

对照俯仰控制系统的阻尼比和无阻尼自然频率性能要求，式 3.83 可写成

$$\frac{\Delta \theta}{\Delta \theta_c} = k_{\theta dc} \frac{\omega_{ns}^2}{s^2 + 2\zeta_s \omega_{ns} + \omega_{ns}^2} \tag{3.84}$$

比较式 3.83 和式 3.84 得：

$$k_q = \frac{2\zeta_s \omega_{ns} - a_1}{-b_{\delta_e}^q} \tag{3.85}$$

$$k_\theta = \frac{\omega_{ns}^2 - a_0}{-b_{\delta_e}^q} \tag{3.86}$$

$$k_{\theta dc} = \frac{-k_\theta b_{\delta_e}^q}{a_0 - k_\theta b_{\delta_e}^q} = \frac{\omega_{ns}^2 - a_0}{\omega_{ns}^2} \tag{3.87}$$

采用 3.6 节中巡航飞行阶段的飞机各基本参数和相应的气动导数，取 $\zeta_s = 0.7$，$\omega_{ns} = 3$ rad/s，计算得到

$$k_q = 0.69, \ k_\theta = 1.60, \ k_{\theta dc} = 1.69$$

于是，俯仰角控制系统的控制律为

$$\Delta \delta_e = -1.6(\Delta \theta_c - \Delta \theta) + 0.69 \Delta q \tag{3.88}$$

获得俯仰角控制系统的控制律后，首先在 MWORKS 中建立俯仰角控制系统仿真模型，然后分别利用 MWORKS 的仿真分析工具，从伯德图、根轨迹图以及阶跃输入响应曲线分析系统的性能。

2. 俯仰角控制系统仿真模型

在后续的仿真分析中，舵机模型用一阶惯性环节表示

$$\frac{\Delta \delta_e}{\Delta \delta_c} = -\frac{1}{\tau_a s + 1} \tag{3.89}$$

舵机时间常数取值：$\tau_a = 0.03$ s。根据如图 3.30 所示的回路结构，在 Sysplorer 中搭建俯仰角控制系统模型如图 3.31 所示。

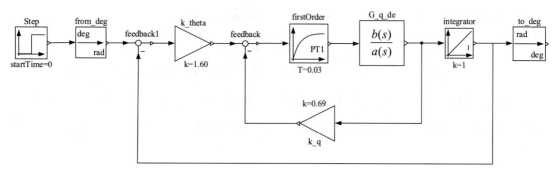

图 3.31　Sysplorer 环境中的俯仰角控制系统模型

其中，from_deg 模块和 to_deg 模块为角度制与弧度制之间的转换模块。一阶环节模块 firstOrder 中参数 k=−1，T=0.03；传递函数模块 G_q_de 中参数 b={−3.612, −2.458}，a={1,1.719,3.237}。

3. 伯德图绘制与分析

根据俯仰角控制系统模型框图，在 Syslab 中计算开环和闭环传递函数，并绘制系统开环和闭环伯德图。Syslab 代码如下：

```
#= 计算俯仰角控制系统传递函数 =#
s = tf('s');
num = [-3.612 -2.458];
den = [1 1.719 3.237];
G_q_de = tf(num,den);                  #=飞机短周期运动传递函数=#
k_q = 0.69; k_theta = 1.60;            #= 控制律参数 =#
GO_innerloop = G_q_de * (-1/(0.03*s+1));    #= 内回路前向传递函数 =#
GC_innerloop = feedback(GO_innerloop, k_q);  #= 内回路闭环传递函数 =#
GO_outerloop = k_theta * GC_innerloop * 1 / s;   #= 外回路开环传递函数 =#
GC_outerloop = feedback(GO_outerloop);      #= 外回路闭环传递函数 =#
figure();
margin(GO_outerloop);bodegrid(true);
figure();
bode(GC_outerloop);bodegrid(true);
bw=bandwidth(GC_outerloop)
```

其中，G_q_de 为系统短周期运动环节 G_{qe}，k_q 和 k_theta 分别为控制律参数 k_q 和 k_θ；GO_innerloop 为内回路前向传递函数，GC_innerloop 为内回路闭环传递函数，GO_outerloop 为外回路开环传递函数，GC_outerloop 为外回路闭环传递函数。

figure()函数用于创建新的图窗，使开环、闭环伯德图分别在两个单独图窗中绘制。

运行程序得到俯仰角控制系统开环、闭环伯德图，分别如图 3.32、图 3.33 所示。由图 3.32 可见，所设计的俯仰角控制系统相角裕度约为 91°，幅值裕度约为 26.5 dB。根据 bandwidth() 函数的计算结果可知，闭环系统的带宽 bw≈1.21 rad/s。

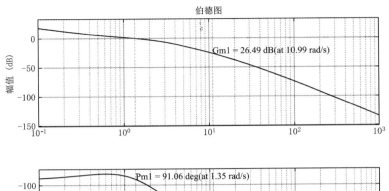

图 3.32 俯仰角控制系统开环伯德图

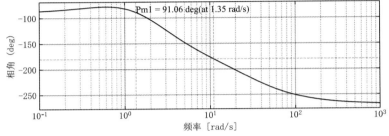

图 3.33 俯仰角控制系统闭环伯德图

4. 根轨迹绘制与分析

设 $k_q = 0.69$，由图 3.31 得到随参数 k_θ 变化的特征方程为

$$1 + k_\theta \frac{120.4(s+0.6806)}{s(s^3 + 35.05s^2 + 143.2s + 164.2)} = 0 \tag{3.90}$$

利用 Syslab 绘制关于参数 k_θ 的根轨迹。为使作出的根轨迹图像更为光滑，使用 logspace()
构造指数递增的增益参数。编写程序如下：

```
#=根轨迹分析 =#
figure();
gain = logspace(-4,3,1000);
rlocus(GC_innerloop*1/s,gain)
```

程序中，用 logspace() 构造了取值从 10^{-4} 变化到 10^3，共 1000 个增益参数的数组。

运行程序，绘制根轨迹图如图 3.34 所示。由图 3.34 可以看出，为了保证系统稳定，k_θ 的取值范围为 [0, 33.7)。

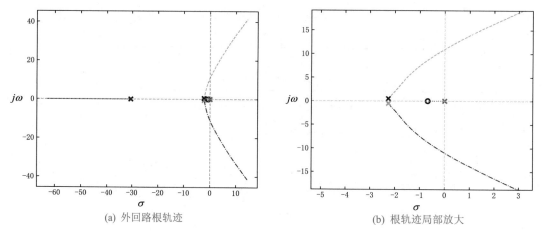

(a) 外回路根轨迹   (b) 根轨迹局部放大

图 3.34　外回路根轨迹及其局部放大图

5. 阶跃响应的仿真与分析

将图 3.31 模型中的阶跃输入（Step）模块的组件参数 Height 设置为 5，并设置仿真时间为 10 s，开始仿真。在仿真浏览器中，选择模块 to_deg 的输出变量 y 作为观察变量绘制 y(t) 曲线，可得俯仰角控制系统在 $\Delta\theta_c = 5°$ 的阶跃指令下的时间响应曲线，如图 3.35 所示。

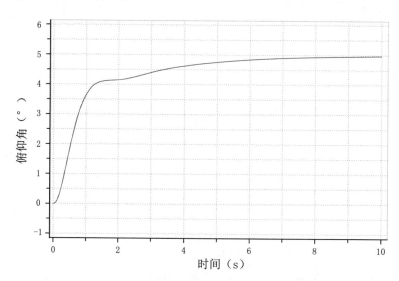

图 3.35　阶跃俯仰角指令下的时间响应曲线

由图 3.35 可以看出，阶跃俯仰角指令响应曲线无超调，表现出过阻尼系统的响应特性。系统的上升时间约为 3.13 s（从 10% 上升至稳态值的 90% 计算），调节时间约为 6.13 s（以误差范围为 5% 计算）。

3.9 高度控制系统设计 ////////////////////

高度控制系统对飞机的气压高度实施"高度保持"和"高度预选"控制，高度控制系统接通瞬间处于"高度保持"状态，实现飞行高度的稳定，保持飞行高度不变。在驾驶员发出改变飞行高度的指令时，进入"高度预选"状态，控制飞机以一定的垂直速度跟踪所设置的飞行高度，当达到或接近所设置的飞行高度时，则回到"高度保持"状态。高度控制系统主要在巡航和进近飞行时使用。在航线高度分层比较密的情况下，为保证飞行安全，高度的保持和控制要求较高的控制精度。

1. 控制律选取

在飞行速度 V_0 不变的条件下，式 3.91 为高度与俯仰角的关系式。式 3.91 表明，通过控制飞机的俯仰角可以实现高度控制。

$$\Delta H = \frac{1}{s}\left(V_0 \frac{b_q}{s + b_q}\right)\Delta\theta \tag{3.91}$$

图 3.36 为高度控制系统方框图。高度控制系统为双回路结构，内回路为俯仰角控制系统，外回路则由高度反馈构成。为了实现对高度的高精度控制，控制律 G_H 选为

$$G_H = k_H + k_{Hi}\frac{1}{s} \tag{3.92}$$

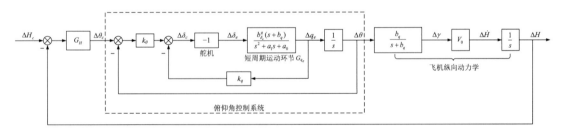

图 3.36　高度控制系统方框图

G_H 采用了比例+积分的控制律，以实现对高度的无误差跟踪和保持。于是，以 ΔH 为输出、ΔH_c 为输入的传递函数为

$$\frac{\Delta H}{\Delta H_c} = \frac{V_0 b_q (k_H s + k_{Hi})\left(\dfrac{\Delta\theta}{\Delta\theta_c}\right)}{s^2(s + b_q) + V_0 b_q (k_H s + k_{Hi})\left(\dfrac{\Delta\theta}{\Delta\theta_c}\right)} \tag{3.93}$$

综合俯仰角控制系统和高度控制系统，升降舵的操纵指令为

$$\Delta\delta_e = -\left[k_\theta\left(k_H + k_{Hi}\frac{1}{s}\right)(\Delta H_c - \Delta H) - k_\theta\Delta\theta - k_q\Delta q\right] \tag{3.94}$$

考虑到内回路俯仰角控制系统响应速度快，可忽略内回路的动态响应过程，将俯仰角控制系统视为比例环节，用其增益表示：

$$\frac{\Delta\theta}{\Delta\theta_c} = k_{\theta dc} \tag{3.95}$$

此时，飞机高度控制系统方框图简化为图 3.37 所示。

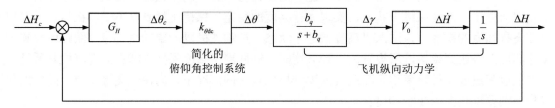

图 3.37　简化的飞机高度控制系统方框图

高度控制是无稳态误差的，这里假设 $\Delta\gamma \approx \Delta\theta$。于是，高度控制系统的传递函数简化为

$$\frac{\Delta H}{\Delta H_c} = \frac{k_{\theta dc}V_0\left(k_H s + k_{Hi}\right)}{s^2 + k_{\theta dc}V_0 k_H s + k_{\theta dc}V_0 k_{Hi}} \tag{3.96}$$

将高度控制系统的性能用 ζ_H 和 ω_{nH} 表示，于是有

$$\frac{\Delta H}{\Delta H_c} = k_{Hdc}\frac{\omega_{nH}^2}{s^2 + 2\zeta_H\omega_{nH}s + \omega_{nH}^2} \tag{3.97}$$

当高度控制系统没有跟踪误差时，$k_{Hdc} = 1$。对比式 3.96 和式 3.97 得

$$k_H = \frac{2\zeta_H\omega_{nH}}{K_{\theta dc}V_0} \tag{3.98}$$

$$k_{Hi} = \frac{\omega_{nH}^2}{K_{\theta dc}V_0} \tag{3.99}$$

将 ζ_H 和 ω_{nH} 取值：$\zeta_H = 1$，$\omega_{nH} = 0.1$ rad/s。在巡航飞行阶段，$V_0 = 264$ m/s，且已求得 $k_{\theta dc} = 0.64$，因此有

$$k_H = 0.001183, \qquad k_{Hi} = 5.916\times10^{-5}$$

2. 根轨迹绘制与分析

下面对高度控制系统进行根轨迹分析。在根轨迹分析中，仍然假设 $\Delta\gamma \approx \Delta\theta$，并将舵机视为比例环节。以 k_H 为参数，绘制高度控制系统闭环特征根轨迹的变化曲线。当 $k_q = 0.69$，$k_\theta = 1.60$ 时，高度控制系统的传递函数可以整理为

$$\frac{\Delta H}{\Delta H_c} = \frac{1498k_H\left(s + \dfrac{k_{Hi}}{k_H}\right)(s + 0.6913)}{s^2(s^3 + 4.2s^2 + 10.69s + 3.922) + 1498k_H\left(s + \dfrac{k_{Hi}}{k_H}\right)(s + 0.6913)} \tag{3.100}$$

其中 $k_{Hi}/k_H = \omega_{nH}/(2\zeta_H) = 0.05$。得到高度控制系统的闭环传递函数

$$\frac{\Delta H}{\Delta H_c} = \frac{1498 k_H (s^2 + 0.7413s + 0.03457)}{s^2(s^3 + 4.2s^2 + 10.69s + 3.922) + 1498 k_H (s^2 + 0.7413s + 0.03457)} \tag{3.101}$$

相应开环传递函数为

$$G_{Hop} = k_H \frac{1498(s^2 + 0.7413s + 0.03457)}{s^2(s^3 + 4.2s^2 + 10.69s + 3.922)} \tag{3.102}$$

绘制式 3.102 对应特征方程的根轨迹，如图 3.38 所示。

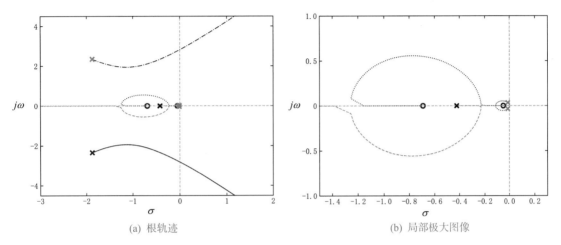

(a) 根轨迹　　　　　　　　　　　　　　　(b) 局部极大图像

图 3.38　高度控制系统随 k_H 变化的根轨迹及其局部放大图像

从图中可以看出，闭环系统稳定时的 k_H 取值范围为 [0, 0.0197)。这说明所设计的 k_H 可保证闭环系统稳定，且能提供一定稳定裕度。

3. 伯德图绘制与分析

在 3.8 节中，利用 Syslab 代码计算了俯仰角控制回路的传递函数，并绘制伯德图进行频域分析。在前述代码基础上，结合图 3.36 进一步计算 $k_H = 0.001183$，$k_{Hi} = 5.916 \times 10^{-5}$ 时的高度控制回路传递函数，并绘制开环伯德图。

由 3.7 节可知飞机机体和飞行状态参数：质量 $m = 1.3 \times 10^5$ kg，升力对迎角导数 $L_\alpha =$ 23356746 N/rad，巡航速度 $V_0 = 264$ m/s，由此可得出纵向动力学系数 $b_q = L_\alpha / (mV_0) \approx$ 0.68055。先运行 3.8 节中"伯德图绘制与分析"部分代码，以计算俯仰角回路传递函数 GC_outerloop，然后运行如下代码：

```
s = tf('s');
#= 机体参数 =#
k_theta_dc = 0.64;
V0 = 264;
b_q = 0.68055;
#= 期望等效二阶系统参数 =#
zeta_H = 1;
omega_nH = 0.1;
```

```
#=  计算相应控制律参数  =#
k_H = 2 * zeta_H * omega_nH / (k_theta_dc * V0);
k_Hi = omega_nH^2 / (k_theta_dc * V0);
#=  高度控制回路主要环节  =#
G_PICon = k_H + k_Hi / s;      # PI 控制器
G_gamma_theta = b_q / (s + b_q);
#=  高度控制回路传递函数  =#
G_HO = G_PICon * GC_outerloop * G_gamma_theta * V0 * (1 / s);
#=  频域分析  =#
figure();
bode(G_HO);
bodegrid(true);
```

绘制开环伯德图如图 3.39 所示。

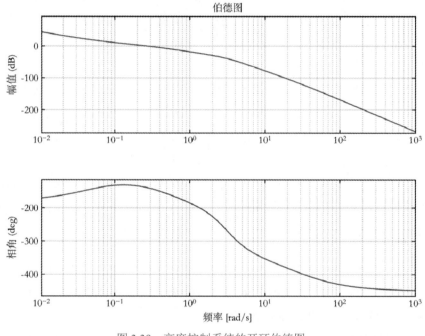

图 3.39　高度控制系统的开环伯德图

由图 3.39 可见，所设计的高度控制系统相角裕度约为 41°，幅值裕度约为 16.2 dB。

对高度控制回路的开环传递函数做单位负反馈，得到高度控制回路的闭环传递函数。绘制高度控制系统的闭环伯德图如图 3.40 所示。

由图 3.40 可见，所设计的高度控制系统带宽约为 0.48 rad/s，与俯仰角控制系统带宽 1.21 rad/s 相比，飞机的俯仰角响应（内回路）比高度响应（外回路）要快得多。同时，舵机环节时间常数为 0.03 s，对应带宽约为 13.8 rad/s，又远远大于俯仰角控制系统带宽。这说明，在控制系统设计时忽略舵机动力学和内外回路分别设计的方法是合理的。

4. Sysplorer 环境中的仿真分析

在 Sysplorer 环境中，建立飞机纵向线性飞行动力学模型，开展高度控制系统的仿真分析。

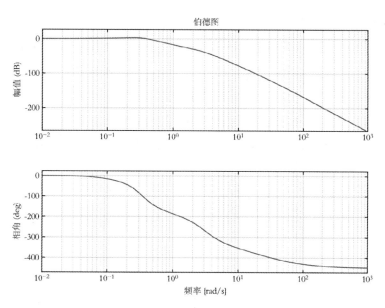

图 3.40　高度控制系统的闭环伯德图

在仿真模型建立中，考虑式 3.89 所示的舵机动力学模型，时间常数 $\tau_a = 0.05$ s，并将发动机模型假定为时间常数为 1 s、静增益为 1 的一阶惯性环节。

将飞机纵向扰动运动方程组整理为状态空间形式

$$\begin{bmatrix} \Delta \dot{V} \\ \Delta \dot{\alpha} \\ \Delta \dot{q} \\ \Delta \dot{\theta} \end{bmatrix} = \boldsymbol{A}_l \begin{bmatrix} \Delta V \\ \Delta \alpha \\ \Delta q \\ \Delta \theta \end{bmatrix} + \boldsymbol{B}_l \begin{bmatrix} \Delta \delta_e \\ \Delta \delta_T \end{bmatrix} \tag{3.103}$$

其中，状态矩阵

$$\boldsymbol{A}_l = \begin{bmatrix} \dfrac{T_V - D_V}{m} & \dfrac{mg - D_\alpha}{m} & 0 & -g \\[2mm] -\dfrac{L_V}{mV_0} & -\dfrac{L_\alpha}{mV_0} & 1 & 0 \\[2mm] \dfrac{1}{I_y}\left(M_V + T_V z_T - \dfrac{M_{\dot{\alpha}} L_V}{mV_0}\right) & \dfrac{1}{I_y}\left(M_\alpha - \dfrac{M_{\dot{\alpha}} L_\alpha}{mV_0}\right) & \dfrac{1}{I_y}(M_q + M_{\dot{\alpha}}) & 0 \\[2mm] 0 & 0 & 1 & 0 \end{bmatrix} \tag{3.104}$$

输入矩阵

$$\boldsymbol{B}_l = \begin{bmatrix} 0 & \dfrac{T_{\delta_T}}{m} \\[2mm] -\dfrac{L_{\delta_e}}{mV_0} & 0 \\[2mm] \dfrac{1}{I_y}\left(M_{\delta_e} - \dfrac{M_{\dot{\alpha}} L_{\delta_e}}{mV_0}\right) & \dfrac{T_{\delta_T} z_T}{I_y} \\[2mm] 0 & 0 \end{bmatrix} \tag{3.105}$$

将表 3-6 和表 3-7 中的参数代入状态空间方程，得到

$$A_l = \begin{bmatrix} -4.241 \times 10^{-3} & 3.255 & -0.1143 & -9.78 \\ -7.053 \times 10^{-4} & -0.6806 & 0.9879 & 0 \\ 1.148 \times 10^{-5} & -2.533 & -1.038 & 0 \\ 0 & 0 & 1 & 0 \end{bmatrix}, \quad B_l = \begin{bmatrix} -0.3916 & 0.06952 \\ -0.04228 & -4.615 \times 10^{-7} \\ -3.612 & 2.275 \times 10^{-3} \\ 0 & 0 \end{bmatrix} \quad (3.106)$$

利用 StateSpace 模块搭建飞机纵向线性飞行动力学模块，如图 3.41 所示。其中，StateSpace 模块中的组件参数 A 和 B 设置为式 3.106 中状态矩阵 A_l 和输入矩阵 B_l 的数值。参数 C 设置为 4 阶单位矩阵 diagonal({1, 1, 1, 1})，使得 4 个状态变量都是输出变量。参数 D 保持默认值不变。

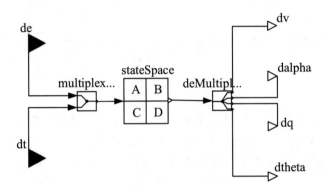

图 3.41 飞机纵向线性飞行动力学模块

接着搭建飞机高度控制系统的整体模型。新建一个模型文件，切换到文本视图，并添加高度和俯仰控制的控制律参数如下：

```
parameter Real kh = 0.001183;
parameter Real khi = 5.916e-5;
parameter Real ktheta = 1.6;
parameter Real kq = 0.69;
```

使用 PI 模块作为高度控制器。模块中，组件参数 k 的值设置为 kh，T 的值设置为 kh/khi，如图 3.42 所示。

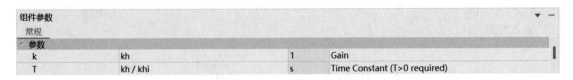

图 3.42 PI 模块组件参数设置

由飞机纵向扰动运动学可知

$$\Delta\gamma = \Delta\theta - \Delta\alpha, \quad \Delta H = \int V_0 \Delta\gamma \mathrm{d}t \quad (3.107)$$

通过式 3.107 可由 $\Delta\alpha$ 和 $\Delta\theta$ 计算出 ΔH。搭建完成的飞机高度控制系统的整体模型如图 3.43 所示。图中，输入 H_c 为高度指令，M_d 为俯仰扰动力矩，throttle 为油门杆输入。

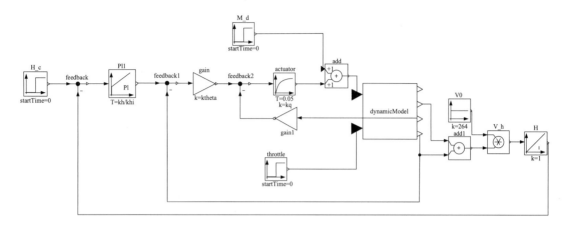

图 3.43   飞机高度控制系统的整体模型

在仿真过程中，将油门杆输入固定为零，也就是保持油门开度保持恒定。将数学仿真设计为以下两种状态：

1）阶跃高度指令的响应仿真分析

在 $\Delta H_c = 10\ \mathrm{m}$ 的阶跃指令下，飞机对 ΔH_c 指令的跟踪能力，仿真时间设定为 50 s。

这一仿真的目的是检验高度控制系统响应高度指令的性能，也是检查控制系统的基本功能。$\Delta H_c = 10\ \mathrm{m}$ 的阶跃指令含义是：将飞机从 $H_0 = 10000\mathrm{m}$ 的基准运动高度自动爬升至 10010 m 并保持在新的高度。

将 H_c 的组件参数 Height 设置为 10，M_d 的组件参数 Height 设置为 0，即阶跃高度指令幅值为 10 m，无扰动力矩作用。运行仿真，得到高度阶跃指令响应仿真结果如图 3.44 所示。

从仿真结果中可以看出，高度控制系统超调较大，约为 30.5%，说明系统阻尼较小，且响应速度比较慢，这是飞机特殊的动力学特性导致的。

在阶跃高度指令产生后，由于高度指令输入与升降舵指令输出之间存在直接传递环节，立刻产生了约–0.86°的升降舵指令。随后，升降舵偏转产生俯仰控制力矩，飞机在俯仰控制力矩作用下抬头产生迎角，在约 1.05 s 时迎角达到峰值 0.38°。飞机在正迎角下升力增加，产生向上的速度，航迹倾角增加，并在约 4.00 s 时达到峰值 0.47°。向上的速度使飞机高度增加，在约 13.06 s 时达到峰值 13.05 m。最后，在控制器作用下飞机高度趋于稳态，稳态时间约 17.48 s（以误差范围为 5%计算）。

2）阶跃俯仰力矩扰动的仿真分析

在 $M_d = 0.1 M_{\delta_e}$ 的阶跃俯仰扰动力矩，$\Delta H_c = 0$ 的指令控制下，飞机抵抗俯仰扰动力矩的能力，仿真时间设定为 80 s。

这一仿真的目的是检验飞机在受到常值俯仰扰动力矩作用时飞机的抗干扰性能。将 H_c 的组件参数 Height 设置为 0，M_d 的组件参数 Height 设置为 0.1，即无高度指令输入，扰动力矩幅值为 $0.1 M_{\delta_e}$。运行仿真，得到俯仰扰动力矩响应仿真结果如图 3.45 所示。

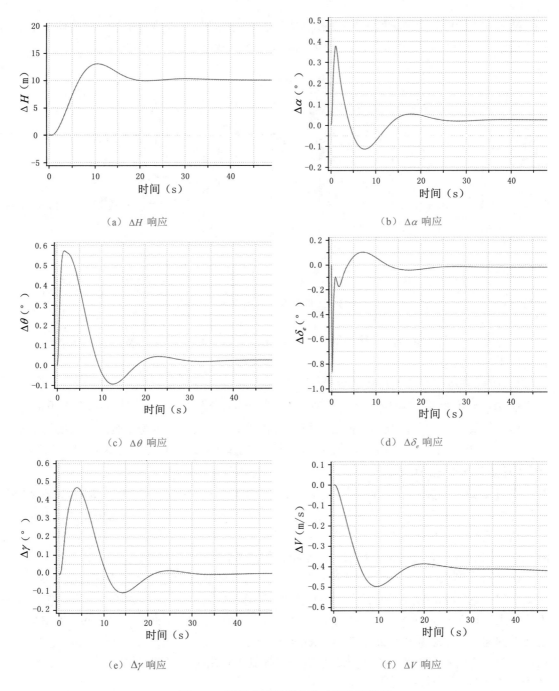

（a）ΔH 响应 　　　　　　　　　　　（b）$\Delta \alpha$ 响应

（c）$\Delta \theta$ 响应 　　　　　　　　　　　（d）$\Delta \delta_e$ 响应

（e）$\Delta \gamma$ 响应 　　　　　　　　　　　（f）ΔV 响应

图 3.44　飞机高度阶跃指令响应仿真结果

　　从仿真结果中可以看出，在阶跃俯仰扰动力矩的作用下，飞机高度在前 10 s 内快速下降，高度变化达到约–54 m，约 57.7 s 时飞机基本回到原来高度。

　　由于俯仰扰动力矩直接对飞机的俯仰回路产生作用，飞机对扰动的响应速度比高度指令作用下快。稳态时，舵面偏转输出接近–5.7°≈–0.1 rad，产生 $0.1 M_{\delta_e}$ 的抬头力矩，与扰动力矩 M_d 平衡，俯仰角和迎角变化回零。

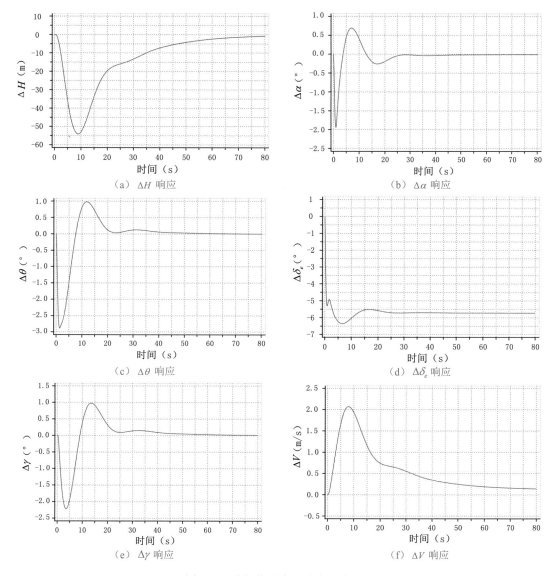

图 3.45　俯仰扰动力矩响应仿真结果

本 章 小 结

本章介绍了线性定常系统的微分方程、传递函数以及状态空间的描述方法，介绍了各种描述方法在 MWORKS 中的实现方法。给出了基于状态空间描述的线性定常系统的稳定性、可控性和可观测性的判定方法。

时域仿真分析法中，介绍了利用 MWORKS 的系统脉冲响应、阶跃响应等典型输入信号作用下的时间响应求取方法，以及获取调节时间、超调量等描述瞬态响应性能指标的 MWORKS 函数。

根轨迹仿真分析法中，介绍了根轨迹的一般绘制方法以及 MWORKS 的根轨迹绘制函数，通过一个例子，说明了根轨迹仿真分析法很容易求取让闭环系统稳定的开环增益取值范围。

频率响应仿真分析法中，介绍了伯德图、极坐标图等频率响应曲线的绘制方法以及相应的 MWORKS 函数，给出了幅值裕度、谐振峰、带宽等频率响应性能指标的定义，以及各项性能指标在 MWORKS 中的求取方法。

介绍了飞机的自动飞行控制系统的俯仰角保持、高度保持、航向预选和保持等纵向运动和横侧向运动的控制模式。以某飞机在巡航飞行阶段的纵向运动为仿真分析对象，建立了飞机纵向运动的传递函数模型。建立了采用俯仰角速率反馈加俯仰角反馈的俯仰角控制系统，建立了以俯仰角控制系统为内回路的高度控制系统，通过近似方法确定了 PID 控制律参数。在 Sysplorer 中搭建俯仰角控制系统和控制系统的仿真分析模型，验证了俯仰角控制回路对俯仰角指令、高度控制系统对高度指令的响应性能。

习 题 3

1. 某系统的输入 u 和输出 y 关系的微分方程为

$$\dddot{y} + 4\ddot{y} + 5\dot{y} + 2y = \ddot{u} + \dot{u} + 2u$$

在 MWORKS 中求出此系统的传递函数模型。

2. 图 3.46 为某控制系统的方框图。采用 MWORKS 提供的串联、并联和反馈连接函数，求系统的前向传递函数、开环传递函数和闭环传递函数。

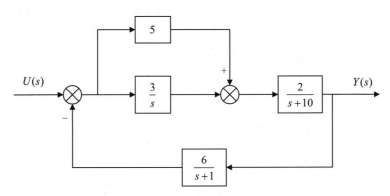

图 3.46 某控制系统的方框图

3. 利用 MWORKS 提供的相关函数求解习题 1 和习题 2 中各系统的状态空间模型。

4. 利用 MWORKS 提供的求取特征根、传递函数极点和矩阵特征值等函数，分别分析习题 1 和习题 2 中系统的稳定性、可控性和可观性。

5. 应用 MWORKS 求下列单位负反馈系统的单位脉冲响应、单位阶跃响应、单位斜坡响应曲线，分析系统的稳态误差。

$$\frac{Y(s)}{U(s)} = \frac{0.3s + 4.8}{s^3 + 5.5s^2 + 7.29s + 0.6}$$

6. 某高阶系统的传递函数为

$$G(s) = \frac{319s + 1307.9}{s^4 + 24s^3 + 173.47s^2 + 622.84s + 1212.28}$$

利用 MWORKS 相关函数，绘制系统的单位阶跃响应曲线，并求出响应曲线的延迟时间、上升时间、峰值时间、调节时间和超调量。

7. 图 3.47 为某控制系统的方框图，绘制系统随开环增益 K 变化的根轨迹，并求系统稳定时的 K 值范围。

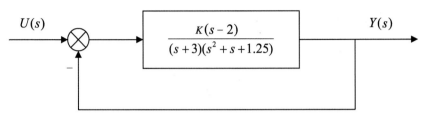

图 3.47　某控制系统的方框图

8. 某系统开环传递函数为

$$G(s) = \frac{0.05(s + 30)}{s^2(s^2 + 0.15s + 5)}$$

绘制开环系统的伯德图。

9. 某系统开环传递函数为

$$G(s) = \frac{10(s + 1)}{s(s - 0.5)(s + 10)}$$

绘制系统的奈奎斯特图。

10. 某闭环系统传递函数为

$$\frac{Y(s)}{U(s)} = \frac{3(s^2 + 2.5s + 1)}{s^5 + 14.2s^4 + 49.79s^3 + 79.68s^2 + 18.47s + 6.89}$$

绘制闭环系统伯德图，并求系统谐振频率、谐振峰值和带宽。

11. 某单位反馈系统的开环传递函数为

$$G(s) = \frac{0.3s + 1}{s(0.1s + 1)(2s + 1)(12s + 1)}$$

绘制系统的开环伯德图，并求系统的幅值裕度和相角裕度、幅值和相角交界频率。

12. 用本章采用的飞机模型，在 MWORKS 中建立速度控制系统仿真模型，完成飞行器速度控制的仿真分析。

第 4 章

基于 MWORKS 的飞行器
非线性模型建立与仿真分析

　　控制系统设计人员基于飞行器线性模型完成控制系统设计后，需要将其代入到非线性模型中，验证所设计控制系统结构的合理性，评估并优化控制系统参数。在 MWORKS 平台中，主要在 Sysplorer 仿真环境中完成飞行器非线性模型建立与仿真。

　　Sysplorer 提供了一个动态系统建模、仿真和综合分析环境，能够方便快捷地描述线性系统和非线性系统，支持实时或超实时仿真任务，可以实现连续系统、离散系统和混合系统的建模和仿真。用户基于 Sysplorer 工作环境，可通过图形界面操作结合文本建模操作，完成复杂的非线性模型建立工作。

　　本章介绍 Sysplorer 仿真环境的使用方法，以及 Sysplorer 飞行器控制系统建模常用模块。以某近程导弹为例，在 Sysplorer 下搭建其非线性仿真模型，通过弹道仿真分析其无控和有控弹道特性。

通过本章的学习，读者可以了解（或掌握）：
❖ 典型飞行器的动力学非线性理论模型。
❖ **Sysplorer** 建模环境的基本操作。
❖ **Sysplorer** 建模环境的常用模块。
❖ 飞行器仿真模型的建立步骤。
❖ 基于 **Sysplorer** 的飞行器非线性仿真模型建立与仿真分析。

4.1 典型飞行器的动力学运动学非线性模型

在飞行过程中，飞行器会受到气动力、重力、发动机推力等因素的作用，这些作用影响着飞行器的飞行状态。为了准确描述这种影响关系，需要综合考虑飞行器的种类及其受力情况，建立起相对完备的飞行器数学模型。由于飞行动力学具有非线性、时变、不确定性等特点，因此飞行器的动力学数学模型一般是一组非线性时变的动力学方程组，是对飞行器运动动态过程的描述，利用这一模型可以得出飞行器在不同环境下对操纵的响应。在飞行器制导控制系统设计中，需要通过飞行动力学模型进行制导控制系统的仿真验证。

在对飞行器进行动力学运动学建模时，需要根据飞行器的弹道特点和仿真试验目的，建立不同精细程度的非线性数学模型。过于复杂的模型不仅不利于分析设计，而且会增加很多工作量；而过于简单的模型忽略了过多因素，则难以反映仿真对象的特性。例如，近程飞行器的飞行距离较近，飞行时间较短，可将地球看作水平地面；远程飞行器则需考虑地球曲率和自转，以及地球扁率摄动等因素的影响。

开始进行飞行动力学建模时，首先应当选取合适的坐标系。然后，在所选择的坐标系上建立飞行器质心运动和绕质心运动的动力学微分方程和运动学微分方程，并基于坐标系变换关系建立几何关系方程。之后，根据飞行力学原理，建立作用在飞行器上的空气动力和力矩的函数关系，以及发动机推力的函数关系。最后，建立控制系统的数学模型，以及导航制导与控制算法的数学描述。针对不同的应用场景，有时还需要加入飞行环境的数学模型和目标运动的描述等额外条件。

飞行器飞行动力学数学模型围绕飞行器的运动方程建立，还包括输入输出变量和外干扰，以及飞行环境条件。输入变量有方向舵和发动机推力，输出变量有线位移、速度、加速度和飞行姿态等，外干扰包括大气扰动、飞行条件等。飞行动力学模型具有复杂的内部动态关系，表现在飞行器的一个输入控制变量将影响多个输出变量，而一个输出变量可能受多个输入变量的影响。典型飞行器的飞行动力学模型如图 4.1 所示。

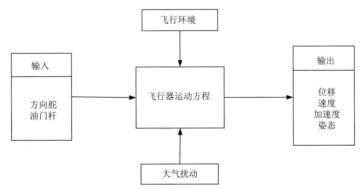

图 4.1　典型飞行器的飞行动力学模型

随着飞行力学的发展，人们对不同种类的飞行器，包括近程战术导弹、飞机、远程火箭和卫星等建立了简洁有效的飞行动力学模型。在进行飞行器动力学运动学建模时，应根据研究对象的特点，选用合适的数学模型开展仿真验证。本节以近程导弹为例，介绍适用于固定翼飞机和近程导弹的六自由度非线性数学模型。

对于近程飞行器，其飞行距离较近，高度变化较小，可以假设大地为水平面，重力加速度为常值，此时地面就是惯性参考系。在进行六自由度建模时，根据气动参数格式的不同，可以将飞行动力学方程组建立在弹道坐标系或弹体坐标系下。

弹道坐标系下的飞行动力学方程组一般由质心动力学、绕质心的动力学、质心运动学和绕质心的运动学方程组成。在这些方程中，飞行器质量和转动惯量都看作随时间变化的已知函数。方程的输出量（所求参数）包括

$$V, \theta, \psi_v, \omega_x, \omega_y, \omega_z, x, y, z, \vartheta, \psi, \gamma, \alpha, \beta, \gamma_v$$

共 15 个参数。此外，还需要 3 个补充方程，这些方程可由姿态角之间的关系得到，也称为几何关系方程。各物理量的含义如下。

V：飞行速度大小。

θ, ψ_v：弹道倾角、弹道偏角。

$\omega_x, \omega_y, \omega_z$：飞行器在机体坐标系下的角速度。

x, y, z：飞行器地面坐标系下的位置坐标。

ϑ, ψ, γ：俯仰角、偏航角、滚转角。

α, β, γ_v：攻角、侧滑角、弹道滚转角。

物理量的具体定义和坐标系间的转换关系可参考飞行力学相关教材，这里不作详细介绍。

综上所述，得出弹道坐标系下的飞行器六自由度运动方程组，如式 4.1～式 4.5 所示。

1. 质心动力学

$$m\frac{\mathrm{d}V}{\mathrm{d}t} = P\cos\alpha\cos\beta - X - mg\sin\theta$$

$$mV\frac{\mathrm{d}\theta}{\mathrm{d}t} = P(\sin\alpha\cos\gamma_v + \cos\alpha\sin\beta\sin\gamma_v) + Y\cos\gamma_v - Z\sin\gamma_v - mg\cos\theta \qquad (4.1)$$

$$-mV\cos\theta\frac{\mathrm{d}\psi_v}{\mathrm{d}t} = P(\sin\alpha\sin\gamma_v - \cos\alpha\sin\beta\cos\gamma_v) + Y\sin\gamma_v + Z\cos\gamma_v$$

2. 绕质心的动力学

$$J_x\frac{\mathrm{d}\omega_x}{\mathrm{d}t} = M_x - (J_z - J_y)\omega_y\omega_z$$

$$J_y\frac{\mathrm{d}\omega_y}{\mathrm{d}t} = M_y - (J_x - J_z)\omega_x\omega_z \qquad (4.2)$$

$$J_z\frac{\mathrm{d}\omega_z}{\mathrm{d}t} = M_z - (J_y - J_x)\omega_x\omega_y$$

3. 质心运动学

$$\frac{\mathrm{d}x}{\mathrm{d}t} = V\cos\theta\cos\psi_v$$

$$\frac{\mathrm{d}y}{\mathrm{d}t} = V\sin\theta \qquad (4.3)$$

$$\frac{\mathrm{d}z}{\mathrm{d}t} = -V\cos\theta\sin\psi_v$$

4. 绕质心的运动学

$$\frac{\mathrm{d}\vartheta}{\mathrm{d}t} = \omega_x \sin\gamma + \omega_z \cos\gamma$$

$$\frac{\mathrm{d}\psi}{\mathrm{d}t} = \frac{1}{\cos\vartheta}\left(\omega_y \cos\gamma - \omega_z \sin\gamma\right) \tag{4.4}$$

$$\frac{\mathrm{d}\gamma}{\mathrm{d}t} = \omega_x - \tan\vartheta\left(\omega_y \cos\gamma - \omega_z \sin\gamma\right)$$

5. 几何关系

$$\sin\alpha = \left\{\cos\theta\left[\sin\vartheta\cos\gamma\cos(\psi-\psi_v) - \sin\gamma\sin(\psi-\psi_v)\right] - \sin\theta\cos\vartheta\cos\gamma\right\}/\cos\beta$$

$$\sin\beta = \cos\theta\left[\cos\gamma\sin(\psi-\psi_v) + \sin\vartheta\sin\gamma\cos(\psi-\psi_v)\right] - \sin\theta\cos\vartheta\sin\gamma \tag{4.5}$$

$$\sin\gamma_v = \frac{1}{\cos\theta}\left(\cos\alpha\sin\beta\sin\vartheta - \sin\alpha\sin\beta\cos\gamma\cos\vartheta + \cos\beta\sin\gamma\cos\vartheta\right)$$

飞行器六自由度运动方程组包含了 15 个变量和 15 个方程，共同构成了一组封闭的微分方程组。通过数值方法求解，可以得到飞行器飞行状态随时间的变化规律。

飞行器的六自由度运动方程含有大量变量，且变量间的关系相互耦合，尽管可以用数值方法求解，然而其复杂的形式使得主要气动力、结构参数对飞行器飞行状态所起的作用难以得到直观表示，不利于飞行器的动力学分析设计。考虑到飞行器的空间运动可以看作竖直平面内的运动和水平平面内运动的叠加，故可以将飞行器在空间中的运动分解为纵向运动和侧向运动分别分析。

近程防空导弹通常使用 STT（Sideslip To Turn，侧滑转弯）方式进行机动，在其制导控制系统设计中，往往将其运动分为纵向和侧向两个通道分别进行控制。如果飞行器的气动对称面与竖直平面重合，并且质心也在竖直平面内运动，则称这种运动为纵向运动。飞行器的纵向运动方程组如式 4.6 所示。

$$\begin{cases} m\dfrac{\mathrm{d}v}{\mathrm{d}t} = P\sin\alpha - X - mg\sin\theta \\[2mm] mv\dfrac{\mathrm{d}\theta}{\mathrm{d}t} = P\sin\alpha + Y - mg\cos\theta \\[2mm] J_z\dfrac{\mathrm{d}\omega_z}{\mathrm{d}t} = M_z \\[2mm] \dfrac{\mathrm{d}x}{\mathrm{d}t} = v\cos\theta \\[2mm] \dfrac{\mathrm{d}y}{\mathrm{d}t} = v\sin\theta \\[2mm] \dfrac{\mathrm{d}\vartheta}{\mathrm{d}t} = \omega_z \\[2mm] \alpha = \vartheta - \theta \end{cases} \tag{4.6}$$

由于不同飞行器的弹道特征不同，在进行飞行器建模时需要相应地考虑不同的影响因素，并选择合适的坐标系进行动力学运动学分析，使得不同种类飞行器的模型具有差异。但从数学角度来看，各类飞行器的运动方程组均为一组非线性常微分方程，这组方程构成了典型飞行器的非线性动力学运动学模型。这些方程中包含的变量数目不同，但这些位置变量均可以封闭求解。如不考虑外界干扰，则在给定初始条件下，均可以使用数值积分法求解运动方程组，得到相应飞行器的运动和姿态参数随时间的变化规律，从而得到飞行器飞行弹道的变化规律。

Sysplorer 作为 MWORKS 最重要的组件之一，提供了一个动态系统建模、仿真和分析的统一平台，能够方便地对线性系统和非线性系统进行分析设计。利用 Sysplorer 提供的相关模块，可以快速地建立飞行器的非线性运动学动力学模型，通过合理设置 Sysplorer 的数值积分方法，完成飞行器非线性模型的求解计算，获取飞行器在不同状态下各个参数随时间的变化曲线，验证制导控制系统的方案和性能指标。

4.2 Sysplorer建模环境的基本使用方法

Sysplorer 具备多工程领域的系统建模和仿真能力，能够在同一个模型中融合相互作用的多个工程领域的子模型，构建描述一致的系统级模型。Sysplorer 提供多文档多视图的建模环境，支持同时打开多个文档，浏览和编辑多个不同模型。利用大量可重用的 Modelica 领域库，Sysplorer 可以良好满足飞行器制导控制系统的建模仿真和设计优化需求。本节对 Sysplorer 建模环境组成及其基本使用方法进行介绍。

4.2.1 Sysplorer 建模环境的基本操作

首先打开 Syslab，然后在 Syslab 工具栏中单击"Sysplorer"按钮启动 Sysplorer。也可以直接打开 Sysplorer 程序，但以这种方式启动时不支持与 Syslab 互相调用。

Sysplorer 主界面布局如图 4.2 所示。

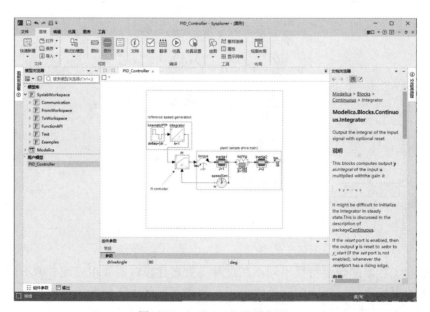

图 4.2 Sysplorer 主界面布局

Sysplorer 建模环境的常用组件包括：模型编辑窗口、模型浏览器、组件参数面板、组件变量面板和输出窗口等。在主界面右上方单击"窗口"按钮，可在弹出的下拉菜单中切换各个组件。下面对这几个组件进行详细的介绍。

1. 模型编辑窗口

模型编辑窗口是 Sysplorer 建模环境的主要工作区域，模型的建立和编辑都在这一窗口中进行。模型编辑窗口有 4 种不同的显示模式，可通过建模→视图中的按钮实现模式切换。

（1）图标视图：图标视图显示当前模型在其他模型中作为组件时的图形。在图标视图中，用户可以编辑模块的图标形状，以便于识别或使模型更美观。

（2）图形视图：图形视图显示组成模型的模块组件。图形视图是可视化建模时最重要的视图，用户可在这一视图中以拖放方式连接模块构建模型。

（3）文本视图：文本视图显示模型的 Modelica 代码。文本视图是一个文本编辑器，主要在文本建模中使用，用户可在这一视图中通过编写模型的 Modelica 代码构建模型。

（4）文档浏览器：文档浏览器显示当前模型的简要说明信息。文档视图一般包括模型全名、模型描述、输入/输出等信息。

根据建模方式的不同，用户可通过在模型注解处添加 Modelica 代码，以设置首次打开模型时首选打开的视图，例如：

```
annotation(preferredView = "text")
```

第一次打开模型时默认以文本视图展示。类似地，将"text"替换为"icon"或"diagram"可分别将默认视图设置为图标视图、图形视图。

2. 模型浏览器

模型浏览器默认位于 Sysplorer 建模主界面的左侧。模型浏览器以树状形式展示当前已加载模型的层次结构，包括模型库和用户自定义模型，如图 4.3 所示。

图 4.3　模型浏览器

模型浏览器包括两个部分：功能区、浏览区。

功能区提供以下 3 个功能：

（1）模型库加载功能：单击⊟按钮，可展开如图 4.4 所示的模型库下拉菜单，其中显示

Sysplorer 环境中配置完成的模型库，单击模型库名称即可加载对应模型库至模型浏览器。

（2）全部折叠功能：单击⊟按钮，即可折叠当前模型浏览器内的所有展开节点。

（3）模型查找功能：在搜索栏中输入要查找的模型名，例如，integrator，浏览区将以树形结构展示符合条件的模型及其所属模块。此时按 Enter 键，模型浏览器将自顶向下显示第一个符合条件的模型。继续按 Enter 键，则从当前位置依次向下查找并显示。

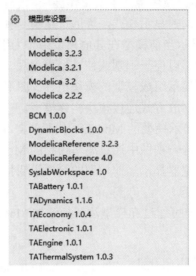

图 4.4　模型库下拉菜单

3. 组件参数面板

组件参数面板显示当前模型或选中的组件中参数的名称、值、单位、描述等信息。在图标或图形视图下，组件参数面板分为以下 4 种情况显示参数：

（1）未选中组件时，显示当前模型的参数。

（2）选中单个组件时，显示此组件的参数。

（3）选中多个组件时，组件参数面板显示为空。

（4）打开某个组件类型而未选中组件时，显示此组件类型的参数。

例如，单击模型内的积分器（integrator）模块，组件参数面板如图 4.5 所示。

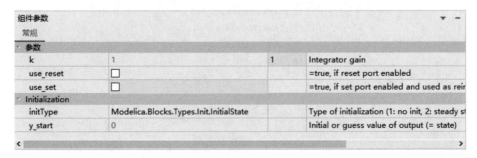

图 4.5　integrator 模块的组件参数面板

组件参数面板的内容分两级组织：Tab（属性页）和 Group（组）。如图 4.6 所示，组件参数面板包含常规属性页，常规又包含参数和 Initialization 两个组，分别可以设置模块的增益、是否启用，以及积分初值。Tab 和 Group 可以通过右击组件参数面板中的参数，选择属性，在组件属性对话框中设置。

复制 Ctrl+C
全部折叠
查看帮助
属性...
组件属性
常规
属性
图层
组件
名字
a
描述
eleration of component (= der(w))
类型层次
ics.Rotational.Components.Inertia
图标
类型
名字
Modelica.SIunits.AngularAcceleration
类别
type
描述
在参数面板中显示
Tab
常规
Group
Initialization
查看文档
取消

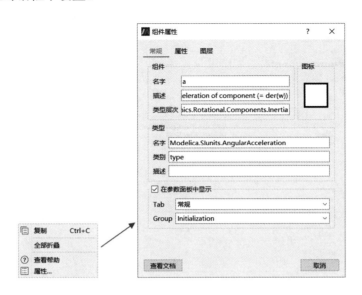

图 4.6　在组件属性对话框中设置组件参数面板

4. 组件变量面板

组件变量面板用于设置模型的监视变量。模型进行编译求解后，需要将需要查看的变量设置为监视变量，监视变量会输出到仿真结果变量文件中，并显示在仿真浏览器上，如图 4.7 所示。

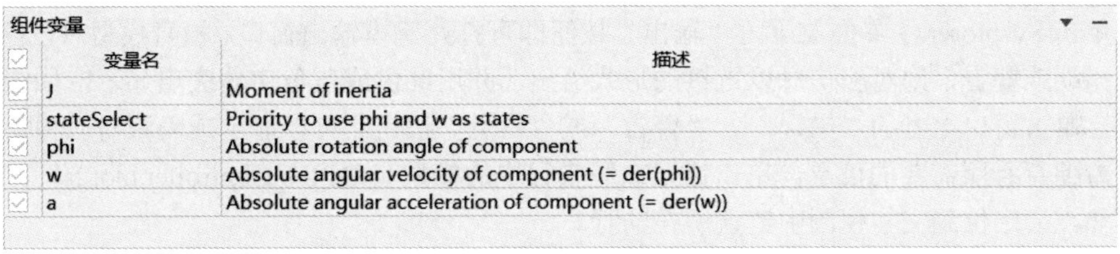

组件变量
变量名
描述
J
Moment of inertia
stateSelect
Priority to use phi and w as states
phi
Absolute rotation angle of component
w
Absolute angular velocity of component (= der(phi))
a
Absolute angular acceleration of component (= der(w))

图 4.7　组件变量面板

勾选变量名前的单选框，即将该变量设置为监视变量。右击“变量名”或“描述”一栏下列的内容，在弹出的组件变量面板上下文菜单中，单击“保存模型所有变量”，可以设置模型以及组件中的所有变量为监视变量，如图 4.8 所示。

保存模型所有变量
保存指定变量
排序
查看帮助
属性...

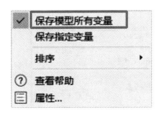

图 4.8　设置模型所有变量为监视变量

也可以在"选择监视变量"对话框中设置监视变量。右击图标视图或图形视图的空白处，在弹出的上下文菜单中单击"选择监视变量"，即弹出选择监视变量对话框，如图 4.9 所示。

图 4.9　"选择监视变量"对话框

5. 输出窗口

输出窗口分为建模输出窗口和仿真输出窗口，用于显示用户请求的结果，以及在建模、仿真过程中产生的错误和警告。

单击 Sysplorer 主界面左下方"输出"按钮即可打开建模输出窗口。检查模型时，若模型存在错误或警告，则对应信息以链接的形式给出，并用红色或蓝色字体突出显示，如图 4.10 所示。单击窗口上方的"错误"、"警告"或"信息"按钮，可以显示或隐藏对应种类的信息，方便查看所需要的信息。单击错误或警告行中的模型名"PID_Controller.mo(2)"，鼠标光标焦点会定位到文本视图中错误所在的行。

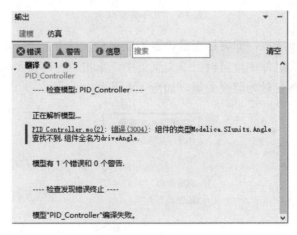

图 4.10　建模输出窗口输出模型错误信息

仿真输出窗口输出模型求解的详细信息，如求解开始时间和停止时间，求解算法，求解耗费的 CPU 时间，求解结果步数等，如图 4.11 所示。在仿真时，仿真输出窗口会自动弹出。

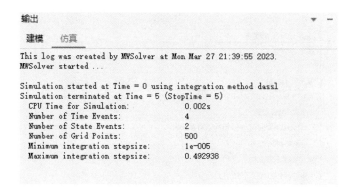

图 4.11　仿真输出窗口输出模型求解信息

接下来，我们通过在 Sysplorer 环境下搭建如图 4.12 所示的 PID 控制模型来熟悉 Sysplorer 建模环境的各个组件。

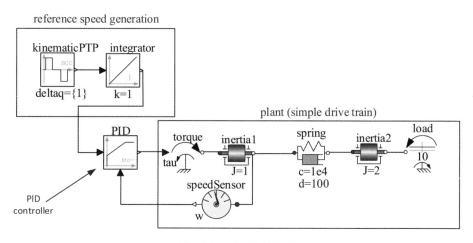

图 4.12　PID 控制模型

Sysplorer 模型的创建一般包含以下步骤：

（1）加载模型相关的模型库；

（2）创建一个模型包（库）用于管理创建的模型；

（3）创建具体的模型；

（4）设置模型参数；

（5）检查模型语法及语义的正确性。

在 Sysplorer 启动时，会自动加载 Modelica 模型库。Sysplorer 启动后，可以在模型浏览器中切换不同版本的模型库。本例将使用 Modelica 3.2.3 模型库搭建模型。

Modelica 提供模型包（package）功能用于管理模型库。用户可以将建立的模型插入不同的模型库中分类管理。在 Sysplorer 主界面中单击"文件"→"新建"，在"新建模型"对话框中进行如图 4.13 所示设置。

图 4.13　"新建模型"对话框

单击"确定"按钮，即可创建模型库 Demo，显示在模型浏览器中的"用户模型"区域。要将模型插入模型库 Demo，可在创建模型时，在"新建模型"对话框中单击"插入到"下拉菜单，并选择"Demo"。对已创建的模型，可在模型浏览器中将模型一栏用鼠标拖动到模型库 Demo 对应的栏。

创建模型所需的组件可在 Modelica 模块库中找到。其中，kinematicPTP 模块位于 Blocks-Sources 模块库，integrator 和 limPID 模块位于 Blocks-Continuous 模块库，inertia 和 springDamper 模块位于 Mechanics-Rotational-Components 模块库，torque 和 constantTorque 位于 Mechanics-Rotational-Sources 模块库，speedSensor 位于 Mechanics-Rotational-Sensor 模块库。在图形视图下，将模型浏览器中的模块拖动到模型编辑窗口，如图 4.14 所示。

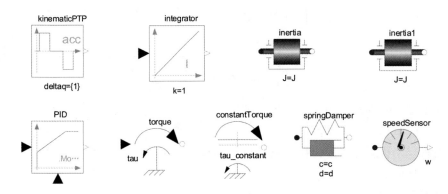

图 4.14　模型所需组件

按图 4.12 所示的连接关系，将各组件相连。将 kinematicPTP 与 integrator 模块相连时，指定连接器维度为 1。这是因为 integrator 只接受标量输入，而 kinematicPTP 支持多维向量输出。在这里，我们选择的是 kinematicPTP 输出的唯一一个维度，也就是第 1 个维度。

连接完成之后，需要设定组件的参数以使各组件以期望的方式运行。需要设置的组件参数见表 4-1，其余参数均保持默认。

表 4-1　模型组件参数设置

组件	需要设置的参数	参数值
kinematicPTP	deltaq	{driveAngle}
	startTime	0.5
limPID	k	100
	Ti	0.1
	Td	0.1
	yMax	12
	Ni	0.1
inertia	J	1
inertia1	J	2
springDamper	c	1e4
	d	100
constantTorque	tau_constant	10

注意 kinematicPTP 组件中转角参数 deltaq 没有被设定为具体数值，而是一个变量 driveAngle，这样可通过改变模型参数来调节组件参数。

进入文本视图，可以看到在模型名称声明

model PID_Controller

下方的参数区声明了模型中的各种组件。在

equation

和

end PID_Controller;

之间为方程区，其中定义了组件之间的连接。

在参数区添加模型参数声明

parameter Modelica.SIunits.Angle driveAngle = 1.5707963267948966;

以定义 driveAngle 变量，其类型为国际单位制中的角度值，即弧度单位，大小相当于角度制的 90 度。切换为图形视图，可看到模型组件参数面板出现了 driveAngle 变量，数值显示为 90 度，如图 4.15 所示。

图 4.15　添加模型变量后的模型组件参数面板

为了模型表示清晰，可双击模型名称，模型名称即变为可编辑的文本框，可在文本框中修改模型名称。此时就完成了模型的建立工作。

4.2.2　Sysplorer 建模环境中的组件与连接

在 4.2.1 节的例子中，我们将模块对象从模型浏览器拖动到图形视图中，此时模块对象就作为组件插入模型中。除模块对象外，还可以将连接器对象插入模型中，以使模型之间通过连接器组件传递参数。

在 Modelica 的模块库中，提供了 Interfaces 模块库，其中包含了各种所需的连接器。以控制系统建模为例，在 Blocks-Interfaces 模块库中提供了实数型（Real）、整型（Integer）、布尔型（Boolean）的标量或向量输入输出连接器，如图 4.16 所示。

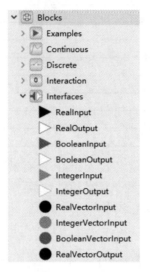

图 4.16　控制系统建模中的连接器

在图形视图中，组件的连接对应相连组件之间的参数传递关系，它是 Modelica 连接方程 connect() 的图形表示。图形视图中每个连接对应文本视图中的 connect 语句，连接的图形信息以注解（annotation）的形式记录在模型文本中。

要创建组件连接，首先需要切换到图形视图，然后激活连接模式。将鼠标悬停于连接器对象（可以是连接器类组件或是组件中声明的连接器变量），鼠标光标将变为 ⁺⌐，即激活连接模式。

在连接模式下移动鼠标，可以看到从连接器对象出发的连接线随着鼠标移动而变化。若想改变连接线的路径，则在期望的位置单击鼠标，就可以改变连接线的路径。最后，单击目标连接器对象，就完成了两个组件之间的连接。此时连接线以红色控制点标记为选中状态。在连接模式下，如果不想创建连接，则可以单击鼠标右键，然后在弹出的上下文菜单中单击"取消"，即可退出连接模式。

在两个连接器 A 与 B 之间创建连接时会自动执行连接检查，若不匹配，则连接失败并弹出提示。具体检查规则如下：

（1）A 与 B 之间不能有多于 1 条的连接线；

（2）A 与 B 不能都为信号源；

（3）A 与 B 的类型必须是等价的。

4.2.3　Sysplorer 建模环境中的仿真参数设置

切换到仿真标签页，然后单击"仿真设置"，可打开"仿真设置"对话框，如图 4.17 所示。在"仿真设置"对话框中，用户可以指定仿真区间的开始时间、终止时间，输出区间的步长、步数，积分算法的粗度、算法、初始积分步长等参数。

图 4.17 "仿真设置"对话框

1. 输出区间步长/步数设置

输出区间步长指仿真结果存储的时间间隔，对应图 4.7 中"输出区间"的"步长"一栏中的数值。当设定输出步长时，Sysplorer 将每隔 1 个输出步长的时间存储或输出一次结果。在联合仿真时，输出步长也称为通信步长。

2. 积分步长/精度设置

对于变步长和定步长算法，可以分别限制其精度和最大积分步长。

对变步长算法，积分计算由精度限制约束。变步长算法的精度默认设置为 0.0001，除非采用默认设置求解失败，否则不建议加大精度设置以降低求解精度。也可以设定其初始积分步长，即算法启动第 1 步的积分步长。通常情况下，用户不需要显式设置初始积分步长，采用自适应默认值即可。

对于定步长算法，积分步长即积分算法每步积分计算所采用的步长。Sysplorer 要求积分步长为输出步长的整数分之一，因此用户需要通过设置每个输出步长内的积分步数来间接设定积分算法所用的步长。通常情况下可采用默认积分步数设置，即输出步长与积分步长相等。

3. 积分算法设置

Sysplorer 提供了 21 种不同的积分算法可供选择，默认的积分算法为 Dassl 法。对各种积分算法的介绍如下。

Dassl：一种变步长和变阶算法，使用一个向后微分公式法。

Radau5：一种变步长定阶算法，适用于求解刚性问题。

Dop853：基于 Dormand-Prince 的一种 8(5, 3)阶显式龙格–库塔方法，是变步长单步方法。

Dopri5：基于 Dormand-Prince 的一种 5(4)阶显式龙格–库塔方法，是变步长单步方法，适用于非刚性问题，算法能检测到类刚性问题并发出警告。

Mebdfdae：使用的是改进的扩展 BDF 方法，用于求解具有刚性初值的大型稀疏系统，是常微分方程系统（ODE）初值问题、线性隐式微分代数方程系统（DAEs）的求解器，MEBDF 具有更好的稳定性和高阶收敛性，但需要更多的计算。

Mebdfi：是 MEBDF 求解微分代数方程的一个扩展方法，能有效处理刚性问题，适用于指标不大于 2 的 DAE 系统。

Dlsode：是常微分方程，可处理刚性/非刚性问题。

Dlsodar：是 LSODA 算法的一个变种，增加了 rootfinding 特征，所以支持事件定位。

Cvode：一种变步长变阶的多步方法，是刚性/非刚性常微分方程系统初值问题的求解器。

Ida：一种隐式变步长方法，是微分代数方程系统（DAE）初值问题（IVP）的通用求解器，IDA 包含 rootfinding 特征，支持准确的事件定位。

Sdirk34：一种单对角隐式龙格–库塔（4 阶）算法。

Esdirk23、Esdirk34、Esdirk45：一种显式单对角隐式龙格–库塔（3 阶、4 阶、5 阶）算法。

Euler、Rkfix2、Rkfix3、Rkfix4、Rkfix6 和 Rkfix8：适合实时仿真的固定步长的算法，仿真区间控制步长，同时也控制仿真结果的输出值的数目。

ModifiedEuler：是定步长算法，相较于显示 Euler 法有更高的精度。

4.2.4　Sysplorer 文本建模简介

Sysplorer 是基于 Modelica 规范开发的多领域建模软件，完全支持 Modelica 语法规范，允许用户编写 Modelica 程序建立模型，这种建模方法称为文本建模。使用 Modelica 语言进行文本建模可以方便地处理微分、代数和离散方程组以及它们的组合。下面对 Modelica 语言及基于 Modelica 语言的文本建模方法进行简单介绍。

Modelica 语言的最大特点在于它是基于方程的非因果建模语言。Modelica 基于方程（Equation）而非赋值语句构建模型。在一条方程语句中，用户不需要关心哪些变量是已知或输入变量，哪些变量是未知或输出变量，在方程系统求解时，求解器会自动确定变量的因果关系，这种建模方式称为非因果建模。非因果建模适于表达复杂系统的物理结构，代码具有良好的可读性。

Modelica 具有面向对象的语言特征，提供类、泛型、子类型等语言特性，允许组件复用。同时，Modelica 提供良好的软组件类型，组件之间可通过接口相互连接，为搭建大型物理系统提供便利。

在 Sysplorer 建模环境下，打开编辑窗口的文本视图可进行 Modelica 编程，文本视图包含模型中声明的组件、变量、参数、方程等完整信息。将 4.2.1 节建立的 PID_Controller 模型切换到文本视图，可以看到模型名称、组件声明、模型参数，组件之间通过 connect 方程相互连接，如图 4.18 所示。

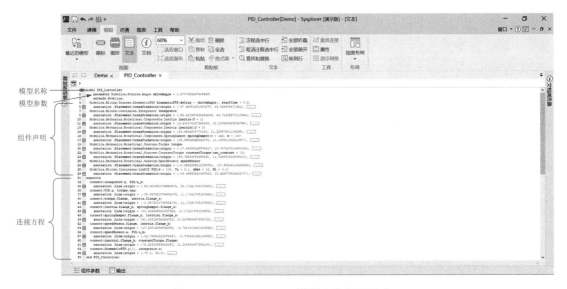

图 4.18　PID_Controller 模型文本视图组成

下面以 Van Der Pol 方程的仿真模型为例，介绍文本建模的基本方法。

Van Der Pol 方程是为了描述电子电路中三极管的振荡效应提出的一种非线性微分方程，它是动力系统建模中的经典模型之一。Van Der Pol 方程的形式如式 4.7 所示。

$$\ddot{y} - \mu(1 - y^2)\dot{y} + y = 0 \tag{4.7}$$

其中，μ 是任意实数参数。把式 4.7 写成一阶微分方程组的形式，得到系统数学模型：

$$\dot{y} = x$$
$$\dot{x} = \ddot{y} = \mu(1 - y^2) - y \tag{4.8}$$

在 Sysplorer 环境中新建一个类型为 model 的模型，命名为 VanDerPol，然后切换到文本视图，模型文本如图 4.19 所示。

图 4.19　模型文本

图 4.19 展示了一个空的 model 类型模型，它以"model 模型名"开始，以"end 模型名"结束。接下来，声明方程中变量 x, y 和参数 mu：

```
Real x(start = 1) "equation variable";
Real y(start = 1) "equation variable";
parameter Real mu = 0.3;
```

这里声明了变量 x 和 y，其类型为 Real。紧接着变量名后的(start = 1)指定了方程中变量初值为 1。引号内是变量的注释，可以在模型文档中看到它们。接着声明了类型为 Real 的模型参数 mu，这里 mu 的值为 0.3（当然也可以取其他值）。注意，不能直接使用 x=1 指定微分方程初值，如果要使用类似风格的语句指定初值，则需要先声明变量，然后在方程前加入 initial equation 程序段赋初值，如下列代码所示：

```
Real x;
initial equation
    x = 1;
equation
   // statements
```

声明变量后，根据如式 4.8 所示的系统数学模型，建立微分方程模型：

```
equation
der(x) = y;
der(y) = -x + mu * (1 - x^2) * y;
```

其中，der()表示变量对时间的导数。

建立好的模型如图 4.20 所示。

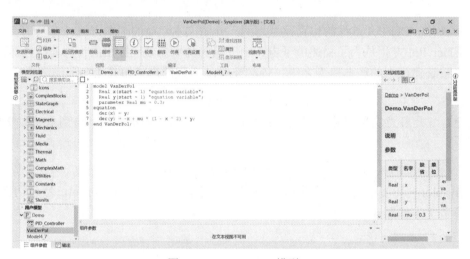

图 4.20　Van Der Pol 模型

设置仿真时间为 20 秒，在仿真界面中单击"曲线"按钮，然后单击"新建 y(x)曲线窗口"按钮，接着选择变量 x, y，绘制出如图 4.21 所示的仿真结果曲线。由图 4.21 可见，系统由初始状态 x=1,y=1 开始运动，状态轨迹逐渐趋于一个封闭曲线，即微分方程具有一个稳定极限环。

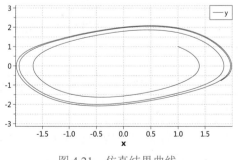

图 4.21　仿真结果曲线

4.3 Sysplorer飞行器控制系统建模常用模块 ////

在 Sysplorer 模型浏览器中可以看到，Sysplorer 提供了类型众多的模型库，涵盖了控制、电子、电磁、机械、传热等领域，强大的模型库功能为控制系统建模提供了重要助力。在飞行器控制系统设计中，主要使用的是基础模块库（Blocks），其中包含基本的信号输入输出模块，以及控制系统相关的模块。本节对 Sysplorer 基础模块库的几个主要组成部分进行介绍。

1. 信号和噪声模块库

信号模块库（Sources）包含了各种信号输出模块，噪声模块库（Noise）则包含了噪声输出功能，相关模块的图标和功能如表 4-2 所示。

表 4-2　信号和噪声模块库中相关模块的图标和功能

模块图标和名称	模块功能	模块图标和名称	模块功能
const	常值信号	step	阶跃信号
ramp	斜坡信号	pulse	脉冲信号
sine	正弦信号	sine	可变正弦信号
cosine	余弦信号	cosine	可变余弦信号
exponentials	指数脉冲信号	expSine	指数正弦信号
continuousClock	虚拟时钟模块	sinc	Sinc 函数信号
sawTooth	锯齿波信号	trapezoid	梯形脉冲信号
logSweep	对数扫描信号	realExpression　0.0	表达式信号（包含 Real、Integer 和 Boolean）

模块图标和名称	模块功能	模块图标和名称	模块功能
kinematicPTP	点对点运动加速度信号	kinematicPTP q qd mov	限制速度的点对点运动加速度信号
integerConstant	整数常值信号	integerStep	整数阶跃信号
booleanConstant	Boolean 常值信号	booleanPulse	Boolean 脉冲信号
booleanStep	Boolean 阶跃信号	timeTable	线性插值时间序列信号
combiTimeTable	带外插时间序列信号	integerTable	整数时间序列信号
booleanTable	Boolean 时间序列信号	sampleTrigger	采样触发信号
globalSeed fixedSeed = 67867967	全局随机数种子模块	normalNoise mu=0 sigma=sigma	高斯噪声信号
uniformNoise y_max y_min	均匀噪声信号	truncatedNormalNoise y_max y_min	截断高斯噪声信号,输出值服从两边截断的高斯分布
bandLimitedWhiteNoise 1	有限带宽噪声信号		

下面对信号与噪声模块库中较为常用的模块进行详细介绍。

1）常值、阶跃和斜坡信号模块

常值（Const）、阶跃（Step）和斜坡（Ramp）信号是控制系统仿真验证中常用的输入信号。其中，常值信号也可以用来设定积分器的初值，或者表示某些与飞行器控制系统相关的系数。

3 种模块的组件参数及其含义如下。

① 常值信号模块。

k：模块的输出值，可以是数值或模型中的变量。

② 阶跃信号模块。

offset：输出信号的偏移量；

startTime：阶跃开始时间；

height：阶跃幅值，阶跃开始时间后，输出信号的值等于阶跃幅值加偏移量。

③ 斜坡信号模块。

offset：输出信号的偏移量；

startTime：斜坡开始时间；

height：斜坡高度；

duration：斜坡持续时间。

2）脉冲信号模块

脉冲（Pulse）信号模块以一定的占空比、频率产生矩形脉冲信号，组件参数及其含义如下。

offset：输出信号的偏移量；

startTime：脉冲第 1 个上升沿的开始时间；

amplitude：脉冲幅值；

width：以百分比表示的占空比；

period：脉冲周期；

nperiod：脉冲周期数，当设定为小于 0 的值时，将不断输出脉冲。

3）正弦、余弦信号模块

正弦（Sine）和余弦（Cosine）信号是控制系统和物理系统中常见的信号。在 Sysplorer 中，正弦和余弦信号可以输出幅值随时间连续变化的正弦和余弦信号。对于正弦信号模块，其输出值 y 满足

$$y = \begin{cases} \text{amplitude} \times \sin(2\pi \times \text{freqHz} \times (\text{time} - \text{startTime}) + \text{phase}) + \text{offset}, \\ \qquad\qquad\qquad\qquad\qquad\qquad\qquad\qquad \text{time} \geqslant \text{startTime} \\ \text{offset}, \ 0 \leqslant \text{time} < \text{startTime} \end{cases}$$

其中，time 为仿真时间，各组件参数及其含义如下：

offset：输出信号的偏移量；

startTime：正弦或余弦信号的开始时间；

amplitude：输出信号振幅；

freqHz：以 Hz 为单位的频率；

phase：信号相位。

余弦信号模块的组件参数与正弦信号模块相同，其区别只是输出值与输入值关系中 sin 函数变为了 cos 函数。

4）虚拟时钟模块

虚拟时钟（ContinuousClock）模块在默认设置下输出仿真时间，也可以通过调节参数使其变为斜坡斜率固定为 1 的斜坡信号模块。组件参数及其含义如下：

offset：输出信号的偏移量；

startTime：斜坡开始时间。

5）时间序列信号模块

时间序列信号模块根据模块中设置的或文件中的时间表格，对仿真时间插值输出对应的幅值信号。在飞行器控制系统的仿真中，常用于输出某些随时间变化的系统参数，如飞行器质量、发动机推力等。Sysplorer 中提供了两种时间序列信号模块：TimeTable 和 CombiTimeTable，其中前者只支持线性插值且不支持外插，后者则支持不同的插值方法和外插，这里介绍后者。

CombiTimeTable 时间序列信号模块的组件参数包含两个部分：查找表数据定义（Table data definition）和查找表数据表示方法（Table data interpretation）。查找表数据定义部分定义了查找表的相关信息，组件参数及其含义如下：

tableOnFile：选择是否从文件中读取查找表；

table：定义查找表。可在组件参数浏览器中单击组件参数值，然后单击"编辑数组"按钮 ▦ 来编辑查找表；

tableName：查找表名称，即文本格式或 MATLAB 的.mat 文件格式中定义的表的名称；

fileName：查找表所在的文件名称；

verboseRead：选择是否将读取查找表文件操作打印到输出窗口。

查找表数据定义部分的组件参数及其含义如下：

columns：查找表中用于插值的部分；

smoothness：插值平滑方法；

extrapolation：外插方法；

timeScale：时间尺度系数，查找表中时间长度乘以此系数对应实际仿真时间长度；

offset：输出信号的偏移量；

startTime：插值初始时刻对应的仿真时间，此时刻前输出为偏移量；

timeEvents：选择插值操作是否产生时间事件（time event）；

verboseExtrapolation：选择仿真时间超出表范围时是否发出警告（warning）信息。

当通过文本形式存储查找表时，需要将查找表编写为如下的格式：

```
#1
double tab1(6,2)     # comment line
  0    0
  1    0
  1    1
  2    4
  3    9
  4   16
double tab2(6,2)     # another comment line
  0    0
  2    0
  2    2
  4    8
  6   18
  8   32
```

这里以文本形式存储了两个查找表，表的名称分别为 tab1 和 tab2。其中，文件的头两个字符必须为 "#1"，表示文件格式的版本号。表的数据类型可以为 float 或 double。在定义表名后，需要定义表的大小，这里定义为(6, 2)，即 6 行 2 列。表中元素的数值表示为 C 语言风格的形式，如 3.6、−1、+2.e3 等。由于事先定义了表的大小，因此表中的元素只需按顺序排列，并用分隔符（空格、制表符、半角逗号或分号）分开即可。"#" 表示一行注释的开始，其用法与 Syslab 编程中相同。

6）噪声信号

噪声信号模块包含不同种类噪声的输出模块，以及全局随机数种子模块（GlobalSeed）用于设定随机数种子。在飞行器控制系统仿真分析中常用均匀噪声（UniformNoise）和高斯噪声（NormalNoise）作为噪声干扰信号。这几个模块的组件参数及其含义如下：

① 全局随机数种子模块。

enableNoise：设置各噪声模块是否产生噪声；

useAutomaticSeed：设置根据系统时间自动生成种子或固定种子；

fixedSeed：固定种子的数值。

② 均匀噪声信号模块。

samplePeriod：噪声采样时间；

y_min：输出量最小值；

y_max：输出量最大值。

③ 高斯噪声信号模块。

samplePeriod：噪声采样时间；

mu：噪声平均值；

sigma：噪声标准差。

2. 连续系统模块库

连续系统模块库（Continuous）提供了连续控制系统中常见的环节，如积分、微分、传递函数、状态空间方程等，相关模块的图标和功能如表 4-3 所示。

表 4-3　连续系统模块库中相关模块的图标和功能

模块图标和名称	模块功能	模块图标和名称	模块功能
derivative	非理想微分器	stateSpace A B C D	状态空间方程
integrator	积分器	lowpassButterworth	低通 Butterworth 滤波器
limIntegrator	带限积分器	secondOrder	二阶环节

模块图标和名称	模块功能	模块图标和名称	模块功能
firstOrder PT1	一阶环节	filter 2	滤波器
PID1 PID	PID 控制器	criticalDamping 2 PTn	二阶临界阻尼环节
PID Modelica.Bl…	带限 PID 控制器	der der()	理想微分环节
transferFunction b(s) / a(s)	传递函数		

下面对连续系统模块库中较为常用的模块进行详细介绍。

1）微分器模块

Sysplorer 提供了非理想微分器（Derivative）和理想微分器（Der）两种微分器模块，其中理想微分器相当于控制系统的微分环节，非理想微分器则是理想微分器与一阶惯性环节的串联。

理想微分器模块不包含任何组件参数。非理想微分器的组件参数及其含义如下：

k：环节增益；

T：一阶惯性环节时间常数；

initType：选择初始化方式；

x_start：初始化方式为状态变量时的初始状态；

y_start：初始化方式为输出变量时的初始输出。

2）积分器模块

积分器模块对应控制系统的积分环节，组件参数及其含义如下：

k：环节增益；

use_reset：选择是否使用重置输出端口；

use_set：选择是否使用设定输出端口；

initType：选择初始化方式；

y_start：初始化方式为输出变量时的初始输出。

当勾选 use_reset 项时，积分器模块出现一个布尔输入端口 reset，当 reset 输入出现上升沿时，积分器输出就重置到初始值。如果同时勾选 use_set，积分器模块出现一个实数输入端口 set，当 reset 输入出现上升沿时，积分器输出设定为 set 端口此时的输入值。

3）PID 控制器模块

PID 控制器是控制系统中最常用的控制器之一。在 Sysplorer 的 PID 控制器模块中，控制

律形式表示为

$$PID(s) = k\left(1 + \frac{1}{T_i s} + \frac{N_d}{1 + \frac{N_d}{T_d s}}\right)$$

当组件参数 Nd 充分大时，控制律近似表示为

$$PID(s) \approx k\left(1 + \frac{1}{T_i s} + T_d s\right)$$

组件参数及其含义如下：

k：环节增益；

Ti：积分时间常数；

Td：微分时间常数；

Nd：非理想微分环节常数，若 Nd 越大，则微分环节越接近理想环节；

initType：选择初始化方式；

xi_start：积分初值；

xd_start：微分初值；

y_start：输出量初值。

4）传递函数和状态空间方程

Sysplorer 中的传递函数模块将传递函数表示为如下形式：

$$tf(s) = \frac{b(s)}{a(s)} = \frac{b_m s^m + \cdots + b_1 s + b_0}{a_n s^n + \cdots + a_1 s + a_0}$$

传递函数模块的组件参数及其含义如下：

b：传递函数分子，表示为{bm,⋯, b1, b0}的形式；

a：传递函数分母，表示为{an,⋯, a1, a0}的形式。

Sysplorer 中的状态空间方程模块则通过参数 A, B, C, D 来表示状态空间方程

$$\dot{x} = Ax + Bu$$
$$y = Cx + Du$$

中的相应矩阵。

状态空间方程模块中，组件参数 A, B, C, D 同样可通过编辑数组功能来定义。

传递函数模块和状态空间方程模块的初始化参数格式相同，参数及其含义如下：

initType：选择初始化方式；

x_start：初始化方式为状态变量时的初始状态；

y_start：初始化方式为输出变量时的初始输出。

3. 非线性系统模块库

非线性系统模块库（Nonlinear）中提供了常用的非线性环节，包括死区、饱和、延迟等特性，在控制系统仿真中可用于模拟作动器等部件的非线性特性，相关模块的图标和功能如表 4-4 所示。

表 4-4 非线性系统模块库中相关模块的图标和功能

模块图标和名称	模块功能	模块图标和名称	模块功能
deadZone	死区特性模块	limiter	饱和特性模块
variableLimiter	可变饱和特性模块	fixedDelay	延迟模块
variableDelay	可变延迟模块	slewRateLimiter	速率限制模块
padeDelay	Pade 近似延迟模块		

下面对非线性系统模块库中较为常用的模块进行详细介绍。

1）死区特性模块

死区特性模块限制输入量的大小，仅当输入量绝对值足够大时才有非零的输出。死区特性的输出 y 与输入 u 满足如下关系：

$$y = \begin{cases} u - \text{uMax}, & u > \text{uMax} \\ 0, & \text{uMin} \leqslant u \leqslant \text{uMax} \\ u + \text{uMin}, & u < \text{uMin} \end{cases}$$

组件参数及其含义如下：

uMax：死区上界；

uMin：死区下界。

2）饱和特性模块

饱和特性模块限制输出量的大小，当输入量增加到一定值时输出量不再增加，而是保持在饱和值。饱和特性的输出 y 与输入 u 满足如下关系：

$$y = \begin{cases} \text{uMax}, & u > \text{uMax} \\ u, & \text{uMin} \leqslant u \leqslant \text{uMax} \\ \text{uMin}, & u < \text{uMin} \end{cases}$$

组件参数及其含义如下：

uMax：输入量上界；

uMin：输入量下界；

homotopyType：基于同伦法确定初值时采用的简化模型。

3）延迟模块

延迟模块将输入量经过一段固定的延迟时间后输出。延迟的输出 y 与输入 u 满足如下关系：

$$y(\text{time}) = \begin{cases} 0, & \text{time} < \text{DelayTime} \\ u(\text{time} - \text{DelayTime}), & \text{time} \geq \text{DelayTime} \end{cases}$$

其中，time 为仿真时间。

组件参数及其含义如下。

delayTime：延迟时间。

4. 离散系统模块库

离散系统模块库（Discrete）中包含了离散控制系统中的动态系统环节，以及采样和保持器环节，相关模块的图标和功能如表 4-5 所示。

表 4-5　离散系统模块库中相关模块的图标和功能

模块图标和名称	模块功能	模块图标和名称	模块功能
zeroOrderHold	零阶保持器	transferFunction $\dfrac{b(z)}{a(z)}$	离散传递函数
firstOrderHold	一阶保持器	stateSpace $\begin{matrix} A & B \\ {}_z & \\ C & D \end{matrix}$	离散状态空间方程
sampler	采样环节	triggeredSampler	触发采样器，在触发信号上升沿采样
unitDelay $\dfrac{1}{z}$	单位延迟环节	triggeredMax max	触发最大值采样器，输出绝对值最大的采样值

下面对离散系统模块库中较为常用的模块进行详细介绍。

1）采样环节和零阶保持器

采样环节在每个采样时刻输出此时的输入量大小，零阶保持器则可将输入信号保持一个采样周期。两者的组件参数基本相同，参数及其含义如下：

samplePeriod：采样周期；

startTime：采样开始时间。

零阶保持器另有一个组件参数 ySample.start，含义为输出量初始值。

2）单位延迟环节

单位延迟环节将输入信号延迟一个采样周期输出，组件参数及其含义如下：

samplePeriod：采样周期；

startTime：采样开始时间；

y_start：输出量初值。

3）离散传递函数和离散状态空间方程

离散传递函数模块将离散传递函数表示为如下形式：

$$\text{tf}(z) = \frac{b(z)}{a(z)} = \frac{b_m z^m + \cdots + b_1 z + b_0}{a_n z^n + \cdots + a_1 z + a_0}$$

组件参数及其含义如下：

samplePeriod：采样周期；

startTime：采样开始时间；

b：传递函数分子，表示为{bm,…, b1, b0}的形式；

a：传递函数分母，表示为{an,…, a1, a0}的形式；

x.start：状态变量初值。

离散状态方程模块则将状态空间方程表示为如下形式：

$$x(k+1) = Ax(k) + Bu(k)$$
$$y(k) = Cx(k) + Du(k)$$

组件参数及其含义如下：

samplePeriod：采样周期；

startTime：采样开始时间；

A, B, C, D：状态空间方程中的各矩阵。

5. 逻辑运算模块库

逻辑运算模块库（Logical）提供了逻辑运算和逻辑开关等模块，在控制系统仿真设计中常用于搭建随飞行器状态变化的分段控制律等。相关模块的图标和功能如表 4-6 所示。

表 4-6　逻辑运算模块库中相关模块的图标和功能

模块图标和名称	模块功能	模块图标和名称	模块功能
and 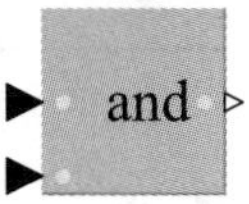	逻辑运算模块	edge 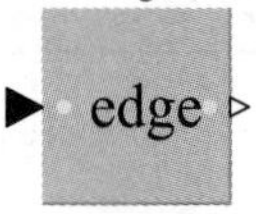	上升沿检测
pre 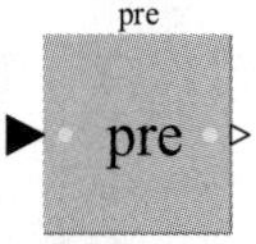	极小时间延迟模块，用于避免代数环	fallingEdge 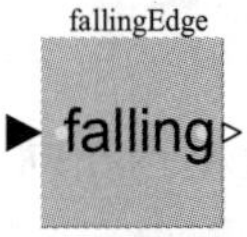	下降沿检测
logicalSwitch 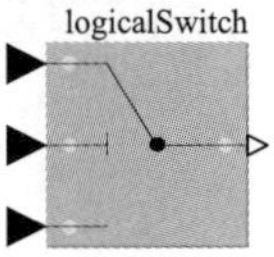	逻辑开关，根据选择信号输出对应的输入信号	zeroCrossing 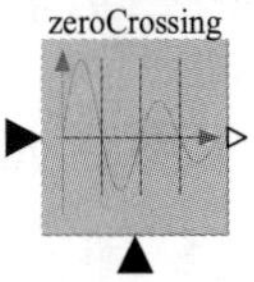	过零检测
hysteresis 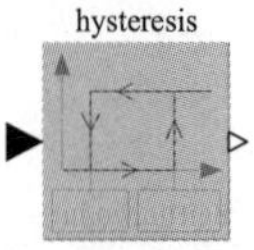	滞环特性环节	switch 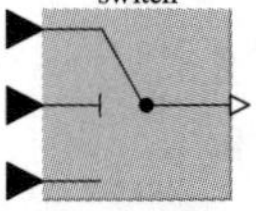	开关,输出选择的输入信号
onOffController 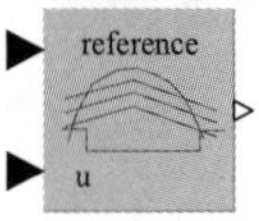	开关控制器	greater 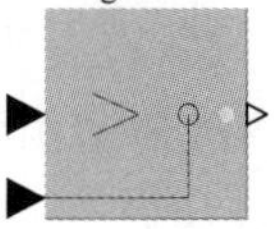	比较运算

模块图标和名称	模块功能	模块图标和名称	模块功能
triggeredTrapezoid	梯形信号触发器	greaterEqualThreshold	阈值模块
rSFlipFlop S Q R Q!	RS 触发器	timer	定时器
terminateSimulation false	终止仿真模块		

下面对逻辑运算模块库中较为常用的模块进行详细介绍。

1）逻辑运算模块

逻辑运算模块对布尔型输入量进行逻辑运算，并输出结果。Sysplorer 提供的逻辑运算模块除了表 4-6 所展示的与模块（And），还包含了或（Or）、非（Not）、与非（Nand）、或非（Nor）、异或（Xor）几种逻辑运算模块。

2）滞环特性环节

滞环特性环节根据当前的输入和输出值确定下一时刻的输出值，输出量 y 与输入量 u 的关系服从如下规律：

$$y_{next} = \begin{cases} true, & y = true \ \wedge \ u \leqslant uLow \\ false, & y = false \ \wedge \ u \geqslant uHigh \\ y, & otherwise \end{cases}$$

其中，y_{next} 表示下一时刻的输出量。滞环特性环节的组件参数及其含义如下：

uLow：输入量下阈值；

uHigh：输入量上阈值；

pre_y_start：输出量 y 的初值。

3）比较运算和阈值模块

比较运算和阈值模块将输入值与参考值相比较，并以布尔变量形式输出比较结果。比较运算模块将输入值 u1 与另一输入值 u2 相比较，而阈值模块将输入值与模块的阈值参数相比较。

比较运算模块包括大于（Greater）、大于或等于（GreaterEqual）、小于（Less）、小于或等于（LessEqual）。阈值模块的比较操作与比较运算模块相同，对应模块名称是比较运算模块的名称后加"Threshold"，如大于阈值模块为 GreaterThreshold。

比较运算模块没有组件参数。

阈值模块组件参数及其含义如下。

threshold：阈值。

4）终止仿真模块

终止仿真模块在终止条件满足时停止仿真。有时，当仿真系统状态满足某些条件时，仿真结果将不再具有物理意义。例如，在导引弹道仿真中，在导弹命中目标后仿真仍会继续计算导引弹道，但这一段弹道实际上是没有意义的。如果不想计算仿真中这段多余的部分，就可以使用终止仿真模块来实现。

终止仿真模块的组件参数及其含义如下：

condition：终止仿真条件；

terminationText：仿真被终止时在输出窗口显示的信息。

condition 参数是一段由仿真状态变量组成的条件语句字符串。其中，仿真状态变量需要是终止仿真模块所处的模型中的变量。

下面通过一个例子对终止仿真模块的用法做简单介绍。考虑一个简单的积分器模型，其中有一个增益为 1 的积分器和值为 1 的常值输出，如图 4.22 所示。将终止仿真模块的参数 condition 设置为 integrator1.y > 2.0，即积分器输出值大于 2.0 时终止仿真。按照预期，积分器输出值将在 2 s 时达到 2.0，仿真终止。

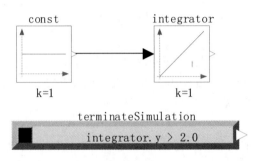

图 4.22　使用终止仿真模块进行条件终止

设置仿真时间为 4s，开始仿真。在仿真浏览器中查看积分器输出，可以发现仿真在 2.0s 时终止，此时积分器输出为 2.0，如图 4.23 所示。这说明终止仿真模块的行为与预期相同。

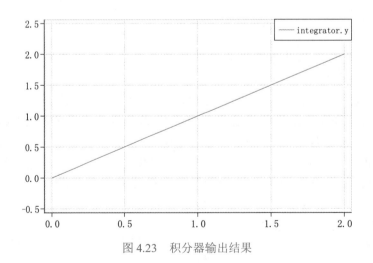

图 4.23　积分器输出结果

6. 数学运算模块库

数学运算模块库提供了常用的算术运算以及常用函数模块。相关模块的图标和功能如表 4-7 所示。

表 4-7　数学运算模块库中相关模块的图标和功能

模块图标和名称	模块功能	模块图标和名称	模块功能
gain　k=k	增益	product	算术运算模块
matrixGain　*K	矩阵增益,增益矩阵左乘输入信号向量	sin	函数运算模块
multiSum　+　fill(1, nu)	加权求和	wrapAngle	输入角度转换模块
multiProduct　*	多项乘积	booleanToInteger　B	数据类型转换模块
multiSwitch　fill(0.0, nu)　else: 0.0	表达式选择模块。输入选择变量 u, 如果 u[i]为真, 则输出 expr[i]	feedback　-	反馈
rectangularToPolar　re abs　im arg	直角坐标转换为极坐标	polarToRectangular　abs re　arg im	极坐标转换为直角坐标
mean　mean　f=f	输出给定周期内输入的均值	variance	经验方差, 计算 Mean($u-$ Mean$(u))^2$ 的值
standardDeviation	标准差模块, 输出 Variance 模块输出值的平方根	harmonic　rms　Hk　f=f　arg	谐波模块
thd　1　f=f	总谐波失真模块	realFFT	实数 FFT 模块
max　max()	最大值模块	min　min()	最小值模块
minMax　yMax　yMin	最大和最小值模块	pythagoras	计算直角三角形的斜边或直角边长
linearDependency　0　0　0	线性叠加模块,输出两个输入的线性组合	edge　edge()	上升沿检测
booleanChange　change()	布尔型变量值变化检测	integerChange　change()	整型变量值变化检测

下面对数学运算模块库中较为常用的模块进行详细介绍。

1）增益和反馈

增益和反馈模块分别用于表示控制系统中的常值增益和反馈输入，是制导控制系统仿真中最常用的模块之一。

反馈模块的输出为两个输入之差：y=u1–u2。反馈模块没有组件参数。

增益模块将输入信号乘以一个指定的增益后再输出。Sysplorer 中提供了两种增益模块：增益（Gain）和矩阵增益（MatrixGain）。其中，增益模块将输入信号乘以一个常值标量：y=k*u，组件参数及其含义如下：

k：增益值。

矩阵增益模块将输入向量左乘一个常值矩阵：y=K*u，组件参数及其含义如下：

K：增益矩阵。

2）算术运算模块

算术运算模块提供了两个或多个信号的加、减、乘、除算术运算。其中，加、减法运算模块包括加法模块（Add）、三输入加法模块（Add3）、求和模块（Sum）和多变量求和模块（MultiSum）几种模块。

其中，加法模块将两个输入按照增益相加：y=k1*u1+k2*u2。组件参数及其含义如下：

k1：输入信号 1 的增益；

k2：输入信号 2 的增益。

三输入加法模块与加法模块用法相同，只是增加了一个输入量。

求和模块将多个输入变量按照增益相加：y=k1*u1+k2*u2⋯+kn*un。组件参数及其含义如下：

nin：输入变量数目；

k：增益向量{k1, k2,⋯, kn}。

多变量求和模块与求和模块用法相同，区别是求和模块中的组件参数 nin 在多变量求和模块中为 nu。

3）函数运算模块

函数运算模块包含飞行器控制系统中常用的函数，如绝对值函数（Abs）、符号函数（Sign）、平方根函数（Sqrt）、正弦函数（Sin）、余弦函数（Cos）、正切函数（Tan）、反正弦函数（Asin）、反余弦函数（Acos）、反正切函数（Atan）、四象限反正切函数（Atan2）、双曲正弦函数（Sinh）、双曲余弦函数（Cosh）、双曲正切函数（Tan）、以 e 为底的指数函数（Exp）、指数函数（Power）、自然对数函数（Log）、常用对数函数（Log10）等。

大部分函数运算模块没有组件参数，输入与输出的关系为 y=fun(u)，其中 fun()为模块对应的函数。这里对其他的函数运算模块进行进一步介绍。

指数模块计算以组件参数 base 为底的指数：$y=base^u$。组件参数及其含义如下：

base：指数的底；

useExp：选择是否使用基于 Exp 函数的实现。

四象限反正切模块计算输入 u2 和 u1 的商的反正切。根据输入 u1 和 u2 的符号，模块输出–180°到180°之间的角度，如图 4.24 所示。

特别地，当 u1=u2=0 时，模块输出为 0。

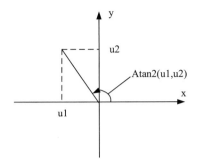

图 4.24　四象限反正切定义

4.4　基于Sysplorer的飞行器非线性仿真模型建立

4.4.1　飞行器仿真模型的搭建步骤

六自由度飞行仿真提供了一种快速的方法用于虚拟样机。在飞行器的初步设计阶段，六自由度飞行仿真可用于研究气动特性、发动机特性、飞行控制律和制导律对飞行动力学的影响，同时可为作动器带宽、气动不确定性灵敏度分析、飞行性能等进一步分析与设计提供研究资料。

飞行器仿真的核心内容包括：

（1）六自由度飞行动力学和运动学方程；

（2）气动系数及其数据库；

（3）飞行环境；

（4）飞行器质量特性；

（5）发动机动力学特性；

（6）飞行控制律；

（7）传感器特性；

（8）作动器特性。

飞行器仿真模型基本结构如图 4.25 所示。

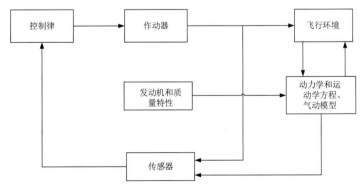

图 4.25　飞行器仿真模型基本结构

本节将以某型导弹为例，建立飞行仿真中六自由度飞行动力学和运动学方程、飞行器气动系数、飞行环境以及发动机特性仿真模块，进行飞行器无控弹道仿真，以研究其弹道特性。

本节所使用的六自由度飞行动力学和运动学方程建立在弹道坐标系下，其数学模型已由式 4.3～式 4.8 给出。下面对其余几个模块的作用与搭建步骤进行介绍。

1. 飞行器气动系数

当飞行器在空气中飞行时，空气流过飞行器表面导致压强分布不对称，进而产生气动力，空气与飞行器表面的黏性摩擦引入了摩擦阻力，这两部分力合在一起形成了作用在飞行器上的空气动力。由于空气动力的作用线通常不通过飞行器的质心，因此就产生了空气动力矩。

在飞行力学中，通常将作用在飞行器上的空气动力 R 沿速度坐标系的各个轴分解为 3 个分量：阻力 D、升力 L 和侧向力 Z。升力 L 和侧向力 Z 分别以沿着速度坐标系 $Ox_3y_3z_3$ 的 Oy_3 和 Oz_3 轴方向为正方向，而阻力 D 则沿着 Ox_3 轴的反向为正方向，这是因为阻力方向总是与飞行器速度方向相反。

空气动力的大小与来流的动压 Q 和飞行器的特征面积 S_{ref} 成正比，即

$$\begin{cases} L = C_L Q S_{ref} \\ D = C_D Q S_{ref} \\ Z = C_Z Q S_{ref} \end{cases} \tag{4.9}$$

其中，C_L, C_D, C_Z 为无量纲系数，分别称为升力系数、阻力系数和侧向力系数，它们组成了飞行器的气动力系数；S_{ref} 为飞行器的特征面积，又称参考面积。

来流动压 Q 定义为

$$Q = \frac{1}{2}\rho V^2 \tag{4.10}$$

其中，ρ 为大气密度，V 为飞行器的飞行速率。

对于指定的飞行器，其气动布局和外形尺寸都已给定，此时飞行器的升力系数主要取决于飞行马赫数 Ma、攻角 α 和升降舵的舵偏角 δ_z，即

$$C_L = f(Ma, \ \alpha, \ \delta_z) \tag{4.11}$$

侧向力与升力类似，在飞行器气动布局和外形尺寸都已给定的情况下，侧向力系数的值主要取决于飞行马赫数 Ma、侧滑角 β 和方向舵偏角 δ_y，即

$$C_Z = f(Ma, \ \beta, \ \delta_y) \tag{4.12}$$

对于气动轴对称的导弹，其侧向和纵向的气动布局完全相同，侧向力的大小与升力也相同。但由于坐标系定义的原因，正的侧滑角产生的侧向力是负值，于是对于气动轴对称的导弹，在马赫数相同时有如下的性质：

$$C_L = -C_Z, \quad 当 \alpha = \beta 且 \delta_z = \delta_y$$

这一性质使得轴对称导弹的气动力计算中，可用同一种方法计算升力和侧向力，减少了一部分建模的工作。

在导弹气动布局和外形尺寸给定的条件下，阻力系数主要取决于马赫数 Ma、攻角 α 和侧滑角 β，即

$$C_D = f(\text{Ma}, \ \alpha, \ \beta) \tag{4.13}$$

对于气动轴对称导弹，可以定义总攻角

$$A = \sqrt{\alpha^2 + \beta^2} \tag{4.14}$$

由对称性可知，对气动轴对称导弹，只需知道飞行器的总攻角就可以确定阻力系数 C_D，即

$$C_D = f(\text{Ma}, \ \alpha, \ \beta) = f(\text{Ma}, \ A) \tag{4.15}$$

为了便于分析飞行器的旋转运动，一般把气动力矩沿弹体坐标系 $Ox_1y_1z_1$ 进行分解，分别称为滚转力矩 M_x、偏航力矩 M_y 和俯仰力矩 M_z，沿相应的 Ox_1、Ox_2 和 Ox_3 轴方向为正方向。气动力矩的大小除了动压 Q 与飞行器的特征面积 S_{ref} 有关，还与飞行器特征长度 L_{ref} 有关，即

$$\begin{cases} M_x = m_x Q S_{\text{ref}} L_{\text{ref}} \\ M_y = m_y Q S_{\text{ref}} L_{\text{ref}} \\ M_z = m_z Q S_{\text{ref}} L_{\text{ref}} \end{cases} \tag{4.16}$$

其中，m_x, m_y, m_z 为无量纲系数，分别称为滚转力矩系数、偏航力矩系数和俯仰力矩系数；L_{ref} 为飞行器特征长度。

在计算飞行器的气动力矩时，有一点必须注意，那就是必须明确气动力的作用点。空气动力的作用线与导弹纵轴的交点称为全弹的压力中心（简称"压心"）。在攻角不大的情况下，常把全弹升力作用线与纵轴的交点作为全弹的压力中心。压心的位置常用压心距导弹头部的距离 x_p 来表示。当压心位置与重心位置发生相对变化时，空气动力自身的大小不受影响，但其所产生的空气动力矩就会发生变化。

飞行器的俯仰力矩系数主要与飞行马赫数 Ma、攻角 α、升降舵偏角 δ_z，以及飞行器绕机体 Oz_1 轴的旋转角速度 ω_z 有关，即

$$m_z = f(Ma, \ \alpha, \ \omega_z, \ \delta_z) \tag{4.17}$$

当 α、δ_z 和 ω_z 不太大时，可以将俯仰力矩系数分为 3 个部分：

$$m_z = m_z^{\alpha} \alpha + m_z^{\bar{\omega}_z} \cdot \bar{\omega}_z + m_z^{\delta_z} \cdot \delta_z \tag{4.18}$$

其中，$m_z^{\alpha} \alpha, m_z^{\bar{\omega}_z}, m_z^{\delta_z}$ 是关于攻角 α 和马赫数 Ma 的函数

$$\begin{cases} m_z^{\alpha} \alpha = f_1(\text{Ma}, \ \alpha) \\ m_z^{\bar{\omega}_z} = f_2(\text{Ma}, \ \alpha) \\ m_z^{\delta_z} = f_3(\text{Ma}, \ \alpha) \end{cases} \tag{4.19}$$

这 3 个部分分别称为纵向静稳定力矩系数、俯仰阻尼力矩系数和俯仰操纵力矩系数；$\bar{\omega}_z$ 是无量纲角速度 $\bar{\omega}_z = \omega_z L_{\text{ref}} / V$。

对轴对称导弹来说，偏航力矩特性与俯仰力矩类似，偏航力矩系数的表达式也可表示为如式 4.20 所示的形式：

$$m_y = m_y^\beta \beta + m_y^{\bar{\omega}_y} \cdot \bar{\omega}_y + m_y^{\delta_y} \cdot \delta_y \qquad (4.20)$$

其中，$m_y^\beta \beta$，$m_y^{\bar{\omega}_y}$，$m_y^{\delta_y}$ 是关于侧滑角 β 和马赫数 Ma 的函数；$\bar{\omega}_y$ 是无量纲角速度 $\bar{\omega}_y = \omega_y L_{\text{ref}} / V$。

当飞行器绕着 Ox_1 轴旋转时，飞行器与来流之间产生附加速度，使得机翼两侧升力不同，从而形成滚转阻尼力矩。同时，飞行器利用副翼或升降舵和方向舵的差动产生滚转控制力矩，这两部分力矩构成了飞行器的滚转力矩，即

$$m_x = m_x^{\bar{\omega}_x} \cdot \bar{\omega}_x + m_x^{\delta_x} \cdot \delta_x \qquad (4.21)$$

其中，$m_x^{\bar{\omega}_x}$ 为滚转阻尼力矩系数，$m_x^{\delta_x}$ 为滚转控制力矩系数，$\bar{\omega}_x = L_{\text{ref}} / V$ 为无量纲角速度，δ_x 为副翼或差动舵偏角。

飞行器气动系数难以通过理论推导得出，因此在飞行仿真中，常用的方法是通过计算流体力学方法或风洞实验事先得到不同飞行状态下的气动系数，建立气动系数数据库。当仿真中需要计算气动力或力矩时，就根据当前仿真中的飞行状态，通过对气动系数数据库进行插值来近似地求得飞行器所受的气动力或力矩。

2. 飞行环境

飞行环境因素以力或力矩的形式作用在飞行器上，对飞行器的飞行状态产生影响。飞行环境对飞行器的影响主要包括大气压强、密度、声速、重力加速度随飞行高度的变化，以及阵风的影响等。

大气压强主要影响飞行器发动机的推力特性，从而影响发动机的推力大小。大气密度则通过影响动压大小影响气动力和力矩大小。根据动压的计算公式 4.10，可知在相同速度大小下，大气密度越小，动压就越小，相应的气动力和力矩也越小，反之大气密度越大，则气动力和力矩越大。

声速大小则通过影响飞行器的马赫数而影响气动系数大小。在相同飞行速度下，马赫数大小与当地声速大小成反比，使得气动系数的大小发生相应的变化，从而影响气动力和力矩大小。

重力加速度大小影响飞行器的重力大小。对于大气层内的飞行器，高度变化对重力加速度大小的影响极小，因此在航空飞行器和近程导弹的飞行仿真中一般不考虑重力加速度的变化。

阵风主要影响飞行器的来流方向，使飞行器产生附加攻角和侧滑角，进而产生附加气动力和气动力矩。

本节将对大气密度、声速随飞行高度的变化进行建模。

3. 发动机特性

飞行器通过发动机消耗燃料获得推力。对导弹而言，通常使用的是固体火箭发动机或喷气式发动机，不同类型的发动机具有各自不同的推力特性。同时，飞行器的质量随着燃料的消耗而不断降低，飞行器的重心一般也会发生变化。

固体火箭发动机的推力和燃料消耗特性可在地面试验台上测得。固体火箭发动机推力的大小主要取决于发动机自身的性能参数，也与飞行器所处的大气压强有一定关系，而与飞行

速度无关。当飞行器的飞行高度范围不大时，可近似认为固体火箭发动机的推力和燃料消耗特性只是时间的函数：

$$\begin{cases} P = P(t) \\ m_s = m_s(t) \end{cases} \tag{4.22}$$

其中，P 为发动机推力大小，m_s 为发动机质量流量。

则飞行器质量变化规律为

$$\dot{m} = -m_s(t) \tag{4.23}$$

其中，m 为飞行器质量。

喷气发动机由于需要吸入空气，使其参与燃烧过程，其推力特性与飞行器的飞行状态有密切的联系，推力的影响因素较为复杂，除飞行器所处的大气压强外，还包括飞行速度、攻角和侧滑角等飞行状态参数。

导弹发动机一般安装在弹体的轴线方向上，其推力沿着弹体纵轴 Ox_1 通过导弹的质心，这时只需考虑沿 Ox_1 轴推力的大小即可。也有许多飞行器推力的方向与弹体轴有一定夹角，或推力的方向不通过飞行器的质心，此时需要考虑推力在各个机体轴上的分量，以及推力产生的力矩。

4.4.2 飞行器非线性动力学仿真模型

根据 4.4.1 节中列出的飞行器仿真模型基本结构，本节将以某型轴对称布局导弹为例，在 MWORKS 环境中搭建飞行器非线性动力学仿真模型。为了使仿真模型组成清晰，将仿真模型分成不同的子模块库分别管理。本节所搭建的模块均基于 Modelica 3.2.3 模型库。

模块库的组成如表 4-8 所示。

表 4-8 飞行器仿真模块库组成

模块库	功能	模块库	功能
Aerodynamics	气动力和力矩计算	Body_Parameters	飞行器时变参数
Equations_of_Motion	飞行器运动方程	Vehicle_Constant_Parameters	飞行器常值参数
Environment	飞行环境	Demos	飞行仿真模型

接下来，逐个搭建各个模块库。

1. 飞行器运动方程

首先搭建飞行器的运动方程模块。在 Equations_of_Motion 模块库中新建一个 block 类型模型，命名为 "DoF6_VariableMassInertia"，即可变质量和转动惯量的六自由度运动方程组。模块的输入和输出接口设置如图 4.26 所示。

其中，各个接口变量的含义如下。

1）输入变量

g：重力加速度；

P：推力；

R：气动力 $[D\ L\ Z]$；

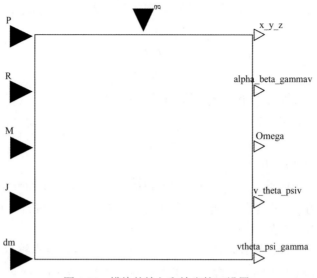

图 4.26　模块的输入和输出接口设置

M：飞行器所受力矩$[M_x\ M_y\ M_z]$；

J：飞行器对机体轴（惯量主轴）的转动惯量$[J_x\ J_y\ J_z]$；

dm：发动机质量流量。

2）输出变量

x_y_z：飞行器在地面坐标系下的质心位置$[x\ y\ z]$；

alpha_beta_gammav：飞行器的攻角、侧滑角和速度滚转角$[\alpha\ \beta\ \gamma_v]$；

Omega：飞行器绕机体轴的转动角速度$[\omega_x\ \omega_y\ \omega_z]$；

v_theta_psiv：飞行器的速度、弹道倾角和弹道偏角$[v\ \theta\ \psi_v]$；

vtheta_psi_gamma：飞行器的俯仰、偏航和滚转角$[\vartheta\ \psi\ \gamma]$。

这里，气动力 R 等一部分接口变量被声明为数组而非标量。在 Modelica 语言中，数组的声明方式与 C 语言类似，如 R[3]就声明了一个包含 3 个元素的数组。但与 C 语言不同的是，Modelica 的数组索引从 1 开始，因此 R[1]、R[2]和 R[3]就分别对应阻力 D、升力 L 和侧向力 Z。

在 Sysplorer 软件中，被赋予初值的变量之间必须是相互独立的，否则会因初值之间互相冲突而无法通过翻译。由理论力学知识可知，刚体的六自由度运动方程包含 12 个独立变量，这里选择飞行器的位置、速度大小、弹道倾角、弹道偏角、姿态角和转动角速度变量确定运动方程的初值。此外，还需要建立飞行器质量变化方程，需要再声明飞行器质量变量，并赋初值。模型中需要声明的参数和变量如下：

```
parameter Real initial_position[3] = {0, 0, 0} "质心在大地坐标系下的初始位置";
parameter Real initial_velocity[3] = {20, 0.5, 0} "初始速度大小、弹道倾角和弹道偏角";
parameter Real initial_attitude[3] = {0.5, 0, 0} "初始姿态角";
parameter Real initial_angularRate[3] = {0, 0, 0} "初始转动角速度";
parameter Real m0 = 50 "初始质量";
Real m "飞行器质量";
```

接着，通过声明的模型参数给飞行器运动方程和质量变化方程赋初值：

```
initial equation
    x_y_z = initial_position;
    v_theta_psiv = initial_velocity;
    vtheta_psi_gamma = initial_attitude;
    Omega = initial_angularRate;
    m = m0;
```

根据式 4.3～式 4.7 所示的飞行器运动方程和式 4.23 所示质量变化方程，编写模型方程。

2. 气动力和力矩计算

气动力和力矩的计算可按层级分为气动系数计算、气动力和力矩分量计算以及气动力合力、合力矩计算 3 个部分。相应地，在 Aerodynamics 模块库中分别建立名称为 Coefficients 和 Components 的子模块库，用于保存气动系数计算和气动力、力矩分量计算模块。Coefficients 子模块库包含升力系数、阻力系数、侧向力系数，以及绕机体轴 y 轴、z 轴的静稳定力矩和阻尼力矩系数计算模块。Components 子模块库则包含升力、阻力、侧向力，以及静稳定力矩和阻尼力矩计算模块。所使用的气动数据见参考文献[11]。

由于所建立的是无控弹道仿真模型，气动力和力矩计算均不涉及舵面的偏转。同时，由于轴对称导弹通常使用侧滑转弯方式进行机动，滚转运动不参与导弹的机动，因此气动力矩计算中省略了滚转气动力矩。

根据式 4.11 所示升力系数与飞行状态参数的关系，搭建升力系数计算模块，如图 4.27 所示。

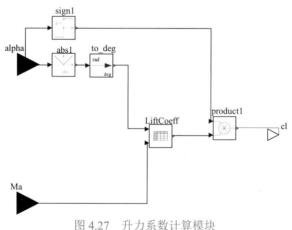

图 4.27 升力系数计算模块

其中，输入和输出接口含义如下。

alpha：攻角；

Ma：马赫数；

cl：升力系数。

由图 4.27 可见，升力系数计算模块通过建立升力系数插值表 LiftCoeff（对应模块名称为 CombiTable2D）对输入的攻角和马赫数进行插值得到升力系数。在插值表的组件参数 table 中，单击参数栏，再单击 ⊞ 打开数组编辑器，编辑查找表数据，如图 4.28 所示。

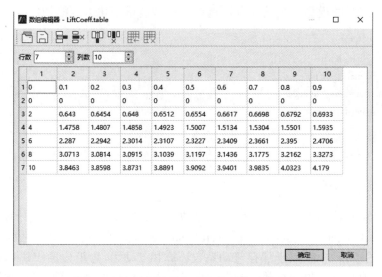

图 4.28　在数组编辑器中编辑升力系数查找表

在如图 4.28 所示的升力系数查找表中，第 1 列为攻角（单位为角度），第 1 行为马赫数。可见查找表中只有攻角为 0 和正攻角时的数据，负攻角时的升力特性则可由导弹的气动对称性得出，即攻角为负值时，升力系数为相应正攻角时的相反数。因此，升力系数计算模块实际采用式 4.24 计算飞行器升力系数

$$C_L(\alpha, \mathrm{Ma}) = C_L(|\alpha|, \mathrm{Ma}) \cdot \mathrm{sgn}(\alpha) \tag{4.24}$$

此外，由于查找表中攻角单位为角度制，因此模型中使用 To_deg 模块将攻角从默认的弧度制转换为角度制。

侧向力系数计算模块如图 4.29 所示。侧向力系数的计算与升力系数计算基本一致，只是攻角输入变为了侧滑角。

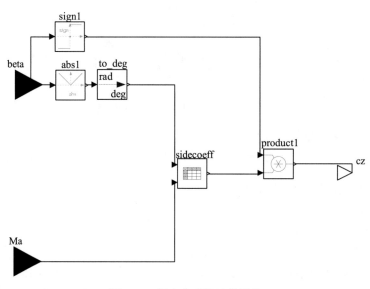

图 4.29　侧向力系数计算模块

阻力系数计算模块如图 4.30 所示。此模块中，pythagoras 模块的输出为 $y = \sqrt{u_1^2 + u_2^2}$，其中 y 为输出，u_1 和 u_2 为输入，相当于利用直角三角形两直角边长计算斜边长，此处用于计算式 4.14 中总攻角的大小。通过总攻角和马赫数插值得到飞行器阻力系数。注意输入变量 alpha_beta 是包含 2 个元素的数组。

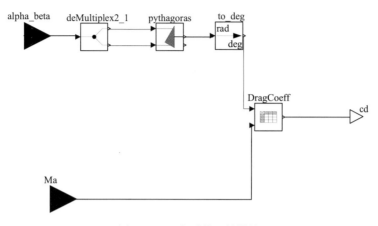

图 4.30　阻力系数计算模块

俯仰静稳定力矩系数计算模块如图 4.31 所示。模块功能包含两个部分：一部分是根据飞行状态插值得到初始质心位置下的静稳定力矩系数，另一部分则是根据质心位置变化对静稳定力矩系数进行修正。

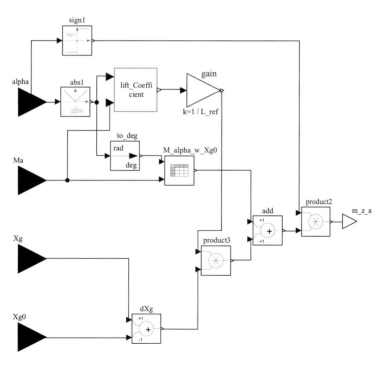

图 4.31　俯仰静稳定力矩系数计算模块

随着导弹发动机燃料的消耗，导弹质心将会逐渐前移。记飞行器初始质心位置为 X_{g0}，当前时间的质心位置为 X_g。由于俯仰静稳定力矩系数插值表对应的升力作用点在初始质心上，当导弹质心向前移动时，升力将会在机体轴 Oz_1 上产生附加力矩

$$\tilde{M}_z = (X_g - X_{g0})L \tag{4.25}$$

其中，$\tilde{M}_z$ 为升力产生的附加力矩。

根据气动力和气动力矩的计算式，有

$$\tilde{m}_z QS_{\text{ref}} L_{\text{ref}} = (X_g - X_{g0})C_L QS_{\text{ref}} \tag{4.26}$$

将式 4.26 两端同时除以 QS_{ref}，整理得到附加力矩系数

$$\tilde{m}_z = (X_g - X_{g0})C_L / L_{\text{ref}} \tag{4.27}$$

则修正后的俯仰静稳定力矩系数为

$$m_{z1}^\alpha \alpha = m_{z0}^\alpha \alpha + (X_g - X_{g0})C_L / L_{ref} \tag{4.28}$$

其中，$m_{z0}^\alpha \alpha, m_{z1}^\alpha \alpha$ 分别为修正前、后的俯仰静稳定力矩系数。

偏航静稳定力矩系数计算模块与俯仰静稳定力矩系数计算模块结构相似，俯仰计算模块中的攻角替换为侧滑角，升力系数模块替换为侧向力系数模块，如图 4.32 所示。

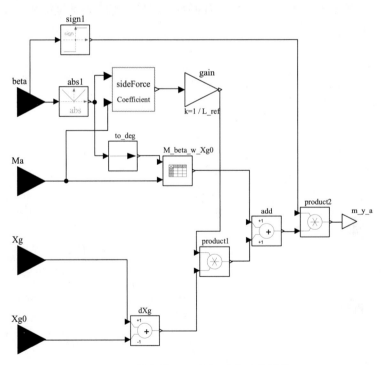

图 4.32　偏航静稳定力矩系数计算模块

需要注意的是，偏航静稳定力矩系数计算中，插值得到的力矩系数需要与修正力矩系数相减，而不是相加。

俯仰阻尼力矩系数计算模块如图 4.33 所示。导弹重心随时间逐渐向前移动，阻尼力矩系数也会随之变化。在已知导弹重心处于初始位置和最终位置时的力矩系数的情况下，通过线性插值得到导弹重心处于不同位置时的俯仰阻尼力矩系数，即

$$m_z^{\bar{\omega}_z} = \frac{m_{z,X_{gf}}^{\bar{\omega}_z} - m_{z,X_{g0}}^{\bar{\omega}_z}}{X_{gf} - X_{g0}}(X_g - X_{g0}) + m_{z,X_{g0}}^{\bar{\omega}_z} \tag{4.29}$$

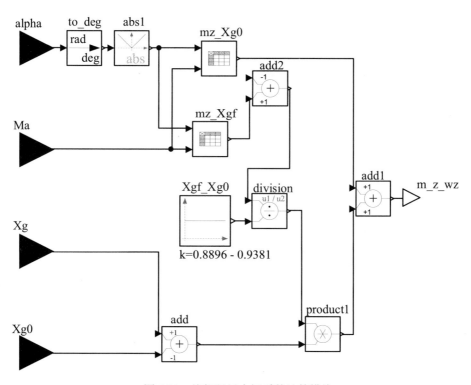

图 4.33　俯仰阻尼力矩系数计算模块

其中，$m_z^{\bar{\omega}_z}$ 为当前导弹重心位置对应的俯仰阻尼力矩系数，X_g 为当前导弹重心位置；$m_{z,X_{g0}}^{\bar{\omega}_z}$ 和 $m_{z,X_{gf}}^{\bar{\omega}_z}$ 分别为导弹重心处于初始和最终位置时的俯仰阻尼力矩系数，X_{g0} 和 X_{gf} 分别为导弹初始和最终重心位置。

对于气动轴对称导弹而言，正攻角和负攻角对应的俯仰阻尼力矩系数相同，因此可直接对攻角输入取绝对值。

偏航阻尼力矩系数计算模块如图 4.34 所示。与俯仰阻尼力矩系数计算模块相比，此模块输入由攻角变成了侧滑角，其余部分都是相同的。由于导弹的气动对称性，插值表中的数据也是相同的。这样就完成了气动系数计算模块的搭建。

在得到气动系数后，可分别根据式 4.9 和式 4.16 搭建模型，计算气动力和气动力矩的分量。

升力计算模块如图 4.35 所示。

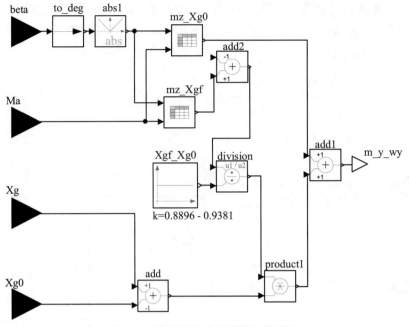

图 4.34　偏航阻尼力矩系数计算模块

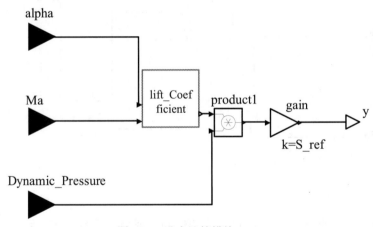

图 4.35　升力计算模块

在图 4.35 中，增益模块 gain 的组件参数 k 设置为变量 S_ref。这一变量指飞行器的特征面积，保存在飞行器常值参数模块库 Vehicle_Constant_Parameters 中。它可以通过 import 语句导入当前模型：

```
import S_ref = Flight_Simulation.Vehicle_Constant_Parameters.S_ref;
```

也可以将它赋值给模型内部的变量：

```
constant Real S_ref = Flight_Simulation.Vehicle_Constant_Parameters.S_ref;
```

此时就可以在模型内使用变量 S_ref 了。

阻力和侧向力计算模块如图 4.36 和图 4.37 所示。这两个模块与升力计算模块结构基本相同，这里不过多介绍。

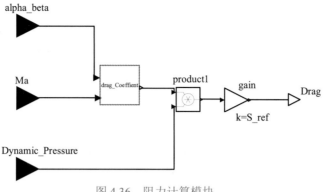

图 4.36　阻力计算模块

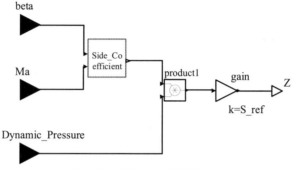

图 4.37　侧向力计算模块

静稳定力矩计算模块如图 4.38 所示。其中，模块输出 M_Stab 为包含 3 个元素的数组。乘法模块 M_z 和 M_y 的其中一个输入分别与绕 z 轴和绕 y 轴的静稳定力矩系数计算模块输出相连接，另一个输入与乘法模块 QSL（其输出为动压与参考面积、参考长度的乘积）相连接。由于此仿真模型不考虑滚转轴上的力矩，因此滚转静稳定力矩设定为常值 0。

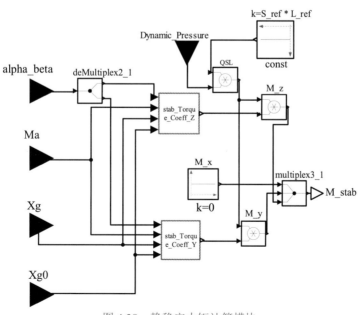

图 4.38　静稳定力矩计算模块

阻尼力矩计算模块如图 4.39 所示。其中，模块输出 M_Fric 为包含 3 个元素的数组。多项乘积（MultiProduct）模块 M_y 和 M_z 中，组件参数 nu，即输入参数的个数均设置为 4，其输入分别与动压输入 Dynamic_Pressure、归一化角速度输入 Omega_bar、常值模块 const 和相应力矩系数计算模块的输出相连接，输入参数的维度分别选择为 1,2,3,4。由于此仿真模型不考虑滚转轴上的力矩，滚转阻尼力矩设定为常值 0。

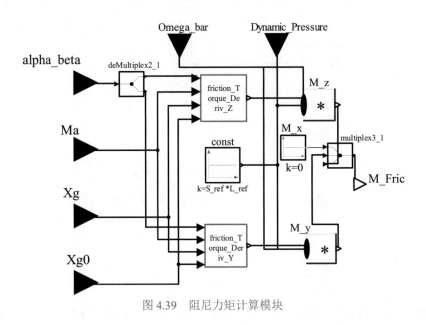

图 4.39　阻尼力矩计算模块

气动力计算模块如图 4.40 所示。这一模块将升力、阻力、侧向力整合为气动力输出。模型中，气动力输出 R 为包含 3 个元素的数组，其 3 个维度分别与阻力计算模块 drag、升力计算模块 lift 和侧向力计算模块 sideForce 的输出相连接。

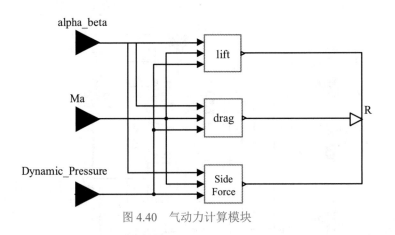

图 4.40　气动力计算模块

手动编写模块将阻尼力矩和静稳定力矩相加得到飞行器的气动力矩，这样做的好处是可以通过修改模块来处理不同类型的输入和输出。新建一个 block 类型模型，命名为 "Add_Torques"，在图形视图中创建两个输入接口 M1、M2 和一个输出接口 M_Sum，对应两个力矩输入和合力矩输出，并将 3 个接口变量均设置为含 3 个元素的数组。在文本视图中，编写如下方程语句：

```
M_Sum = M1 + M2;
```

即完成模块 Add_Torques 的创建。

最后，组合气动力计算模块和气动力矩计算模块，搭建飞行器气动力和力矩计算模块，如图 4.41 所示。在飞行器仿真模型中，使用这一模块来计算飞行器的气动力和气动力矩。

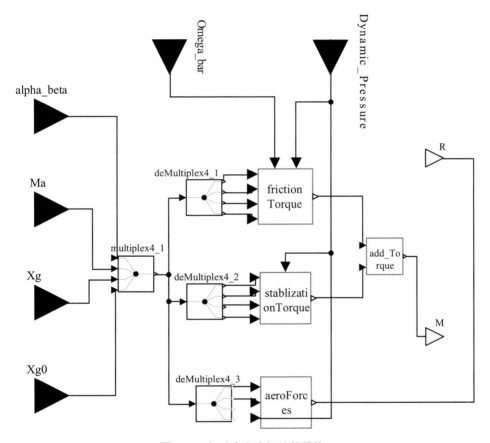

图 4.41　气动力和力矩计算模块

3. 飞行环境

飞行环境模块库包含大气密度、马赫数、动压、重力加速度和无量纲角速度计算功能。

大气密度和马赫数计算模块通过经验公式或查表得到当地的大气密度和声速数值，其中马赫数计算模块进一步根据飞行器速度计算得到飞行马赫数。

大气密度由以下经验公式给出：

$$\rho = 1.225 \left(\frac{288.15 - 0.0065H}{288.15} \right)^{4.256} \tag{4.30}$$

其中，H 为飞行高度，ρ 为当地大气密度，均为国际单位制。

根据式 4.30，建立大气密度计算模块。模型输入接口变量为包含 3 个元素的数组 x_y_z，即地面坐标系下飞行器的质心坐标。输出接口变量为 rho，即大气密度。在文本视图中声明变量 H，其值为飞行器质心的 y 坐标，即高度：

```
Real H = x_y_z[2];
```

编写方程语句计算大气密度：

```
rho = 1.225 * ((288.15 - 0.0065 * H) / 288.15) ^ 4.256;
```

即完成大气密度模块的建立。

马赫数计算模块如图 4.42 所示。其中，声速与飞行高度的关系由一维插值表模块 SonicSpeed 给出，插值表模块输入与输入 x_y_z 的第 2 个维度相连接。

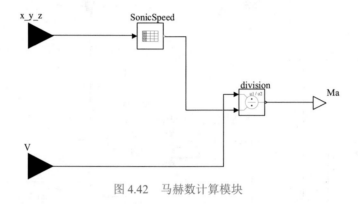

图 4.42   马赫数计算模块

动压计算模块如图 4.43 所示。动压计算模块根据大气密度 rho 和速度 V 计算动压 Q，其中乘法模块 product1 的两个输入连接在一起以计算速度 V 的平方。

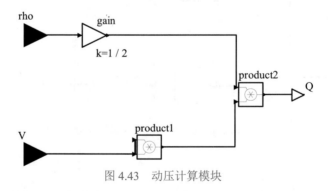

图 4.43   动压计算模块

重力加速度计算模块如图 4.44 所示。由于本例中的飞行器为大气层内飞行器，其飞行高度变化对重力加速度的影响可忽略，因此直接使用常值模块输出重力加速度，而不使用输入信号 x_y_z。

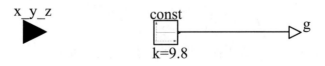

图 4.44   重力加速度计算模块

无量纲角速度计算模块使用文本建模方法建立，模块输入为飞行器绕机体轴的角速度 Omega 以及飞行速度 V，输出为无量纲角速度 Omega_bar，其中 Omega 和 Omega_bar 均为包含 3 个元素的数组。

导入飞行器常值参数 L_ref：

```
import L_ref = Flight_Simulation.Vehicle_Constant_Parameters.L_ref;
```

之后，编写如下方程语句：

```
Omega_bar = Omega * L_ref / V;
```

即完成无量纲角速度计算模块建立。

最后，将所建立的各模块组合成飞行环境模块，命名为"Flight_Environment"，结构如图 4.45 所示。

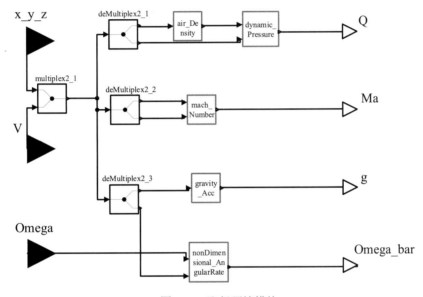

图 4.45　飞行环境模块

4. 飞行器时变参数

飞行器时变参数模块库包含飞行器发动机推力、质量流量、转动惯量和质心位置等时变参数模块。

发动机推力模块如图 4.46 所示。由于插值表中存储的推力数据以千克力（kgf）为单位，需要乘以标准重力加速度转换成牛顿，因此，将增益模块的组件参数设置为 Modelica. Constants.g_n，即国际单位制下的标准重力加速度数值。

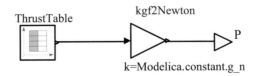

图 4.46　发动机推力模块

发动机质量流量模块和飞行器转动惯量模块如图 4.47 和图 4.48 所示。其中，飞行器转动惯量模块的输出 Inertia 为包含 3 个元素的数组。

飞行器质心位置模块如图 4.49 所示。其中，常值模块 Xg_initial 组件参数设置为飞行器初始质心位置 0.9381 (m)。

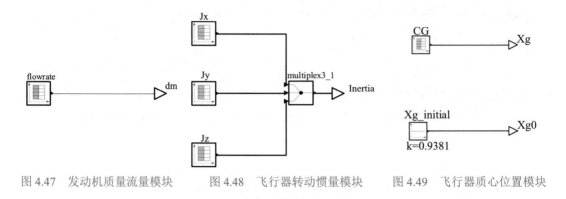

图 4.47　发动机质量流量模块　　图 4.48　飞行器转动惯量模块　　图 4.49　飞行器质心位置模块

5. 飞行器常值参数

飞行器常值参数模块库保存了与飞行器相关的常值参数，包含飞行器的特征面积和特征长度两个参数。

在文本视图中打开 Vehicle_Constant_Parameters 模块库，添加以下常值变量声明：

```
constant Real S_ref = 0.0227 "飞行器特征面积";
constant Real L_ref = 1.8 "飞行器特征长度";
```

这样就创建了 S_ref 和 L_ref 两个常值参数。在模型浏览器中可看到这两个参数，如图 4.50 所示。

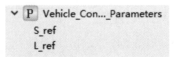

图 4.50　模型浏览器中显示的飞行器常值参数

接下来介绍其他模型中调用这两个参数的方法。以参数 S_ref 为例，在其他模型中可以使用它的全名 Flight_Simulation.Vehicle_Constant_Parameters.S_ref 来调用，但这个名字太长了，模型代码的可读性不好。有两种方法可以通过较简单的名称调用它：

首先，通过 import 语句将它导入当前模型，并取别名为 S_ref（也可以取其他名称）：

```
import S_ref = Flight_Simulation.Vehicle_Constant_Parameters.S_ref;
```

另一种方法是在模型中声明一个常值变量 S_ref，并将它初始化：

```
constant Real S_ref = Flight_Simulation.Vehicle_Constant_Parameters.S_ref;
```

此时模型内常值变量 S_ref 的值就等于飞行器常值参数模块库中的参数 S_ref 的值。

6. 飞行仿真模型

完成各个飞行仿真子模块库建立后，可以建立飞行仿真模型，如图 4.51 所示。仿真模型包含如下几个模块：

flight_Environment：飞行环境模块；

doF6_VariableMassInertia：飞行器运动方程模块；

body_Aerodynamics：气动力和力矩计算模块；

center_of_Gravity：飞行器质心位置模块；

thrust：发动机推力模块；

inertia：飞行器转动惯量模块；

mass_Flowrate：发动机质量流量模块。

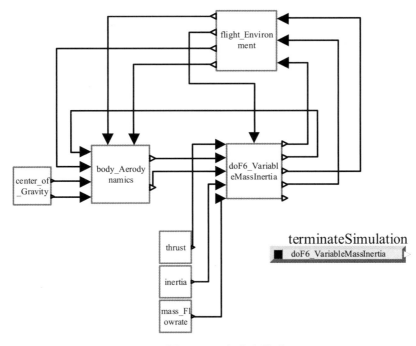

图 4.51　飞行仿真模型

在导弹的无控飞行中，导弹从地面发射经过一段时间飞行后再落回地面，完成整个无控弹道的飞行。在飞行仿真模型中，使用终止仿真模块 terminateSimulation 来实现，终止条件设置为"doF6_VariableMassInertia.x_y_z[2] < 0"，即导弹质心在地面坐标系上的 y 坐标小于 0（到达地面）后终止仿真。

4.4.3　飞行器的无控弹道仿真分析

设定仿真初值 $V = 20\text{m/s}$，弹道倾角 $\theta = 60° \approx 1.047\text{rad}$，弹道偏角 $\gamma = 0°$，俯仰角 $\vartheta = 60° \approx 1.047\text{rad}$，角速度 $\omega_x = \omega_y = \omega_z = 0$。通过设置飞行器运动方程模块的组件参数来设置仿真初值，参数设置列在表 4-9 中。

表 4-9　飞行器运动方程模块的组件参数设置

组件参数	参数设置	组件参数	参数设置
initial_position	{0, 0, 0}	initial_angularRate	{0, 0, 0}
initial_velocity	{20, 1.047, 0}	m0	52.38
initial_attitude	{1.047, 0, 0}		

设定仿真时间为 60s，开始仿真。在仿真窗口中单击"曲线"下拉菜单，然后单击"新建 y(x) 曲线窗口"按钮创建一个 y(x) 图像窗口。在仿真浏览器中勾选模块 doF6_VariableMassInertia 中变量 x_y_z 的分量 x_y_z[1]和 x_y_z[2]（分别对应飞行器质心在地面坐标系 x 轴和 y 轴的坐标）绘制曲线，得到导弹无控弹道仿真曲线如图 4.52 所示。

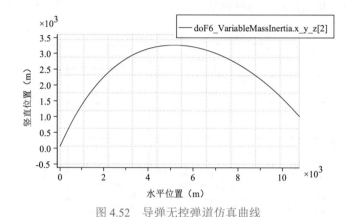

图 4.52　导弹无控弹道仿真曲线

由图 4.52 可见，导弹无控弹道仿真曲线中，弹道高约为 2844m，射程约为 10730m。仿真曲线形状类似于炮弹的弹道曲线，这与真实的导弹无控弹道曲线形状相符。

导弹速度曲线如图 4.53 所示。由图 4.53 可见，导弹发射后，导弹速度在推力作用下迅速增加，在约 2.27s 时，导弹助推级发动机关机，导弹速度达到极大值 236.3m/s。之后，导弹速度随着导弹向上爬升而降低。随后导弹逐渐改平进而向下俯冲，在续航级推力作用下导弹速度再次增加，在约 43.8s 时续航级发动机关机，导弹速度达到最大值 298.1m/s。续航级发动机关机后，导弹速度在空气阻力作用下逐渐减小。约 52.77s 时，导弹落回地面。

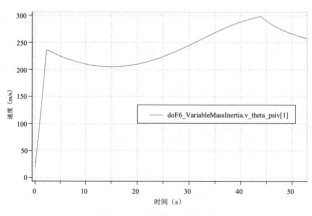

图 4.53　导弹速度曲线

导弹当地大气密度曲线如图 4.54 所示。由图 4.54 可见，在导弹飞行过程中，飞行环境的大气密度有明显的变化。在 27.6s 时，导弹到达弹道最高点，此时飞行环境大气密度降到最低，约为 0.924kg/m^3，只有地面大气密度的大约 3/4。

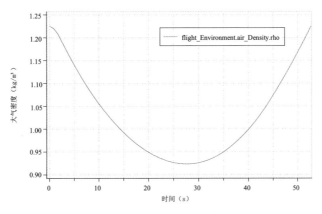

图 4.54　导弹当地大气密度曲线

本 章 小 结

本章对 Sysplorer 建模环境进行了简单介绍，并介绍了 Sysplorer 建模环境下通过图形化建模和文本建模两种方式建立仿真模型的方法，以及 Sysplorer 在控制系统建模中常用的模块及其使用方法。介绍了飞行器非线性仿真模型，包括数学模型和仿真模型的建立。并以某导弹为例，在 Sysplorer 环境中建立了飞行器非线性仿真模型，包括飞行器运动方程、飞行环境、气动力计算、发动机、飞行器时变参数等。在 Sysplorer 环境中对所建立的飞行器非线性仿真模型进行了无控弹道仿真实验，并对弹道、速度、当地大气密度等仿真结果曲线进行了分析。

习 题 4

1. Duffing 系统是一种非线性振荡系统，常用于描述系统在外部作用力和非线性恢复力作用下的振动现象。Duffing 系统的微分方程如下：

$$\ddot{x} + \gamma \dot{x} + \alpha x + \beta x^3 = \delta \cos \omega t$$

取 $\gamma = 0.8$，$\alpha = -1$，$\beta = 0.5$，$\delta = 1$，$\omega = 1$，初始状态 $x_0 = \dot{x}_0 = 0$，通过图形或文本建模方式建立 Duffing 系统仿真模型，分别使用 y(t)和 y(x)图像绘制功能绘制 x 随时间的变化曲线及 x 随 $\dot{x}$ 的变化曲线。（注：在文本建模中，仿真时间表示为变量 time。）

2. 飞行器的气动力和力矩主要由哪些部分组成？

3. 相同飞行状态下，当飞行器的重心变化时，飞行器的气动力和力矩怎样变化？

4. 喷气发动机和火箭发动机的工作特性与飞行环境有哪些联系？

5. 对 4.4 节建立的导弹无控弹道仿真模型，将大气密度设定为常值 $\rho_0 = 1.225 \text{ kg/m}^3$，在不同初始弹道倾角下进行仿真，对比分析大气密度变化对导弹无控弹道的影响。

第5章
飞行器制导系统仿真分析

    飞行器制导系统的基本任务是确定飞行器与目标的相对位置，根据飞行器实际位置和预期位置的偏差计算导引指令。飞行器控制系统根据导引指令改变飞行器的飞行状态，使飞行器能持续跟踪目标飞行。因此，飞行器跟踪和命中目标的精度主要取决于制导系统的工作性能，所以制导系统在整个飞行器系统中占有极重要的地位。由于精确制导武器制导系统的组成类型和探测方式多种多样，因此，制导技术是一项融合多个学科的综合性技术，涉及内容包括制导律设计、最优控制、信号处理、滤波估计等诸多领域。

    本章主要介绍飞行器制导系统中的制导律设计和滤波估计方法。引入制导律设计中的基本概念，并结合应用案例，介绍 MWORKS 在制导系统研制过程中的典型应用场景。介绍常用滤波处理方法、经典制导律设计、滑模制导律设计等，并在 MWORKS 环境下建立模型进行仿真分析。

通过本章的学习，读者可以了解（或掌握）：

❖ 精确制导武器的典型制导律。

❖ 精确制导武器的仿真验证模型建立。

❖ 制导系统中常用滤波处理操作在 MWORKS 中的实现方法。

❖ 卡尔曼滤波在 MWORKS 中的实现方法。

❖ MWORKS 环境下经典制导律的设计与仿真分析方法

❖ MWORKS 环境下滑模制导律的设计与仿真分析方法。

5.1 精确制导武器制导律基本概念 ///////////

5.1.1 精确制导武器制导律简介

制导律起源于 20 世纪 40 年代。当时，美国等国家开始进行早期的制导武器研究，相应地开始了最早的制导律研究。在 20 世纪 40 年代到 60 年代，提出的制导律主要有追踪法、平行接近法、比例导引法、三点法、前置角法等。这些导引方法称为经典制导律。

追踪法是最简单的制导律，它仅要求导弹速度方向始终指向目标，但在弹道末端，特别是迎头打击时需用过载太大，因此很少使用。平行接近法是一种理想化的制导律，要求导弹速度方向与视线方向始终平行，然而其需要测量精确的目标和导弹速度并使其方向时刻保持平行关系，实际上很难实现。比例导引法可视为追踪法和平行接近法的折中，它要求导弹目标相对速度方向与视线方向的变化速率保持一定比例，这一方法使得导引弹道较为平直，且所需测量的状态容易获得，因此成为应用最为广泛的制导律之一。

前述的几种导引方法均为自动瞄准方法，它们与三点法和前置角法等遥控制导方法相比，区别在于遥控制导通过单独的制导站而非导弹自身测量导弹和目标的运动信息。三点法要求导弹沿着制导站与目标的连线飞行，这一制导律实现比较容易，但主要缺点在于末端弹道较为弯曲，在目标机动较大时不宜使用。前置角法是三点法的改进方法，在这种制导律中导弹不严格跟踪制导站与目标连线，而是超前一定角度，使末端弹道更为平直。

20 世纪 60 年代，最优控制理论的诞生使人们从最优控制的角度对制导律设计进行新一轮的研究。在这一时期，研究人员发现比例导引是目标静止、导弹速度恒定情况下控制量最优的制导律。通过改变最优控制的约束和目标函数，可以得到适用于不同作战需求的改进制导律。例如，最优比例导引（Optimal Proportional Navigation, OPN）是考虑目标运动特性和导弹运动特性的最优制导律。相比经典比例导引，OPN 对末端过载要求小，改善了导弹的末端脱靶性能。在终端条件中加入角度约束，可得到攻击角度约束的最优制导律，在反坦克导弹和精确制导炸弹等精确制导武器上有着广泛应用。

20 世纪 70 年代后，随着自动控制理论和计算机技术的继续发展，在控制理论和数值优化方法的启发下，更多新型的制导律相继提出。这一时期产生的具有代表性的制导律包括鲁棒制导律、滑模变结构制导律、微分对策制导律和基于神经网络优化的制导律等，这些制导律一般称为现代制导律。相比经典制导律，现代制导律结构较为复杂，需估计的状态量较多，给导弹的探测和制导控制系统性能提出了一定挑战。

在现代战争中，战场态势和作战模式发生了巨大改变，精确制导武器作战模式也趋于多样化。在实战需求背景下，针对特殊作战场景的现代制导律受到了广泛研究。例如，为了对抗反导弹技术的发展，产生了多导弹协同进行饱和打击的作战思想，随之提出了多导弹协同制导律。

5.1.2 精确制导武器制导律设计与仿真验证方法

精确制导武器的制导律设计主要围绕导引弹道展开。导引弹道是根据目标运动特性，以某种导引方法将导弹导向目标的导弹质心运动轨迹。空对空导弹、空对面导弹、面对空导弹的弹道，以及飞航导弹、巡航导弹的末端弹道都是导引弹道。

导引弹道的特性主要取决于导引方法和目标运动特性。对应某种确定的导引方法，导引弹道的研究内容包括需用过载、导弹飞行速度、飞行时间、射程和脱靶量等。这些参数将直接影响导弹的命中精度。

在导弹和制导系统初步设计阶段，为简化起见，通常采用运动学分析方法研究导引弹道。导引弹道的运动学分析基于以下假设：

（1）将导弹、目标和制导站视为质点；

（2）制导系统理想工作；

（3）导弹速度（大小）是已知函数；

（4）目标和制导站的运动规律是已知的；

（5）导弹、目标和制导站始终在同一个平面内运动，该平面称为攻击平面，它可能是水平面、铅垂平面或倾斜平面。

在制导律设计中，常以极坐标 (r,q) 的形式表示导弹和目标的相对位置关系，建立攻击平面内的相对运动方程，如图 5.1 所示。

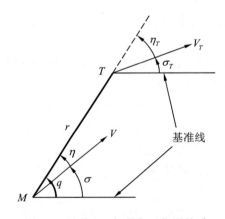

图 5.1　导弹和目标的相对位置关系

分别使用 M 和 T 表示导弹与目标。导弹与目标之间的连线 $\overline{MT}$ 称为目标瞄准线，也简称为弹目连线。r 表示导弹与目标间的相对距离 $r=\overline{MT}$，当导弹命中目标时，$r=0$。

q 表示目标瞄准线与攻击平面内某一基准线 $\overline{Mx}$ 之间的夹角，称为目标线方位角，从基准线逆时针转向目标线为正。

σ 和 σ_T 分别表示导弹、目标速度向量与基准线之间的夹角，从基准线逆时针转向速度向量为正。当攻击平面为竖直平面时，σ 就是弹道坐标系下的弹道倾角 θ；当攻击平面为水平面时，σ 就是弹道偏角 ψ_v。η, η_T 分别表示导弹、目标速度向量与目标瞄准线之间的夹角，称为导弹前置角和目标前置角。速度向量逆时针转到目标线时，前置角为正。

将导弹与目标的速度进行正交分解可得到相对位置关系 r 和 q 的变化规律。分别将导弹与目标的速度投影到目标瞄准线上，可得弹目相对距离 r 的变化率

$$\frac{\mathrm{d}r}{\mathrm{d}t} = V_T \cos\eta_T - V\cos\eta \tag{5.1}$$

目标线方位角 q 的变化则由导弹和目标垂直于目标线方向的速度决定。由运动学知识可知，目标线旋转角速度 $\mathrm{d}q/\mathrm{d}t$ 是导弹和目标速度垂直分量的代数和除以相对距离 r，即

$$\frac{\mathrm{d}q}{\mathrm{d}t} = \frac{1}{r}(V\sin\eta - V_T\sin\eta_T) \tag{5.2}$$

考虑图 5.1 的几何关系，可以得到导弹和目标的相对位置关系，即攻击平面内的导引运动方程组

$$\begin{cases} \dfrac{\mathrm{d}r}{\mathrm{d}t} = V_T\cos\eta_T - V\cos\eta \\[2mm] r\dfrac{\mathrm{d}q}{\mathrm{d}t} = V\sin\eta - V_T\sin\eta_T \\[2mm] q = \sigma + \eta \\[1mm] q = \sigma_T + \eta_T \\[1mm] \varepsilon = 0 \end{cases} \tag{5.3}$$

如式 5.3 所示，根据导引弹道运动学分析的假设，目标、制导站运动规律和导弹速度是已知的，则方程组中 V, V_T, σ_T 都是已知量。因此，要使方程组能够封闭求解，还需要 1 个补充方程，即导引关系式 $\varepsilon = 0$。其中，ε 是由导引方法确定的表达式，它反映出各种不同导引弹道的特点。

不同的导引规律决定了导引弹道具有不同的特性。在选择导引规律时，需要根据作战需求、导弹性能和制导设备等方面进行综合考虑。从这些方面出发，可将制导律的选择原则归纳为以下几点。

1. 弹道需用法向加速度小

导弹的需用法向加速度是指导引弹道上某一点处导弹的法向加速度。如果要使导弹能始终沿着理论弹道飞行，就必须使弹道上各点的需用法向加速度均小于导弹的可用法向加速度。特别是在导引弹道末端，过大的需用法向加速度可能会超出导弹的机动性能极限，导致脱靶。

弹道需用法向加速度越大，弹道就越弯曲，导弹的攻击时间和航程也随之增加，导致导弹的作战空域缩小。对于利用气动升力面控制的导弹来说，需要增加升力面面积来实现较大的法向加速度，这使得导弹结构质量增加。因此，应当尽可能减小弹道需用法向加速度。

2. 作战空域大

不同种类的空中目标具有多样的运动特性，其飞行高度和速度可在相当大的范围内变化。在选择导引方案时，应考虑目标运动参数的变化范围，尽可能使导弹在较大的作战空

域内攻击目标。例如，对于面对空导弹来说，应使导弹不仅能迎击目标，还能尾追或侧击目标。

3. 抗目标机动性好

目标机动对导弹弹道，特别是末端弹道的影响要小。例如，半前置角法的命中点法向过载不受目标机动的影响，有利于提高导弹的命中精度。

4. 技术简易可行

任何制导律设计都要能够在导弹武器系统上实现才能发挥实际意义。在制导律设计阶段，通常会对目标和导弹特性进行简化假设，以方便数学推导和分析。然而，简化假设同时也在限制制导律的应用范围。例如，假如制导律依赖于准确的目标运动信息，则在实际应用上难以实现。

建立导引弹道方程后，可以采用数值积分法、解析法或图解法求解。

在一些特定条件下，导引弹道方程可以解析求解，得到导弹飞行轨迹的表达式，这一方法称为解析法。解析法能够反映导引弹道的某些一般性质，但这种方法一般需要对导弹和目标的运动特性进行简化假设，因此具有较强的局限性。

在导弹和目标运动特性已知的情形下，可以使用图解法绘制出导引弹道的轨迹。图解法可以视为一种比较粗糙的数值解法。图解法首先取适当的时间间隔，标示出目标在各个时刻的位置。然后，根据导引关系确定导弹在相应时刻的速度方向，再根据导弹在该时刻的速度大小做出一个时间间隔内的位移，得到下一时刻导弹的位置。重复上述步骤得到导弹在各个时刻的位置，再用光滑曲线连接，即可画出近似的导引弹道曲线。

数值积分法可以求得任何飞行情况下的导弹飞行轨迹。借助 Sysplorer 建模环境，可以建立导引弹道的仿真模型，并通过数值积分方法求解。

以比例导引为例。纯比例导引（Pure Proportional Navigation，PPN）的导引关系方程为

$$\varepsilon = \frac{d\sigma}{dt} - K\frac{dq}{dt} = 0 \tag{5.4}$$

由导引方程可以看出，导弹飞行的速度向量转动角速度与目标线转动角速度成一定比例 K，称为导航比。

Modelica 建模语言的非因果建模特性可以方便地建立导引方程并进行分析。取导航比 $K=3$，编写以下 Modelica 代码建立比例导引法的导引弹道运动学仿真模型并进行仿真。

```
equation
  // 运动方程组
  der(r) = v_t * cos(eta_t) - v * cos(eta);
  r * der(q) = v * sin(eta) - v_t * sin(eta_t);
  q = sigma + eta;
  q = sigma_t + eta_t;
  der(sigma) = 3 * der(q);  // 导引关系方程
```

导引弹道仿真结果如图 5.2 所示。

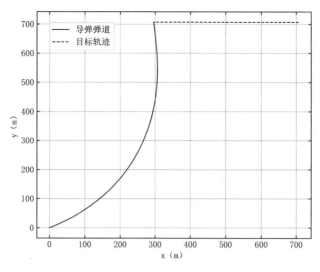

图 5.2   导引弹道仿真结果

5.2   制导控制系统常用滤波处理方法的 MWORKS实现

信号滤波的目的是从带噪声的测量值中尽可能地提取有用信息。在制导控制系统中，信号滤波的主要作用包括处理雷达信号用于目标跟踪、处理惯性传感器信号用于反馈控制等。本节主要介绍 MWORKS 环境中常用的信号滤波处理方法及其实现过程。

5.2.1   MWORKS 中的数字滤波器设计方法

滤波器可以视为一个选频装置。一个理想的滤波器，应能够无失真地通过有用信号，而使无用信号被完全抑制。因此，理想滤波器的频率特性可以描述为

$$H(j\omega) = \begin{cases} ke^{j\omega t_d}, & \text{在通带内} \\ 0, & \text{在阻带内} \end{cases} \tag{5.5}$$

由信号与线性系统理论可知，式 5.5 所描述的理想滤波器系统是物理不可实现的。实际滤波器只能以不同的方式尽量"逼近"理想滤波器的频率特性。

通常使用的滤波器技术指标包括通带波纹 R_p、阻带衰减 R_s、通带边界（截止）频率 ω_p、阻带边界（起始）频率 ω_s。模拟滤波器的技术指标可由平方幅值响应函数 $A(\omega^2) = |H(j\omega)|^2$ 的形式给出。$A(\omega^2)$ 与滤波器传递函数具有如下关系：

$$A(\omega^2) = |H(j\omega)|^2 = H(s)H(-s)\big|_{s=j\omega} \tag{5.6}$$

所以，当给定了滤波器的技术指标，就可以由关系式 5.6 求出滤波器原型的传递函数 $H(s)$。Syslab 中 DSP 系统工具箱和信号处理工具箱提供了几种工程上常用的滤波器设计工具，

方便技术人员设计所需性能的滤波器。下面对这些滤波器及其使用方法进行介绍。

1. 巴特沃斯滤波器（Butterworth Filter）

巴特沃斯模拟原型低通滤波器的平方幅值响应为

$$|H(j\omega)|^2 = A(\omega^2) = \frac{1}{1 + \left(\dfrac{\omega}{\omega_c}\right)^{2N}} \tag{5.7}$$

其中，ω_c 为低通滤波器的截止频率，N 为滤波器的阶数。

巴特沃斯滤波器的主要特点是，在滤波器的通带内，其幅频特性非常平坦。当频率继续增大，滤波器的幅频特性平滑地单调下降。滤波器的阶数 N 越大，其幅频特性就越接近矩形，过渡带越窄。

Syslab 的信号处理工具箱中，可通过滤波器设计函数 butter() 设计巴特沃斯滤波器。其调用格式如下：

```
b, a = butter(n, Wc)                    #=计算 n 阶归一化截止频率 Wc 的滤波器传函系数=#
butterFilter = butter(designSpecs, "SystemObject", true)
                #=使用对象 designSpecs 中的规格设计一个巴特沃斯 IIR 数字滤波器=#
```

通过 buttord() 函数可计算给定设计指标下巴特沃斯滤波器最低阶数和截止频率，调用格式如下：

```
n, wc = buttord(Wp,Ws,Rp,Rs)
#=计算归一化通带频率 Wp, 阻带边缘频率 Ws, 通带波纹 Rp, 阻带衰减 Rs 的巴特沃斯滤波器最低阶数 n 和截止频率 wc=#
```

下面通过一个例子来说明 Syslab 中，根据滤波器技术指标搭建一个巴特沃斯滤波器的具体操作步骤。

首先，使用 fdesign_lowpass 构建一个低通滤波器设计规格对象：

```
designSpecs = fdesign_lowpass(Fp,Fst,Ap,Ast)
```

其中，各参数的含义如下。

Fp：通带截止频率，以归一化频率为（默认）单位，也称 Fpass。

Fst：阻带起始频率，以归一化频率为（默认）单位，也称 Fstop。

Ap：通带内波纹幅度，以分贝为（默认）单位，也称 Apass。

Ast：阻带内衰减幅度，以分贝为（默认）单位，也称 Astop。

在此例子中，各参数的取值分别为 0.45、0.55、1、60。

然后，即可使用 butter() 函数构建巴特沃斯滤波器：

```
butterFilter = butter(designSpecs, "SystemObject", true)
```

这样，就根据滤波器的技术指标设计好了一个名称为 butterFilter 的巴特沃斯滤波器。通过 freqz() 函数，可以绘制 DSP 滤波器的频率响应曲线：

```
freqz(butterFilter; plotfig = true)
```

绘制出所设计的巴特沃斯滤波器的频率响应曲线如图 5.3 所示。

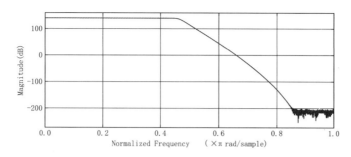

图 5.3　所设计的巴特沃斯滤波器的频率响应曲线

2. 切比雪夫滤波器（Chebyshev Filter）

切比雪夫滤波器有 I 型和 II 型两类。

I 型切比雪夫模拟原型滤波器的平方幅值响应函数为

$$\left|H(j\omega)\right|^2 = A(\omega^2) = \frac{1}{1 + \varepsilon^2 C_N^2\left(\dfrac{\omega}{\omega_c}\right)} \tag{5.8}$$

其中，ε 满足 $0 < \varepsilon < 1$，表示通带内幅值曲线的波纹情况；ω_c 为截止频率；N 为切比雪夫多项式 $C_N(\omega / \omega_c)$ 的阶数。切比雪夫多项式 $C_N(x)$ 定义为

$$C_N(x) = \begin{cases} \cos(N\cos^{-1}(x)), & |x| \leqslant 1 \\ \cosh(N\cos^{-1}(x)), & x > 1 \end{cases} \tag{5.9}$$

I 型切比雪夫滤波器的特点是：幅频曲线通带内具有等波纹起伏特性，而阻带内单调下降，且比巴特沃斯滤波器衰减更快。随着阶数 N 增大，滤波器幅频曲线接近矩形。

Syslab 的信号处理工具箱中，可通过滤波器设计函数 cheby1()设计 I 型切比雪夫滤波器。其调用格式如下：

```
b, a = cheby1(n, Rp, Wp)
        #=计算 n 阶归一化通带边缘频率 Wp，通带纹波 Rp 的滤波器的传递函数系数=#
chebOneFilter = cheby1(designSpecs, "SystemObject", true)
        #=使用对象 designSpecs 中的规格设计一个 I 型切比雪夫 IIR 数字滤波器=#
```

II 型切比雪夫模拟原型滤波器的平方幅值响应函数为

$$\left|H(j\omega)\right|^2 = A(\omega^2) = \frac{1}{\left[1 + \varepsilon^2 C_N^2\left(\dfrac{\omega}{\omega_c}\right)\right]^{-1}} \tag{5.10}$$

II 型切比雪夫滤波器的特点是：幅频曲线阻带内具有等波纹起伏特性，通带内则单调、平滑。随着阶数 N 增大，滤波器幅频曲线接近矩形。

可通过滤波器设计函数 cheby2()设计 II 型切比雪夫滤波器。其调用格式如下：

```
b, a = cheby2(n, Rs, Ws)
        #=计算 n 阶归一化阻带边缘频率 Ws，阻带衰减 Rs 的滤波器的传递函数系数=#
chebTwoFilter = cheby2(designSpecs, "SystemObject", true)
```

可分别通过 cheb1ord() 和 cheb2ord() 函数计算给定设计指标下，I 型和 II 型切比雪夫滤波器的的最小阶数和截止频率：

```
n,wc = cheb1ord(Wp,Ws,Rp,Rs)
n,wc = cheb2ord(Wp,Ws,Rp,Rs)
```

下面以切比雪夫 II 型滤波器为例，说明 Syslab 中建立给定设计指标下传递函数形式的带通滤波器的过程。在本例中，要求带通滤波器的通带为 100Hz 至 240Hz，通带纹波小于 3dB，通带两侧宽度 50Hz 的阻带衰减 50dB。信号采样频率为 1000Hz。

```
freq = 1000;
Wp = [100, 240]/(freq/2);
Ws = [50, 290]/(freq/2);
Rp = 3;
Rs = 50;
n,Wc = cheb2ord(Wp,Ws,Rp,Rs)
```

返回值：

```
(6, [0.1, 0.58])
```

说明满足设计指标的 II 型切比雪夫滤波器最小阶数为 6，归一化截止频率为 0.1 和 0.58。

接着使用 cheby2() 函数计算传递函数形式的 II 型切比雪夫滤波器：

```
b,a = cheby2(n,Rs,Ws,"bandpass");
```

绘制所设计滤波器的频率响应：

```
freqz(b,a,512,freq;plotfig = true);      #=计算 512 个频率点处的响应=#
```

所设计的带通滤波器幅频响应曲线如图 5.4 所示。

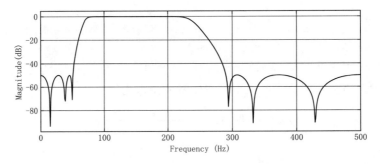

图 5.4　所设计的带通滤波器幅频响应曲线

从图 5.4 中可以看出，滤波器在设计的通带频率为 100～240Hz 内幅频响应平坦，然后在两侧的 50Hz 和 290Hz 处幅频响应单调衰减至 –50dB 以下。

3. 椭圆滤波器（Elliptical Filter）

椭圆模拟原型滤波器的平方幅值响应函数为

$$\left| H(j\omega) \right|^2 = A(\omega^2) = \frac{1}{1 + \mu^2 E_N^2\left(\dfrac{\omega}{\omega_c}\right)}$$ （5.11）

其中，μ 满足 $0 < \mu < 1$，表示波纹情况；ω_c 为截止频率；N 为多项式 $E_N(\omega/\omega_c)$ 的阶数；$E_N(x)$ 为雅可比椭圆函数。

椭圆滤波器的特点是：它在通带和阻带内都具有等波纹起伏特性。可通过 ellip() 函数建立椭圆滤波器，格式如下：

```
b, a = ellip(n, Rp, Rs, Wp)
#=计算 n 阶归一化通带边缘频率 Wp，通带纹波 Rp，阻带衰减 Rs 的椭圆滤波器传递函数系数=#
ellipFilter = ellip(designSpecs, "SystemObject", true)
        #=使用对象 designSpecs 中的规格设计一个椭圆 IIR 数字滤波器=#
```

使用 ellipord() 函数计算给定设计指标下，椭圆滤波器的的最小阶数和截止频率：

```
n,wc = ellipord(Wp,Ws,Rp,Rs)
```

4. 滤波器形式转换

分别使用 ss()、tf()、zpk() 可将滤波器系统对象转换成状态空间表示、传递函数表示和零极点增益参数表示。调用格式如下：

```
A, B, C, D = ss(sysobj)
num, den = tf(sysboj)
z, p, k = zpk(sysobj)
```

5. 一维信号的滤波处理

下面，设计一个滤波器，对含有噪声的正弦波信号进行滤波处理，熟悉 Syslab 中的滤波处理方法。

首先创建真实信号和噪声信号序列。

```
#= FilterTest.jl - 信号滤波测试 =#
Fs = 1000;   # 采样率
N = 1000;    # 采样点数
n = 0:N-1;   # 信号序列索引
t = 0:1/Fs:(N-1)/Fs;  # 时间序列
#= 创建信号序列 =#
## 真实信号
signal_true = sin.(2 * pi * 10 * t) + sin.(2 * pi * 17 * t) + sin.(2 * pi * 28 * t);
## 噪声信号，前 500 点为高斯噪声，后 500 点为均匀分布噪声
noise = [0.25*randn(1,500) 0.5*rand(1,500)]'; # 两个元素间应用空格连接
signal = signal_true + noise;
```

接着，建立切比雪夫低通滤波器。

```
#= II 型 Cheybeshev 滤波器 =#
Wp = 50 / (Fs/2);
```

```
Ws = 70 / (Fs/2);
Rp = 3;
Rs = 50;
ord, Wc = cheb2ord(Ws, Wp, Rp, Rs);
b, a = cheby2(ord, Rs, Wp);
```

最后，使用 filter1()函数对含有噪声的一维信号进行滤波处理。

```
#= 滤波处理和图像绘制 =#
signal_filtered,~ = filter1(b, a, signal);
subplot(2, 1, 1);
plot(n, signal);
title("原始信号");
subplot(2, 1, 2);
plot(n, signal_filtered);
title("Cheybeshev 滤波信号");
```

绘制出含噪声原始信号和滤波信号的图像如图 5.5 所示。

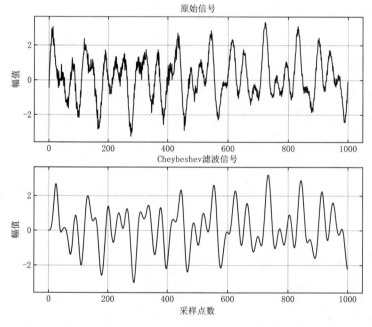

图 5.5　含噪声原始信号和滤波信号的图像

由图 5.5 可以看出，切比雪夫滤波器很好地滤除了噪声分量。由于滤波器的相位特性，滤波信号相比原信号有一定的滞后。

5.2.2　MWORKS 中的卡尔曼滤波实现方法

卡尔曼滤波是一种在航空航天领域应用非常广泛的滤波方法。在飞行器制导控制领域，卡尔曼滤波的主要作用包括传感器信号的滤波处理，以及控制器的状态估计等。本节主要介绍 MWORKS 环境中卡尔曼滤波的实现方法，并结合制导控制领域的应用场景介绍卡尔曼滤波的应用实例。

1. 卡尔曼滤波的基本原理

卡尔曼滤波是对随机变量的最小方差估计。所谓估计就是根据传感器测量得出的状态量 $Z(t) = h[X(t)] + V(t)$ 解算出真实状态变量 $X(t)$ 的近似值 $\hat{X}(t)$，其中随机向量变量 $V(t)$ 称为量测误差，$\hat{X}$ 称为 X 的估计，Z 称为 X 的量测。如果 $\hat{X}$ 是 Z 的线性函数，则 $\hat{X}$ 称为 X 的一个线性估计。

当估计值对应的时刻与量测对应时刻不同时，估计有着不同的称呼。当估计值时刻与量测相同时，则称估计 $\hat{X}$ 是 X 的估计；当估计值时刻超前于量测时，则称 $\hat{X}$ 是 X 的预测；当估计值落后于量测时，则称 $\hat{X}$ 是 X 的平滑。

最优估计是指使某一指标函数达到最值时的估计。若以状态估计 $\hat{X}$ 的均方误差集平均达到最小为指标，即

$$E\left[\left(X - \hat{X}\right)^{\mathrm{T}}\left(X - \hat{X}\right)\right] = \min E \tag{5.12}$$

则称所得估计 $\hat{X}$ 是 X 的最小方差估计。

卡尔曼滤波通过递推算法，利用状态空间表示在时域内设计滤波器，适用于多维随机过程的估计，且递推算法有利于在数字计算机上实现。卡尔曼滤波采用动力学方程，即状态方程描述被估计量的动态变化规律，因此被估计量可以是平稳的，也可以是非平稳的。

卡尔曼滤波算法通过状态方程和量测方程分别估计状态变量的动力学过程以及量测量与状态变量的关系。设在第 k 时刻 t_k，被估计状态 $X(k)$ 受系统噪声序列 $W(k-1)$ 驱动，驱动机理由下述状态方程描述：

$$X(k) = A(k-1)X(k-1) + \mathit{\Gamma}(k-1)W(k-1) \tag{5.13}$$

量测 $Z(k)$ 是 $X(k)$ 的线性函数，量测方程为

$$Z(k) = H(k)X(k) + V(k) \tag{5.14}$$

其中，$A(k-1)$ 是 $k-1$ 到 k 时刻的状态转移矩阵，$\mathit{\Gamma}(k-1)$ 为系统噪声驱动矩阵，$H(k)$ 为量测矩阵；$V(k)$ 为量测噪声序列，$W(k-1)$ 为系统激励噪声序列。

噪声 $W(k)$ 和 $V(k)$ 应满足如下条件：

$$\left.\begin{array}{c} E[W(k)] = 0, \ \mathrm{Cov}[W(k), W(j)] = Q_k \delta_{kj} \\ E[V(k)] = 0, \ \mathrm{Cov}[V(k), V(j)] = R_k \delta_{kj} \\ \mathrm{Cov}[W(k), V(j)] = 0 \end{array}\right\} \tag{5.15}$$

其中，Q_k 是系统噪声序列的方差阵，假设为非负定，R_k 是量测噪声序列的方差阵，假设为正定。由式 5.15 可见系统噪声和量测噪声应当是相互独立的。

对满足式 5.13～式 5.15 的系统模型，可由如下方式求解 $X(k)$ 的估计 $\hat{X}(k)$。

状态一步预测：

$$\hat{X}(k \mid k-1) = A(k \mid k-1)\hat{X}(k-1) \tag{5.16}$$

状态估计：

$$\hat{X}(k) = \hat{X}(k \mid k-1) + K(k)(Z(k) - H(k)\hat{X}(k \mid k-1)) \tag{5.17}$$

滤波增益:

$$K(k) = P(k \mid k-1)H^{\mathrm{T}}(k)(H(k)P(k \mid k-1)H^{\mathrm{T}}(k) + R(k))^{-1} \tag{5.18}$$

一步预测均方误差:

$$P(k \mid k-1) = A(k \mid k-1)P(k-1)A^{\mathrm{T}}(k \mid k-1) + \Gamma(k-1)Q(k-1)\Gamma^{\mathrm{T}}(k-1) \tag{5.19}$$

估计均方误差:

$$P(k) = \left(I - K(k)H(k)\right)P(k \mid k-1)\left(I - K(k)H(k)\right)^{\mathrm{T}} + K(k)R(k)K^{\mathrm{T}}(k) \tag{5.20}$$

式 5.16～式 5.20 为离散卡尔曼滤波的基本方程,其中 I 为单位矩阵。只要给定初值 $\hat{X}(0)$ 和 $P(0)$,根据 k 时刻的量测 $Z(k)$,就可以逐条递推计算 k 时刻的状态估计 $\hat{X}(k)$。

2. 扩展卡尔曼滤波原理

由卡尔曼滤波的假设条件可知,卡尔曼滤波只能针对线性系统进行滤波处理。而在制导控制领域的实际应用中,常常需要对非线性系统进行滤波,例如,飞机上的惯性导航系统、导弹的制导系统、雷达目标跟踪系统等,这使得经典卡尔曼滤波在制导控制领域的应用受到很大限制。

不过,如果系统的非线性较弱,则可对状态方程和量测方程中的非线性函数做泰勒级数展开,保留其线性项,得到线性化的系统模型。这时,就可以使用卡尔曼滤波基本方程进行滤波了。

一般非线性离散系统的方程可由以下形式描述:

$$\begin{aligned} X(k) &= f\left[X(k-1), W(k-1), k-1\right] \\ Z(k) &= h\left[X(k), V(k), k\right] \end{aligned} \tag{5.21}$$

其中, $f[\cdot]$ 和 $h[\cdot]$ 是非线性函数。

当式 5.21 中量测噪声序列 $V(k)$,系统激励噪声序列 $W(k-1)$ 均恒为零时,非线性系统模型变为

$$\begin{aligned} X^{\mathrm{n}}(k) &= f\left[X^{\mathrm{n}}(k-1), k-1\right] + T(k-1)U(k-1) \\ Z^{\mathrm{n}}(k) &= h\left[X^{\mathrm{n}}(k), k\right] \end{aligned} \tag{5.22}$$

方程 5.22 的解称为此非线性系统方程的理论解,又称"标称状态",记作 $X^{\mathrm{n}}(k)$ 和 $Z^{\mathrm{n}}(k)$。线性化的系统模型就是通过将非线性系统方程 5.21 中的非线性函数 $f[\cdot]$ 和 $h[\cdot]$ 在"标称状态"附近做泰勒展开得到的。

将含有噪声的系统方程解 $X(k)$ 和 $Z(k)$ 称为"真实状态"。非线性系统"真实状态"与"标称状态"的偏差为

$$\begin{aligned} \Delta X(k) &= X(k) - X^{\mathrm{n}}(k) \\ \Delta Z(k) &= Z(k) - Z^{\mathrm{n}}(k) \end{aligned} \tag{5.23}$$

偏差越小，线性化的精度就越好。

然而，由于建模误差和微分方程数值求解的误差等因素，标称状态实际上是难以获得的。因此，扩展卡尔曼滤波利用滤波值代替标称状态，在滤波值附近进行线性化。

下面通过对离散非线性系统方程进行线性化实现扩展卡尔曼滤波。

（1）非线性系统模型线性化。

定义滤波值与估计的标称状态的偏差：

$$\delta \boldsymbol{X}(k) = \hat{\boldsymbol{X}}(k) - \hat{\boldsymbol{X}}^{\mathrm{n}}(k)$$
$$\delta \boldsymbol{Z}(k) = \hat{\boldsymbol{Z}}(k) - \hat{\boldsymbol{Z}}^{\mathrm{n}}(k) \tag{5.24}$$

将式 5.21 展开成滤波值附近的泰勒级数，并取其线性项：

$$\begin{cases} \boldsymbol{X}(k) = \boldsymbol{f}\left[\hat{\boldsymbol{X}}(k-1), k-1\right] + \left.\dfrac{\partial \boldsymbol{f}\left[\boldsymbol{X}(k-1), k-1\right]}{\partial \boldsymbol{X}^{\mathrm{T}}(k-1)}\right|_{\boldsymbol{X}(k-1)=\hat{\boldsymbol{X}}(k-1)} \delta \boldsymbol{X}(k-1) \\ \qquad + \boldsymbol{T}(k-1)\boldsymbol{U}(k-1) + \boldsymbol{\Gamma}(k-1)\boldsymbol{W}(k-1) \\ \boldsymbol{Z}(k) = \boldsymbol{h}\left[\hat{\boldsymbol{X}}(k), k\right] + \left.\dfrac{\partial \boldsymbol{h}\left[\boldsymbol{X}(k), k\right]}{\partial \boldsymbol{X}^{\mathrm{T}}(k)}\right|_{\boldsymbol{X}(k)=\hat{\boldsymbol{X}}(k)} \delta \boldsymbol{X}(k) + \boldsymbol{V}(k) \end{cases} \tag{5.25}$$

将式 5.24 代入式 5.25，化简表达式得到

$$\begin{cases} \boldsymbol{X}(k) = \hat{\boldsymbol{X}}(k) + \left.\dfrac{\partial \boldsymbol{f}\left[\boldsymbol{X}(k-1), k-1\right]}{\partial \boldsymbol{X}^{\mathrm{T}}(k-1)}\right|_{\boldsymbol{X}(k-1)=\hat{\boldsymbol{X}}(k-1)} \delta \boldsymbol{X}(k-1) + \boldsymbol{\Gamma}(k-1)\boldsymbol{W}(k-1) \\ \boldsymbol{Z}(k) = \hat{\boldsymbol{Z}}(k) + \left.\dfrac{\partial \boldsymbol{h}\left[\boldsymbol{X}(k), k\right]}{\partial \boldsymbol{X}^{\mathrm{T}}(k)}\right|_{\boldsymbol{X}(k)=\hat{\boldsymbol{X}}(k)} \delta \boldsymbol{X}(k) + \boldsymbol{V}(k) \end{cases} \tag{5.26}$$

再将式 5.24 代入式 5.26，得到偏差为状态变量的线性系统方程：

$$\delta \boldsymbol{X}(k) = \boldsymbol{\Phi}(k \mid k-1)\delta \boldsymbol{X}(k-1) + \boldsymbol{\Gamma}(k-1)\boldsymbol{W}(k-1)$$
$$\delta \boldsymbol{Z}(k) = \boldsymbol{H}(k)\delta \boldsymbol{X}(k) + \boldsymbol{V}(k) \tag{5.27}$$

其中，$\boldsymbol{\Phi}(k \mid k-1)$ 称为离散状态偏差矩阵（雅可比矩阵）。$\boldsymbol{\Phi}(k \mid k-1)$ 满足

$$\boldsymbol{\Phi}(k \mid k-1) = \left.\frac{\partial \boldsymbol{f}\left[\boldsymbol{X}(k-1), k-1\right]}{\partial \boldsymbol{X}^{\mathrm{T}}(k-1)}\right|_{\hat{\boldsymbol{X}}(k-1)=\hat{\boldsymbol{X}}^{\mathrm{n}}(k-1)} \tag{5.28}$$

（2）偏差的卡尔曼滤波方程。

由偏差为状态变量的线性系统方程式 5.27，可由经典卡尔曼滤波方程的推导过程得到偏差 $\delta \boldsymbol{X}(k)$ 的卡尔曼滤波方程：

$$\delta \hat{\boldsymbol{X}}(k \mid k-1) = \boldsymbol{\Phi}(k \mid k-1)\delta \hat{\boldsymbol{X}}(k-1) \tag{5.29}$$

$$\boldsymbol{P}(k \mid k-1) = \boldsymbol{\Phi}(k \mid k-1)\boldsymbol{P}(k-1)\boldsymbol{\Phi}^{\mathrm{T}}(k \mid k-1) + \boldsymbol{\Gamma}(k-1)\boldsymbol{Q}(k-1)\boldsymbol{\Gamma}^{\mathrm{T}}(k-1) \tag{5.30}$$

$$\boldsymbol{K}(k) = \boldsymbol{P}(k \mid k-1)\boldsymbol{H}^{\mathrm{T}}(k)\left(\boldsymbol{H}(k)\boldsymbol{P}(k \mid k-1)\boldsymbol{H}^{\mathrm{T}}(k) + \boldsymbol{R}(k)\right)^{-1} \tag{5.31}$$

$$\delta \hat{\boldsymbol{X}}(k) = \delta \hat{\boldsymbol{X}}(k \mid k-1) + \boldsymbol{K}(k)\left(\delta \boldsymbol{Z}(k) - \boldsymbol{H}(k)\delta \hat{\boldsymbol{X}}(k \mid k-1)\right) \tag{5.32}$$

$$P(k) = \big(I - K(k)H(k)\big)P(k\,|\,k-1)\big(I - K(k)H(k)\big)^{\mathrm{T}} + K(k)R(k)K^{\mathrm{T}}(k) \qquad (5.33)$$

其中

$$\delta Z(k) = Z(k) - h\Big[\hat{X}^{\mathrm{n}}(k), k\Big] = Z(k) - h\Big[\hat{X}(k\,|\,k-1), k\Big] \qquad (5.34)$$

（3）真实状态的最优滤波。

偏差的最优滤波值加估计标称状态就是真实状态的最优滤波：

$$\hat{X}(k) = \hat{X}^{\mathrm{n}}(k) + \delta\hat{X}(k) \qquad (5.35)$$

式 5.29～式 5.35 就是离散扩展卡尔曼滤波方程。

3. MWORKS 中的扩展卡尔曼滤波实现

MWORKS 提供了离散扩展卡尔曼滤波的示例。打开 Syslab 和 Sysplorer 程序，并在 Sysplorer 环境中加载 SyslabWorkspace 模型库。接着，打开路径为"SyslabWorkspace\Examples\Demo_SyslabFunction\EXTKALMAN"的模型，模型组成如图 5.6 所示。其中，测量信号存储在时间表模块 combiTimeTable 中，常值信号模块 const 和表达式模块 realExpression 分别输出扩展卡尔曼滤波的采样间隔和当前时间。

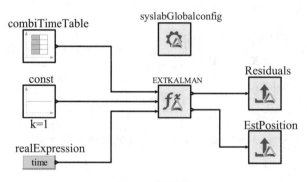

图 5.6　模型组成

扩展卡尔曼滤波则由 Syslab 函数模块 EXTKALMAN 实现。Syslab 代码如下：

```
function EXTKALMAN(meas, deltat, time)

# Initialization
    global P;
    global xhat;
    global residual;
    global xhatOut;

    if isempty(P)
        xhat = [0.001; 0.01; 0.001; 400;;]; # 4x1 矩阵
        P = zeros(4, 4); # 对应 Matlab 的 zeros(4);
    end

#未达到采样周期
# if time + eps() < next_t
```

```
#       return residual, xhatOut, next_t
# end
# next_t += sample;

# Radar update time deltat is inherited from model workspace

# 1. Compute Phi, Q, and R
    Phi = [1 deltat 0 0; 0 1 0 0 ; 0 0 1 deltat; 0 0 0 1];
    Q =    Diagonal([0,.005,0,.005]); # 对应 Matlab 的 diag
    R =    Diagonal([300^2,0.001^2]);

# 2. Propagate the covariance matrix:
    P = Phi * P * Phi' .+ Q;

# 3. Propagate the track estimate::
    xhat = Phi * xhat;

# 4 a). Compute observation estimates:
    Rangehat = sqrt(xhat[1]^2 + xhat[3]^2);
    Bearinghat = atan(xhat[3], xhat[1]); # 对应 Matlab 的 atan2

# 4 b). Compute observation vector y
#           and linearized measurement matrix M
    yhat =    [Rangehat;
            Bearinghat];
    M = [ cos(Bearinghat)              0 sin(Bearinghat)              0
    -sin(Bearinghat) / Rangehat 0 cos(Bearinghat) / Rangehat 0 ];

# 4 c).   Compute residual (Estimation Error)
    residual = meas .- yhat;

# 5. Compute Kalman Gain:
    W = P * M' * inv(M * P * M' .+ R);

# 6. Update estimate
    xhat = xhat .+ W * residual;

# 7. Update Covariance Matrix
    P = (eye(4) .- W * M) * P * (eye(4) .- W * M)' .+ W * R * W';

    xhatOut = xhat;

    return residual, xhatOut
end

function eye(n::Integer)
    return Int.(Matrix(I(n)))
end
```

运行仿真，Sysplorer 将计算原始目标位置信号的卡尔曼滤波，并将滤波值和误差值分别通过模块 EstPosition 和 Residuals 输出到 Syslab 工作区。在 Syslab 环境中单击 [打开示例] 按钮打开示例文件夹，并打开路径为"Examples\08 SyslabWorkspace\Demo_SyslabFunction_EXTKALMAN.jl"的 Julia 程序文件。运行此程序文件，Syslab 将根据 Sysplorer 输出到工作区的数据绘制真实位置信号、测量位置信号和滤波位置信号，以及误差值图像，如图 5.7 所示。

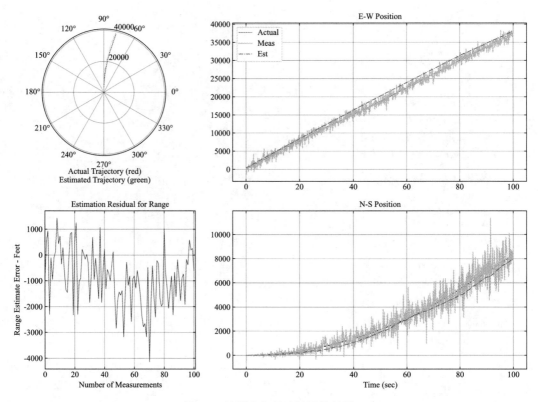

图 5.7　扩展卡尔曼滤波计算结果

5.3　基于MWORKS的经典制导律仿真分析 ///

5.3.1　比例导引法仿真分析

比例导引法是一种适用于自寻的制导的制导律。比例导引是一种相当常用的制导律，它在制导控制系统的发展中产生了不同的变种，如纯比例导引、真比例导引、增强比例导引和最优比例导引等。其中，纯比例导引是指导弹在向目标接近的过程中，使导弹的速度向量 V_M 在空间的转动角速度正比于目标视线 $\boldsymbol{R}$ 的转动角速度。本节针对纯比例导引法，在 MWORKS 环境下建立模型，并做仿真和分析。

纯比例导引的物理意义是，设导弹和目标速度大小为常值，且目标做直线运动，I 为拦截点，即导弹和目标同时到达此点，如图 5.8 所示。此时有 $V_{Tv} = V_{Mv}$，也就是目标和导弹垂直于视线方向的速度分量保持一致。

假如目标提前到达拦截点 I，说明 $V_{Tv} > V_{Mv}$，这时视线角 q 将会不断减小。要想使导弹命中目标，就需要相应地减小导弹速度向量的方向角 σ，以增大 V_{Mv}，也就是使 σ 的变化正比于 q 的变化：

$$\dot{\sigma} = K\dot{q} \tag{5.36}$$

这就是比例导引法的基本思想。

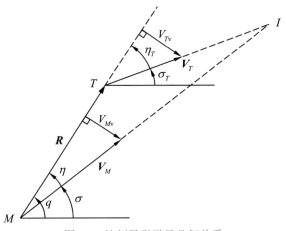

图 5.8　比例导引弹目几何关系

比例导引法的相对运动方程为

$$
\begin{cases}
\dfrac{\mathrm{d}r}{\mathrm{d}t} = V_T \cos\eta_T - V_M \cos\eta \\[2mm]
r\dfrac{\mathrm{d}q}{\mathrm{d}t} = V_M \sin\eta - V_T \sin\eta_T \\[2mm]
q = \sigma + \eta \\[2mm]
q = \sigma_T + \eta_T \\[2mm]
\dot{\sigma} = K\dot{q}
\end{cases}
\tag{5.37}
$$

下面，在 MWORKS 中建立比例导引的运动学模型，进行导引弹道的运动学仿真分析。

在本例中，假定目标保持水平向左运动，即 σ_T 恒定为 180°，速度大小恒定为 100 m/s；导弹初始速度方向 $\sigma_0 = 25°$，速度大小恒定为 200 m/s。初始状态下，弹目连线方位角 $q_0 = 45°$，距离 $r_0 = 1000$ m。导弹和目标的初始状态如图 5.9 所示。

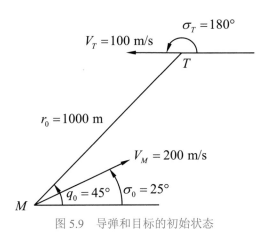

图 5.9　导弹和目标的初始状态

首先在 Sysplorer 环境中新建一个 block 模型，命名为"Guidance_EOM.mo"，并在文本视图中，定义模块内部的状态变量：

```
import D2R = Modelica.Constants.D2R;
parameter Real v_t = 100 "目标速度(m/s)";
parameter Real v_m = 200 "导弹速度(m/s)";
Real q(start = D2R * 45);
Real sigma(start = D2R * 25);
constant Real sigma_t = D2R * 180;
Real eta(start = D2R * 20);
Real eta_t(start = 0);
```

在图形视图中，插入输出连接器，以输出导弹和目标的位置以及相对距离，如图 5.10 所示。

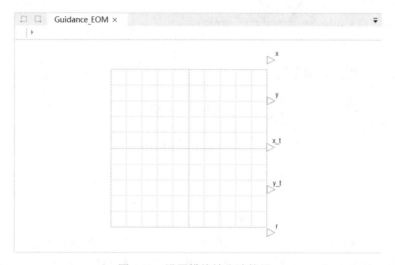

图 5.10   设置模块输出连接器

根据导弹和目标的相对运动方程，编写 Modelica 方程语句：

```
initial equation
    r = 1000;
    x = 0;
    y = 0;
    x_t = r * cos(q);
    y_t = r * sin(q);
equation
    // 运动方程组
    der(r) = v_t * cos(eta_t) - v_m * cos(eta);
    r * der(q) = v_m * sin(eta) - v_t * sin(eta_t);
    q = sigma + eta;
    q = sigma_t + eta_t;
    der(sigma) = 3 * der(q);    // 导引关系方程
    // 位置计算
    der(x) = v_m * cos(sigma);
    der(y) = v_m * sin(sigma);
    der(x_t) = v_t * cos(sigma_t);
    der(y_t) = v_t * sin(sigma_t);
```

这样就完成了比例导引法运动学模型的建立。新建一个 model 模型，命名为"Guidance_Test.mo"，通过 ToWorkspace_Vector 模块，将输出变量导出到 Syslab 工作区，如图 5.11 所示。

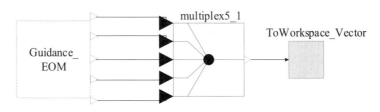

图 5.11　将输出变量导出到 Syslab 工作区

其中，将 ToWorkspace_Vector 模块的 row_dims 参数设置为 5，即输出向量的元素个数。

在 Sysplorer 模型文件的相同目录下，新建一个 Syslab 程序文件，进行数据处理和图形绘制工作。在数据处理中，以导弹和目标相距最近时目标的位置作为拦截点。代码如下：

```
clear();
#= 打开模型文件开始仿真 =#
Sysplorer.ChangeDirectory(pwd());      # 更改 Sysplorer 工作目录为当前目录
Sysplorer.OpenModelFile("Guidance_EOM.mo", auto_reload=false);
Sysplorer.OpenModelFile("Guidance_Test.mo", auto_reload=false);
Sysplorer.SimulateModel(;
    model_name = "Guidance_Test",
    start_time = 0.0,
    stop_time = 5.0);

#= 输出命中时间和位置 =#
min_dist, num_step = findmin(abs.(out.x[:,5]));
time = 0.01*num_step;
print("\nImpact Time = ");
println(time);
print("Target Position = (",
        "$(round(out.x[num_step,3];digits=3))",
        ", ",
        "$(round(out.x[num_step,4];digits=3))",
        ")\n");
print("Miss Distance = ")
println("$(round(min_dist;digits=3))");

#= 绘制导弹弹道和目标轨迹曲线 =#
plot(out.x[1:num_step, 1], out.x[1:num_step, 2],
    out.x[1:num_step, 3], out.x[1:num_step, 4]);
legend("导弹弹道", "目标轨迹");
```

Syslab 将通过 Sysplorer 接口进行仿真，并对仿真数据进行处理。绘制的导弹弹道和目标轨迹图像如图 5.12 所示。

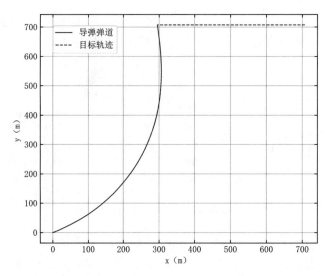

图 5.12　导弹弹道和目标轨迹图像

Syslab 终端输出如下信息：

Impact Time = 4.13

Target Position = (295.107, 707.107)

Miss Distance = 0.068

即导弹在 4.13s 后命中目标，拦截点位置为（295.107m, 707.107m），误差距离为 0.068m。

5.3.2　三点法制导律仿真分析

三点法是一种遥控制导中使用的制导律，导引关系如图 5.13 所示。三点法是指导弹在攻击目标的过程中，其位置始终处于制导站和目标的连线上。三点法的导引关系非常简单：

$$\varepsilon = \varepsilon_T \tag{5.38}$$

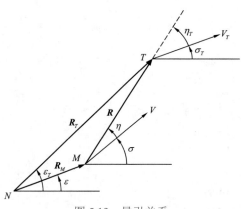

图 5.13　导引关系

在实际应用中，可以只用一部雷达同时跟踪目标和控制导弹。假设雷达波束中心线正好对准目标，则中心线的高低角就是 ε_T。如果导弹与制导站的连线高低角偏离波束中心线，则制导系统将根据偏差量发出控制指令，控制导弹回到波束中心线上来。

三点法的相对运动方程为

$$\begin{cases} \dot{R}_M = V\cos\eta \\ R_M\dot{\varepsilon} = V\sin\eta \\ \dot{R}_T = V_T\cos\eta_T \\ R_T\dot{\varepsilon}_T = V_T\sin\eta_T \\ \eta = \sigma - \varepsilon \\ \eta_T = \sigma_T - \varepsilon_T \\ \varepsilon = \varepsilon_T \end{cases} \tag{5.39}$$

其中，假设导弹运动速度 V 和目标运动参数 V_T，σ_T 已知。

下面，通过一个例子来建立三点法的运动学仿真模型，对三点法导引的运动学特性进行分析。

在本例中，仍假定目标保持水平向左运动，即 σ_T 恒定为 180°，速度大小恒定为 100m/s；导弹速度大小恒定为 200m/s。初始状态下，制导站位置为（0, 0），导弹位置为（10m, 18m），目标位置为（1000m, 1800m）。需要注意的是，由于导引关系的约束，在三点法运动学仿真中，制导站、导弹和目标位置必须始终在一条直线上。导弹初始速度方向朝向目标，即

$$\sigma_0 = \arctan\frac{1800-18}{1000-10} = \arctan(1.8) \approx 60.9°$$

导弹和目标初始状态如图 5.14 所示。

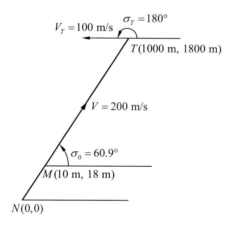

图 5.14 导弹和目标初始状态

与 5.3.1 节中比例导引法仿真模型建立过程类似，在 Sysplorer 环境下新建一个 block 模型，命名为"Guidance_EOM.mo"，在文本视图中进行变量定义：

```
import D2R = Modelica.Constants.D2R;
parameter Real v_t = 100 "目标速度(m/s)";
parameter Real v = 200 "导弹速度(m/s)";
Real eta;
Real eta_t;
Real sigma;
constant Real sigma_t = D2R * 180;
```

```
Real eps;
Real eps_t;
Real r_m;
Real r_t;
Real a_n "导弹法向过载(m/s2)";
```

然后，在图形视图中插入输出连接器，连接器变量定义与 5.3.1 节相同。

根据三点法的相对位置方程，编写 Modelica 方程语句：

```
initial equation
    x = 10;
    y = 18;
    x_t = 1000;
    y_t = 1800;
    sigma = atan((y_t - y) / (x_t - x));
    r_m = sqrt(x ^ 2 + y ^ 2);
    r_t = sqrt(x_t ^ 2 + y_t ^ 2);
equation
    // 相对运动方程
    der(r_m) = v * cos(eta);
    r_m * der(eps) = v * sin(eta);
    der(r_t) = v_t * cos(eta_t);
    r_t * der(eps_t) = v_t * sin(eta_t);
    eta = sigma - eps;
    eta_t = sigma_t - eps_t;
    eps = eps_t;    // 导引关系方程
    // 位置计算
    der(x) = v * cos(sigma);
    der(y) = v * sin(sigma);
    der(x_t) = v_t * cos(sigma_t);
    der(y_t) = v_t * sin(sigma_t);
    r = sqrt((x_t - x) ^ 2 + (y_t - y) ^ 2);
```

继续计算导弹的法向过载，其值为 $a_{\mathrm{n}} = \dot{\sigma}V$：

```
// 导弹法向过载
a_n = der(sigma) * v;
```

与 5.3.1 节类似，继续建立"Guidance_Test"模型，并编写 Syslab 程序文件进行数据处理（也可以把 5.3.1 节中建立的模型和程序文件直接复制到本节所建立模型的文件夹中使用）。在本节的例子中，仿真时间设置为 10s：

```
Sysplorer.SimulateModel(;
    model_name = "Guidance_Test",
    start_time = 0.0,
    stop_time = 10.0);
```

运行 Syslab 程序文件，绘制导弹和目标轨迹如图 5.15 所示。

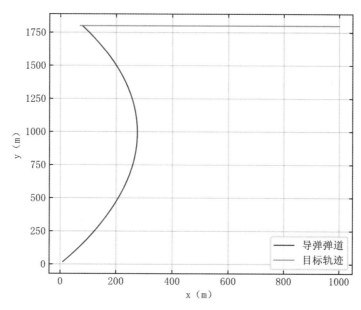

图 5.15 绘制导弹和目标轨迹

Syslab 终端输出为

Impact Time = 9.31
Target Position = (70.0, 1800.0)
Miss Distance = 7.915

即导弹在 9.31s 后命中目标，拦截点位置为（70m, 1800m），误差距离为 7.915m。

在 Sysplorer 的仿真浏览器中可以绘制导弹法向过载随时间变化的曲线。在仿真浏览器中选择绘制变量为 guidance_EOM.a_n，绘制 y(t)曲线。将鼠标光标移至曲线上，Sysplorer 将会显示变量的局部最小值、局部最大值，如图 5.16 所示。

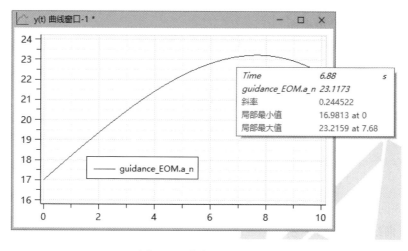

图 5.16 曲线和局部最值

由图 5.16 可以看出，导弹的最大法向过载约为 23.2m/s^2，出现在 7.68s。

5.4 基于MWORKS的滑模制导律设计与仿真分析

在 5.3 节中，我们分别以比例导引法和三点法为例，介绍了飞行器自寻的和被动制导中常用的两种经典制导律，并在 MWORKS 环境中进行了导引弹道仿真。本节以滑模制导律为例，介绍这一现代制导律的设计过程，并在 MWORKS 环境中建立导引弹道仿真模型，进行制导律仿真分析。

5.4.1 滑模控制简介

滑模控制的基本思想是在动态过程中根据系统当前的状态有目的地不断变化，迫使系统按照预定"滑动模态"的状态轨迹运动。

典型非线性动态系统微分方程为

$$\dot{x}_1 = x_2$$
$$x_2 = f(\boldsymbol{x}) + g(\boldsymbol{x})u \tag{5.40}$$

将方程 5.40 作为被控对象的数学模型，可绘制控制系统框图如图 5.17 所示。

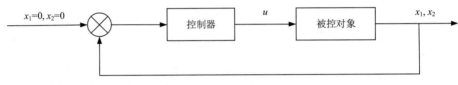

图 5.17 控制系统框图

接下来，使用滑模控制的方法来设计控制器。

1. 滑模面设计

在相平面上确定一个滑模面

$$s = cx_1 + x_2 \tag{5.41}$$

令 $s = 0$，则有

$$cx_1 + \dot{x}_1 = 0 \tag{5.42}$$

方程 5.42 是一个一阶线性微分方程。可以容易地得到其通解

$$\begin{cases} x_1 = x_1(0)e^{-ct} \\ x_2 = -cx_1(0)e^{-ct} \end{cases} \tag{5.43}$$

由式 5.43 可见，此时系统状态 x_1, x_2 均指数收敛到 0。系统的相轨迹曲线如图 5.18 所示。

2. 滑模趋近律设计

从前面的分析可知，只要让系统的状态保持在滑模面

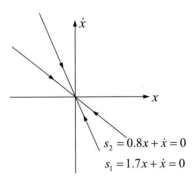

图 5.18 系统的相轨迹曲线

上，就可以让非线性系统状态收敛到稳定状态。然而，非线性被控对象自身的动力学特性不会使状态变量自发地沿滑模面运动。要想让系统的状态趋近并保持在滑模面上，就需要控制器的作用来实现了。

结合滑模面方程 5.41 和非线性被控对象方程 5.40，可得

$$\begin{aligned} \dot{s} &= c\dot{x}_1 + \dot{x}_2 \\ &= cx_2 + f(\boldsymbol{x}) + g(\boldsymbol{x})u \end{aligned} \tag{5.44}$$

式 5.44 说明，可以通过适当的控制量 u 来控制 $\dot{s}$，使得 s 收敛到 0，也就是将系统状态保持在滑模面上。$\dot{s}$ 称为滑模趋近律。一般滑模趋近律选为

$$\begin{cases} \dot{s} = -\varepsilon\,\mathrm{sgn}(s), & \varepsilon > 0 \\ \dot{s} = -\varepsilon\,\mathrm{sgn}(s) - ks, & \varepsilon > 0,\ k > 0 \\ \dot{s} = -k\,|s|^{\alpha}\,\mathrm{sgn}(s), & 0 < \alpha < 1 \end{cases} \tag{5.45}$$

当已知被控对象的动力学 $f(\boldsymbol{x})$ 和 $g(\boldsymbol{x})$，选择滑模面和滑模趋近律后，就可以求出控制律 u。

3. 扰动观测器设计

真实系统中，一般存在着未被建模考虑的系统动力学特性、建模的偏差，以及不被期望的输入，这些因素的影响被称为扰动。扰动的影响并非完全无法得知，在一些情况下，我们可以通过建立扰动观测器来估计扰动的值，在控制律中进行相应的补偿，以提高控制系统的鲁棒性和快速性。

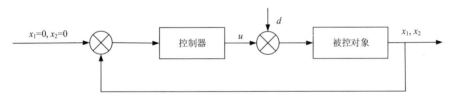

图 5.19　含扰动的非线性控制系统结构框图

图 5.19 描述了一个被控对象输入含有扰动的非线性控制系统。系统微分方程为

$$\begin{aligned} \dot{x}_1 &= x_2 \\ x_2 &= f(\boldsymbol{x}) + g(\boldsymbol{x})u + d \end{aligned} \tag{5.46}$$

此时，滑模趋近律变为

$$\dot{s} = c\dot{x}_1 + \dot{x}_2 = cx_2 + f(\boldsymbol{x}) + g(\boldsymbol{x})u + \dot{d} \tag{5.47}$$

为了保证控制系统的稳定性、增强动态性能，需要在控制输入中加入对扰动 d 的补偿。

5.4.2　制导系统数学模型建立

分别使用 M 和 T 代表导弹和目标，攻击平面内导弹与目标的相对位置关系如图 5.20 所示。

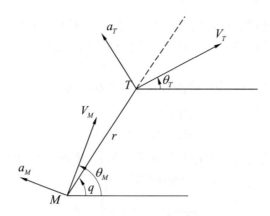

图 5.20　攻击平面内导弹与目标的相对位置关系

由图 5.20 所示的几何关系，可建立末制导阶段数学模型

$$\dot{r} = V_T \cos(\theta_T - q) - V_M \cos(\theta_M - q) \tag{5.48}$$

$$r\dot{q} = V_T \sin(\theta_T - q) - V_M \sin(\theta_M - q) \tag{5.49}$$

$$\dot{\theta}_M = \frac{a_M}{V_M} \tag{5.50}$$

$$\dot{\theta}_T = \frac{a_T}{V_T} \tag{5.51}$$

其中，a_T，a_M 分别为导弹和目标的法向加速度，并假设目标和导弹速度大小 V_T，V_M 保持不变。

由图 5.20 可得视线角 q 的二阶导数

$$\ddot{q} = -2\frac{\dot{r}\dot{q}}{r} + \frac{a_{Tq}}{r} - \frac{a_{Mq}}{r} \tag{5.52}$$

其中，$a_{Tq} = a_T \cos(q - \theta_T) = V_T \dot{\theta}_T \cos(q - \theta_T)$，$a_{Mq} = a_M \cos(q - \theta_M)$ 分别是目标和导弹法向加速度在视线法向上的分量。

由几何关系可知，对每个期望的落角，都有一个终端弹目视线角 q_f 与之对应，此时落角约束问题转化为弹目视线角跟踪问题。在终端时刻 t_f 处，建立终端角约束

$$q(t_f) = q_f \pm \varDelta_1, \ \dot{q}(t_f) = 0 \pm \varDelta_2 \tag{5.53}$$

其中，$\varDelta_1$，$\varDelta_2 \geqslant 0$ 分别为终端角和终端角速度允许误差。

选择状态变量

$$\begin{aligned} x_1 &= q - q_f \\ x_2 &= \dot{q} \end{aligned} \tag{5.54}$$

同时，定义控制输入

$$u = -\frac{a_M}{r} \tag{5.55}$$

则可写出制导系统的动力学方程

$$\dot{x}_1 = x_2$$
$$\dot{x}_2 = u + d \tag{5.56}$$

其中，扰动项

$$d = -2\frac{\dot{r}\dot{q}}{r} + \frac{a_{Tq}}{r} + \frac{a_M - a_{Mq}}{r} \tag{5.57}$$

5.4.3 制导律设计与建模仿真

1. 滑模控制律设计

选择滑模面

$$s = k_1 x_1 + x_2 \tag{5.58}$$

则有

$$\dot{s} = k_1 \dot{x}_1 + \dot{x}_2$$
$$= k_1 x_2 + u + d \tag{5.59}$$

选择滑模趋近律

$$\dot{s} = k_2 s + \varepsilon \operatorname{sgn}(s) \tag{5.60}$$

得到控制律

$$u = -k_1 x_2 - k_2 s - \varepsilon \operatorname{sgn}(s) - d \tag{5.61}$$

在实际控制器上，由于扰动的真实值无法获得，因此使用扰动观测器对扰动的估计值 $\hat{d}$ 来代替真实值 d，则滑模控制律变为

$$u = -k_1 x_2 - k_2 s - \varepsilon \operatorname{sgn}(s) - \hat{d} \tag{5.62}$$

根据动力学方程 5.56，可以利用控制器输出和系统状态变量构造一个简单的扰动观测器，其结构框图如图 5.21 所示。

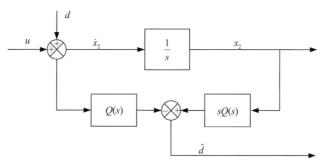

图 5.21 扰动观测器结构框图

由结构框图可推导出

$$\hat{d}(s) = Q(s)d(s) \tag{5.63}$$

令 $Q(s)$ 为低通滤波器，则

$$Q(s) = \frac{1}{\tau s + 1} \tag{5.64}$$

其中，τ 为时间常数。则当 τ 的值较小时，扰动观测器的估计值可以较为快速地跟踪实际值，同时能够去除高频噪声的干扰。

2. 控制律改进

在如式 5.62 所示的制导律下，导弹在目标进行机动时仍然可以按指定的终端约束角命中目标。但是，所设计的制导律具有一个明显的缺点：当系统状态处于滑模面附近时，由于系统本身动态特性的影响，系统状态会反复穿过滑模面，引起控制指令的剧烈变化。这被称为滑模控制的"抖振"现象。为了克服这种现象，实际应用中通常通过引入积分环节或使用较为平滑的函数代替符号函数 sgn(s)，以减小系统在滑模面附近的抖振。

这里，采取后一种方法，根据终端角和终端角速度允许误差 $\varDelta_1$，$\varDelta_2$ 设定一个边界层，并使用误差设计制导律参数 k_1 以及边界层厚度。

使用饱和函数 sat(s,ϕ) 代替符号函数，控制律变为

$$u = -k_1 x_2 - k_2 s - \varepsilon \text{sat}(s,\phi) - \hat{d} \tag{5.65}$$

其中，饱和函数 sat(s,ϕ) 定义为

$$\text{sat}(s,\phi) = \begin{cases} s/\phi, & |s| \leqslant \phi \\ \text{sgn}(s), & |s| > \phi \end{cases} \tag{5.66}$$

其中，ϕ 为边界层厚度。

为了使控制器能够适应不同程度的扰动，引入自适应更新律来改变控制参数 ε：

$$\hat{\varepsilon} = \begin{cases} 0, & |s| \leqslant \phi \\ |s|/a, & |s| > \phi \end{cases} \tag{5.67}$$

其中，$\hat{\varepsilon}$ 为自适应参数，代替了原控制律中的参数 ε。

在边界层内部，系统变量具有边界：

$$|x_1| \leqslant \phi/k_1, \quad |x_2| \leqslant 2\phi \tag{5.68}$$

考虑终端约束条件，为了满足制导精度，应让系统变量的边界满足终端约束条件。因此，取边界层厚度 $\phi = \varDelta_2/2$，制导律系数 $k_1 = \varDelta_2/(2\varDelta_1)$。

最终，得到改进后的基于扰动观测器的终端角约束滑模制导律

$$u = -\frac{\varDelta_2}{2\varDelta_1} x_2 - k_2 s - \hat{\varepsilon}\text{sat}\left(s, \frac{\varDelta_2}{2}\right) - \hat{d} \tag{5.69}$$

对应的导弹法向加速度为 $a_M = -ru$。

3. 导引弹道模型建立

根据前面所建立的制导律数学模型，在 Sysplorer 环境中创建模型库"SMC_Guidance"，在该模型库中建立制导律仿真整体模型，命名为"SMC_Demo"，如图 5.22 所示。

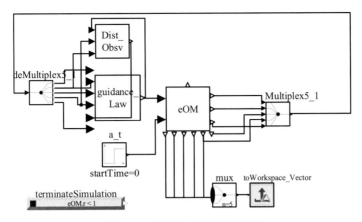

图 5.22　制导律仿真整体模型

由图 5.22 可见，制导律仿真整体模型主要包括 3 个部分：导弹目标运动方程（eOM）、滑模制导律（guidance_Law）和状态观测器。为了模块间连接整洁，使用了 Multiplex 和 deMultiplex 模块来整合和分离信号。

首先搭建导弹目标运动方程模块。模块输入/输出接口定义如图 5.23 所示。

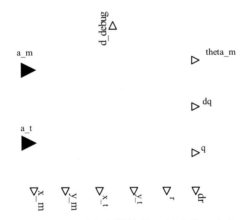

图 5.23　运动方程模块输入/输出接口定义

其中，d_debug 为扰动的真实值，用于与扰动观测器的估计值相比较。

在输入/输出变量外，定义模型变量如下：

```
constant Real PI = Modelica.Constants.pi;
parameter Real x_m0 = 0;
parameter Real y_m0 = 0;
parameter Real x_t0 = 3000;
parameter Real y_t0 = 3000;
parameter Real theta_m0 = 60 * PI / 180;
parameter Real theta_t0 = 120 * PI / 180;
parameter Real v_m = 500;
parameter Real v_t = 250;
Real theta_t;
```

根据导弹与目标的相对运动关系，编写方程语句如下：

```
initial equation
    x_m = x_m0;
    x_t = x_t0;
    y_m = y_m0;
    y_t = y_t0;
    theta_m = theta_m0;
    theta_t = theta_t0;
    r = sqrt((x_m0 - x_t0) ^ 2 + (y_m0 - y_t0) ^ 2);
    if (y_t0 - y_m0) >= 0 then
        q = acos((x_t0 - x_m0) / r);
    else
        q = -acos((x_t0 - x_m0) / r);
    end if;
equation
    // 运动方程组
der(r) = dr;
    der(q) = dq;
    der(r) = v_t * cos(theta_t - q) - v_m * cos(theta_m - q);
    r * der(q) = v_t * sin(theta_t - q) - v_m * sin(theta_m - q);
    der(theta_m) = a_m / v_m;
    der(theta_t) = a_t / v_t;
    // 计算坐标
    der(x_m) = v_m * cos(theta_m);
    der(y_m) = v_m * sin(theta_m);
    der(x_t) = v_t * cos(theta_t);
    der(y_t) = v_t * sin(theta_t);
// 扰动真实值
    d_debug = -2 * dr * dq / r + a_t * cos(q - theta_t) / r + (1 - cos(q - theta_m)) * a_m / r;
```

接着，搭建滑模控制器模块。仿照图 5.23，设置模块输入/输出接口，如图 5.24 所示。

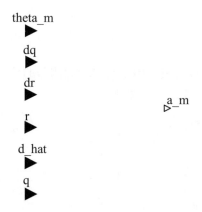

图 5.24　滑模控制器模块输入/输出接口设置

定义模型变量如下：

```
constant Real PI = Modelica.Constants.pi;
parameter Real d1 = 5 * PI / 180;
```

```
parameter Real d2 = 2 * PI / 180;//x1 和 x2 的允许误差
parameter Real a = 1;   // 自适应更新律参数
parameter Real q_f = 45 * PI / 180;
parameter Real k2 = 0.2; //控制律参数
Real s; // 滑模面
Real k1;   // 控制律参数，由允许误差决定
Real phi; // 滑模面边界层厚度
Real u; // 控制量输出 u=-a_m/r
Real x1;
Real x2; // 状态方程中的系统变量
Real eps_hat; // 自适应参数
Real sat_s_phi; // 饱和函数计算值
```

根据改进的滑模控制律，编写方程语句如下：

```
initial equation
    eps_hat = 0;
equation
    x1 = q - q_f;
    x2 = dq;
    k1 = d2 / (2 * d1);
    phi = d2 / 2;       // 边界层厚度
    s = k1 * x1 + x2; // 滑模面
    // 饱和函数和增益变化律计算
    if abs(s) <= phi then
        sat_s_phi = s / phi;
        der(eps_hat) = 0;
    else
        sat_s_phi = sign(s);
    der(eps_hat) = abs(s) / a;
    end if;
    u = -k1 * x2 - k2 * s - eps_hat * sat_s_phi - d_hat;
    a_m = -r * u;
```

最后，根据图 5.21 结构框图和式 5.64 的传递函数，利用一阶环节模块搭建扰动观测器模型，如图 5.25 所示。

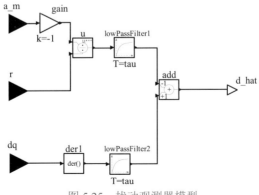

图 5.25　扰动观测器模型

其中，tau 为文本视图中定义的模型参数，默认值设置为 0.02。

按照如图 5.22 所示的结构连接各模块的输入/输出，完成制导律仿真模型的搭建。

4. 导引弹道仿真分析

假设目标和导弹均作匀速运动，速度分别为 $V_T = 250\text{m/s}$，$V_M = 500\text{m/s}$，速度方向分别为 $\theta_{T0} = 120°$，$\theta_{M0} = 60°$。导弹初始位置位于原点(0, 0)，目标初始位置位于(3000m, 3000m)处。在整个仿真过程中，目标始终作法向加速度 $a_T = 10\text{m/s}^2$ 的常值机动。弹目初始位置和运动状态如图 5.26 所示。

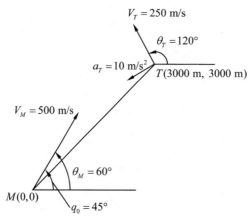

图 5.26　弹目初始位置和运动状态

在制导律中，扰动观测器中传递函数的时间常数 tau 设定为 0.02s。在控制器模块中，期望落角和角速度误差设定为 $\Delta_1 = 5°$，$\Delta_2 = 2°/s$，自适应增益变化律参数 $a = 1$，期望落角 $q_f = 30°$，控制律参数 $k_2 = 0.2$。

仿真模型中运动方程和制导律模块的参数设置如表 5-1 所示。

表 5-1　仿真模型中运动方程和制导律模块的参数设置

模型参数	参数设置	模型参数	参数设置
tau	0.02	y_m0	0
d1	5 * PI / 180	x_t0	3000
d2	2 * PI / 180	y_t0	3000
a	1	theta_m0	60 * PI / 180
q_f	30 * PI / 180	theta_t0	120 * PI / 180
k2	0.2	v_m	500
x_m0	0	v_t	250

其中，PI 需要在模型的文本视图中手动设置。

```
constant Real PI = Modelica.Constants.pi;
```

此外，使用阶跃模块来表示目标加速度，组件参数 height 设置为 10；mux 模块的组件参数 n（输入信号的维数）设置为 5；toWorkspace_Vector 模块的组件参数 period（采样周期）

设置为 0.002，row_dims（输出变量维数）设置为 5；terminateSimulation 模块的组件参数
condition（终止仿真条件）设置为 eOM.r<1，即弹目距离小于 1m 时终止仿真。

在 Syslab 软件中编写代码如下，并将代码文件保存在 Sysplorer 仿真模型的根目录下：

```
clear();
#= 打开模型文件开始仿真 =#
Sysplorer.ChangeDirectory(pwd());              # 更改 Sysplorer 工作目录为当前目录
Sysplorer.OpenModelFile("SMC_Demo.mo", auto_reload=true);
Sysplorer.SimulateModel(
    "SMC_Guidance.SMC_Demo";             #= 模型全名，不带.mo =#
    start_time=0.0,
    stop_time=15.0);

#= 输出命中时间和位置 =#
min_dist, num_step = findmin(abs.(out.x[:,5]));
time = out.tout[num_step];
print("\nImpact Time = ");
println(time);
print("Target Position = (",
        "$(round(out.x[num_step,3];digits=3))",
        ",",
        "$(round(out.x[num_step,4];digits=3))",
        ")\n");
print("Miss Distance = ")
println("$(round(min_dist;digits=3))");

#= 绘制导弹弹道和目标轨迹曲线 =#
plot(out.x[1:num_step, 1], out.x[1:num_step, 2],
    out.x[1:num_step, 3], out.x[1:num_step, 4]);
legend("导弹弹道", "目标轨迹");
```

运行上述代码，在 Syslab 软件中绘制仿真得到的导弹弹道和目标轨迹曲线如图5.27所示。

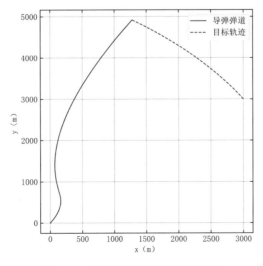

图 5.27　导弹弹道和目标轨迹曲线

由仿真结果可知，导弹在约 10.4s 后击中目标，此时目标位置为(1276.739m，4919.857m)。

在 Sysplorer 仿真浏览器中查看导弹法向过载曲线如图 5.28 所示。由图 5.28 可见，导弹最大过载约为 327.91m/s²，对应时间为 1.23 s。这是因为在导弹弹道的初始段，导弹需要大幅调整速度方向，以使弹目视线角能够趋于期望值。这段弹道对应图 5.27 中弹道曲线初始的"S"形弹道。

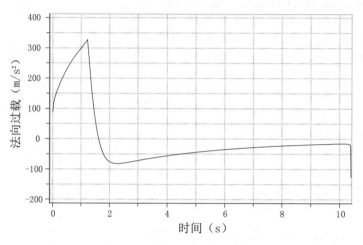

图 5.28　导弹法向过载曲线

弹目视线角曲线如图 5.29 所示。由图 5.29 可见，由于导弹和目标的初始运动，弹目视线角在导引弹道初始段小幅增加。然后，在滑模制导律的作用下，弹目视线角减小，并逐渐趋于期望值。在导弹命中目标时，弹目视线角达到最小值，约为 0.563 rad ≈ 32.26°，视线角误差约为 2.26°，满足了 $\Delta_1 = 5°$ 的落角误差要求。

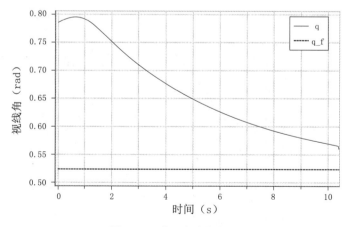

图 5.29　弹目视线角曲线

扰动估计值与扰动理论值如图 5.30 所示。由图 5.30 可见，扰动估计值与真实值相差无几，说明所设计的扰动观测器能够很好地估计扰动值。

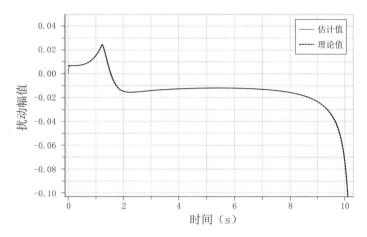

图 5.30 扰动估计值与扰动理论值

本 章 小 结

本章主要围绕 MWORKS 在飞行器制导系统研制及仿真分析中的应用展开介绍。首先介绍了精确制导武器的典型制导律，包括三点法、比例导引法等经典制导律，滑模制导律等现代制导律，以及制导律设计、制导律仿真验证的主要方法。随后，介绍了飞行器制导控制系统中常用的滤波处理操作及其在 MWORKS 中的实现方法。通过目标位置估计算例，演示了卡尔曼滤波在 MWORKS 中的实现方法。在 Sysplorer 环境中，通过文本建模方式建立比例导引法和三点法的导弹弹道仿真模型，利用 Sysplorer 与 Syslab 双向集成功能完成仿真结果的绘图分析。最后，在 Sysplorer 环境中通过文本和图形化混合建模方式设计并建立了滑模制导律的导弹弹道仿真模型，完成导弹弹道仿真与弹道特性分析。

习 题 5

1. 导弹弹道运动学分析主要基于哪些假设？
2. 制导律的选择主要以哪些方面为依据？
3. 巴特沃斯滤波器、切比雪夫滤波器和椭圆滤波器的频率特性分别具有哪些特点？
4. 设低通滤波器性能指标：通带截止频率 $f_p = 10\text{Hz}$，阻带起始频率 $f_s = 15\text{Hz}$，通带内波纹幅度 $R_p = 1\text{dB}$，阻带内衰减幅度 $R_s = 50\text{dB}$。选择合适的采样频率，编写 Syslab 程序，建立符合指标的数字滤波器。
5. 设目标速度 $V_T = 300\text{m/s}$，导弹速度 $V = 550\text{m/s}$，初始时刻 $\eta = -12°$，$q = 42°$，$r = 5000\text{m}$，分别取导航比 $N = 2, 3, 4$，建模进行比例导引的导弹弹道仿真，比较分析不同导航比下的导弹弹道和需用过载特性。
6. 设目标速度 $V_T = 250\text{m/s}$，导弹速度 $V = 500\text{m/s}$，制导站位置为(0, 0)，导弹初始位置为(20m, 26.5m)，目标初始位置为(3000m, 3980m)，目标航迹倾角 $\sigma_T = 180°$，导弹初始速度方向朝向目标。建立仿真模型进行导弹弹道仿真，分析比例导引与三点法导引的弹道特性。

7. 滑模控制律的主要原理是什么？滑模控制律怎样使系统状态趋近并保持在滑模面上？

8. 对 5.3 节建立的滑模制导律仿真模型，在制导律模块 guidance_Law 的输出与运动方程模块 eOM 的法向加速度输入 a_m 之间加入时间常数 T=0.1s，增益 k=1 的一阶环节模块模拟弹体动力学，在相同条件下运行仿真，通过对比弹道和法向加速度的变化比较弹体动力学对导弹弹道的影响。

第 6 章
卫星导航建模与仿真

    随着全球导航卫星系统（Global Navigation Satellite System, GNSS）的发展，卫星导航已在现代社会生活的各个方面得到广泛的应用。考虑到物理仿真的实现难度，随着计算机技术的不断进步，数学仿真已成为学习、研究各卫星导航系统的重要工具。本章从卫星导航基本概念出发，介绍卫星导航时空系统转换、卫星空间位置解算、导航信号误差建模、导航观测数据生成、伪距单点定位和伪距差分定位等卫星导航各环节的基本原理，并结合实例介绍MWORKS 实现各环节的具体方法，使读者在了解卫星导航原理的基础上通过使用 MWORKS软件工具实现对卫星导航的建模仿真。

通过本章的学习，读者可以了解（或掌握）：

❖ 时空系统转换的原理与仿真方法。

❖ 导航卫星轨道建模的原理与仿真方法。

❖ 卫星导航测量误差建模的原理与仿真方法。

❖ 卫星导航定位的原理与仿真方法。

6.1 基于MWORKS的时空系统转换

坐标系统和时间系统是卫星导航系统的两个参考基准。坐标系统为研究物体的位置和运动提供了空间基准，也为建立卫星导航数学模型、表征卫星和用户状态信息及其他关联信息解算提供了前提条件。时间系统为全球用户和卫星提供时间同步功能，以保证准确的定位授时服务。然而，GPS、GLONASS、Galileo 和 BDS 四大卫星导航系统的时空基准均不一致，使得对同一事件的描述也存在差别。因此，对各星座导航系统进行时空基准统一以保证可靠的定位授时服务具有重要意义。

6.1.1 卫星导航时空系统

1. 卫星导航空间系统

卫星导航系统是以导航卫星作为参照物完成定位、导航和授时功能的，因此目标位置需要在选定参考坐标系下进行描述。为适应不同任务目标和环境，通常需要将目标位置表示在合适的坐标系中，例如，在地心地固坐标系（ECEF）中描述卫星位置和速度、在大地坐标系（BLH）中描述用户在地球中的位置、在站心坐标系（ENU）中描述卫星位置和速度等。因此需要实现坐标在不同坐标系之间的转换。此外，为了更方便地描述地球形状和测量表面物体的位置等参数信息，每个卫星导航系统都会定义其自身的地球参考模型。不同参考模型之间的差异会影响坐标转换的精度，因此还需要实现不同导航系统之间的坐标转换。

1）地球参考模型简介

在实现导航定位的过程中，需提前选定近似于地球形状和大小的规则曲面作为基准面，以保证后续相关计算的实现。长期的大地测量表明地球近似是一个南北稍扁的旋转椭球体，所以大地测量学中常把表示地球的旋转椭球体称为地球参考模型。地球参考模型几何定义如图 6.1 所示，包括椭球中心 O、椭球旋转轴 NS、长半轴 a、短半轴 b。地球参考模型由 5 个几何参数描述，包括长半轴 a、短半轴 b、扁率 f、第一偏心率 e、第二偏心率 e'，其中：

$$f = \frac{a-b}{a}, e = \frac{\sqrt{a^2-b^2}}{a}, e' = \frac{\sqrt{a^2-b^2}}{b}$$

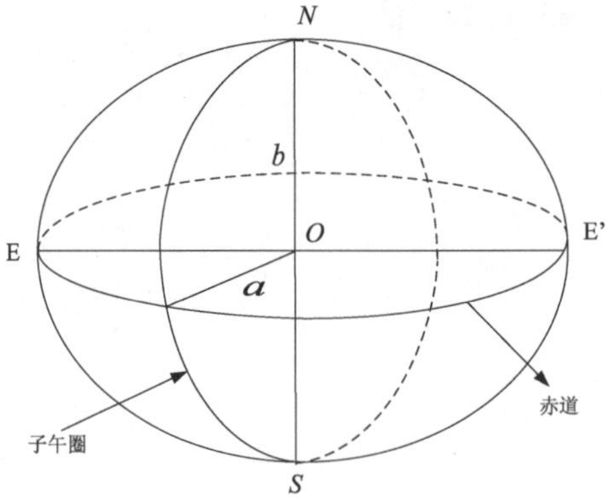

图 6.1　地球参考模型几何定义

目前全球四大卫星导航系统采用的地球参考模型参数见表 6-1。

表 6-1 地球参考模型参数

导航系统	椭球模型	长半轴（m）	扁率	地心引力常数	地球角速度（rad/s）
GPS	WGS-84	6378137	0.003352810664747	3.986005e14	7.2921151467e-5
GLONASS	PZ-90	6378136	0.003352803743019	3.986004418e14	7.292115e-5
Galileo	ITRF96	6378137	0.003352819360654	3.986004418e14	7.2921151467e-5
BDS	CGCS2000	6378137	0.003352810681182	3.986004418e14	7.292115e-5

2）地心惯性坐标系

在空间中静止或做匀速直线运动的坐标系称为惯性坐标系。卫星的空间运动遵循牛顿经典力学原理，而经典力学原理是在惯性坐标系中建立的。因此为描述卫星的实际运动状态，建立了地心惯性坐标系（ECI）。该坐标系以地球质心为原点，指向北极的地球自转轴为 Z 轴，X 轴指向春分点，Y 轴与 X 轴、Z 轴构成右手直角坐标系。实际上，由于岁差和章动的影响，地心惯性坐标系并不能被视为严格的惯性坐标系，但在导航的实际应用中，地心惯性坐标系在一段时间内可视为惯性坐标系。

3）地心地固坐标系

地心惯性坐标系在空间中固定不动，与地球自转无关。考虑地球自转，地球上任一固定点位置在地心惯性坐标系中的坐标是一直变化的，这使得描述物体位置显得极为不便。为便于描述地球上物体的位置，将坐标系固连到地球上随地球运动，建立地心地固坐标系，消除地球自转、岁差和章动等因素对坐标计算的影响。地心地固坐标系以地球质心为原点，XY 平面与赤道平面重合，X 轴指向格林威治子午线，指向北极的地球自转轴为 Z 轴，Y 轴与 X 轴、Z 轴构成右手直角坐标系。卫星星历参数和历书参数计算的卫星位置和速度均表示在地心地固系。

4）大地坐标系

大地坐标系又称地心大地坐标系，是以地球参考模型为基准建立的坐标系。它是坐标表示方法与地心地固坐标系不同的另一种地心地固系。大地坐标系中的位置点是通过大地纬度、大地经度和大地高度表示的，故大地坐标系又称为纬经高（LLA）坐标系。表示坐标点位置时，大地纬度指过坐标点的基准椭球面法线与赤道面之间的夹角。纬度值在–90°到 90°之间，赤道面以北为正，以南为负；大地经度指过该坐标点的子午面与格林尼治子午面之间的夹角。经度值在–180°到 180°之间，格林尼治子午面以东为正，以西为负。大地高度指坐标点沿椭球的法线到椭球面的距离。用户的当地位置多在大地坐标系中表示。

在卫星导航中，卫星位置通常在地心地固坐标系中计算获取，导航相关计算也在地心地固坐标系中进行，用户位置通常表示在大地坐标系中，计算获取的定位解也需要在大地坐标系中表示以便于用户理解。因此需实现地心地固坐标系与大地坐标系间的坐标转换。若某位置在地心地固坐标系中的坐标为 (X, Y, Z)，在大地坐标系中的坐标为 (φ, λ, h)，则根据坐标系定义可知，大地坐标系到地心地固坐标系的转换公式为

$$\begin{cases} X = (N+h)\cos\varphi\cos\lambda \\ Y = (N+h)\cos\varphi\sin\lambda \\ Z = [N(1-e^2)+h]\sin\varphi \end{cases} \quad (6.1)$$

其中，N 为地球参考椭球的卯酉圈曲率半径，e 为椭球的第一偏心率。

$$N = \frac{a}{\sqrt{(1 - e^2 \sin^2 \varphi)}} \qquad (6.2)$$

$$e^2 = \frac{a^2 - b^2}{a^2} \qquad (6.3)$$

其中，a 为参考椭球的长半轴，b 为参考椭球的短半轴。

同理可知，地心地固坐标系转换到大地坐标系的转换公式为

$$\begin{cases} \varphi = \arctan[\dfrac{Z(N + h)}{\sqrt{X^2 + Y^2}\left(N(1 - e^2) + h\right)})] \\[3mm] \lambda = \arctan\dfrac{Y}{X} \\[3mm] h = \dfrac{\sqrt{X^2 + Y^2}}{\sin \varphi} - N \end{cases} \qquad (6.4)$$

5）站心坐标系

站心坐标系以用户所在位置点为坐标原点，Z 轴竖直向上（天向），X 轴指向大地东，Y 轴指向北，故它又称为东北天（ENU）坐标系。站心坐标系主要用于计算卫星相对于用户的观测矢量、方位角和高度角。给定用户地心地固坐标系位置坐标 (x, y, z) 和卫星地心地固坐标系坐标 (x', y', z')，则从用户到卫星的观测矢量为

$$\begin{bmatrix} \Delta x \\ \Delta y \\ \Delta z \end{bmatrix} = \begin{bmatrix} x' \\ y' \\ z' \end{bmatrix} - \begin{bmatrix} x \\ y \\ z \end{bmatrix} \qquad (6.5)$$

由观测向量 $\begin{bmatrix} \Delta x & \Delta y & \Delta z \end{bmatrix}^{\mathrm{T}}$ 可计算出卫星在站心坐标系中的坐标 $\begin{bmatrix} e & n & u \end{bmatrix}^{\mathrm{T}}$，

$$\begin{bmatrix} e \\ n \\ u \end{bmatrix} = \boldsymbol{S} \cdot \begin{bmatrix} \Delta x \\ \Delta y \\ \Delta z \end{bmatrix} \qquad (6.6)$$

其中，坐标变换矩阵 $\boldsymbol{S}$ 为

$$\boldsymbol{S} = \begin{bmatrix} -\sin \lambda & \cos \lambda & 0 \\ -\sin \phi \cos \lambda & -\sin \phi \sin \lambda & \cos \phi \\ \cos \phi \cos \lambda & \cos \phi \sin \lambda & \sin \phi \end{bmatrix} \qquad (6.7)$$

其中，λ 表示用户经度，ϕ 表示用户纬度。

反之，一个矢量站心坐标也可以变换到地心地固坐标系中，变换公式为

$$\begin{bmatrix} \Delta x \\ \Delta y \\ \Delta z \end{bmatrix} = \boldsymbol{S}^{-1} \cdot \begin{bmatrix} e \\ n \\ u \end{bmatrix} \qquad (6.8)$$

卫星仰角

$$\theta = \arcsin\left(\frac{u}{\sqrt{e^2 + n^2 + u^2}}\right) \tag{6.9}$$

卫星的方位角定义为北向顺时针转到观测矢量在水平面内投影方向上的角度，即

$$\alpha = \arctan(e / u) \tag{6.10}$$

2. 卫星导航时间系统

在卫星导航定位过程，卫星信号播发时间采用系统时，用户接收信号时间采用协调世界时，这就需要将上述两个时间系统相互统一以满足高精度的信号传播时间测量要求。此外，在多星座导航系统中，由于各导航系统均采用自身内部参考时间系统，因此还需完成各导航系统时之间相互转换。一般通过将各系统时转换为协调世界时，实现时间系统统一。

1）世界时与原子时

建立时间系统通常以一个可以重复观测、稳定、连续的周期现象为基础。世界时（UT）以地球自转为基础时间尺度。由于受到地球极移和地球自转速率季节性变化的影响，世界时并不是一个恒定的时间系统。由于地球自转速度的长期变慢，世界时正在逐年变慢。通过天文台观测可获取实际测量世界时 UT0，修正极移影响可获取 UT1，修正地球自转速率的季节性变化可获取 UT2。

原子时（AI）是以铯原子的谐振频率为基础时间尺度的。1967 年，原子秒定义为铯-133原子基态的两个超精细能级之间跃迁相应辐射的 9192631770 个周期的时长，在此定义基础上经协调计算形成了国际原子时 TAI（英文全称为 International Atomic Time，法文全称为 Temp Atomique Internstional）。

国际原子时是一个精确均匀的时间系统，但与地球自转无关；世界时与地球自转有关，但不均匀。为建立用于卫星导航的时间系统，引入折中的时间尺度，协调世界时（Universal Time Coordinated，UTC）。从 1972 年开始 UTC 以国际原子秒长为基础，保证其时间系统的精确和均匀性，在时刻上尽量接近世界时 UT1。当协调世界时与世界时 UT1 差距超过 0.9s 时，便在协调世界时中插入一跳秒，使协调世界时近世界时。用户日常使用的标准时间均为协调世界时。

2）GPS 时

GPS 时（GPST）以 UTC 的 1980 年 1 月 6 日 0 时 0 分 0 秒为零时刻，秒长与 TAI 的秒长相同。GPST 属于连续的时间系统，以星期数和周内秒来描述时刻。星期数从 0 开始，满1024 重新计数。周内秒从星期六到星期天过渡的午夜 0 时开始计数，满 604800 重新计数。由于在选定的 GPST 开始时刻 UTC 落后 TAI19 秒，导致 GPST 落后 TAI19 秒，即

$$\text{TAI} \approx \text{GPST} + 19 \tag{6.11}$$

除整数秒差外，GPST 和 TAI 还存在 20ns 以内的秒内差。随着协调世界时的不断跳秒，GPST 与 UTC 的差值也在不断变化。截至 2023 年 3 月，它们之间的差值达到了 18 秒，即

$$\text{GPST} \approx \text{UTC} + 18 \tag{6.12}$$

同样，除整数秒差外，GPST 和 UTC 还存在 10ns 的秒内差。需要指出的是，用户使用GPS 进行导航时，导航卫星播发的导航电文大多数数据以 GPS 时间为基准，用户以 UTC 为基准，这就涉及时间系统的转换。

3）BD 时

北斗系统时（BDT）的零时刻为中国科学院国家授时中心（NTSC）原子钟维持的 UTC，即 2006 年 1 月 1 日 0 时 0 分 0 秒，秒长同样与 TAI 的秒长相同。BDT 同样属于连续时间系统，不存在跳秒现象。BDT 也以星期数和周内秒来描述时刻，两者计数方法与 GPST 相同。由于在选定的 BDT 开始时刻 UTC 落后 TAI33 秒，导致 BDT 落后 TAI33 秒，即

$$TAI \approx BDT + 33 \tag{6.13}$$

除整数秒差外，BDT 和 UTC 还存在 60ns 的秒内差。截至 2023 年 3 月，BDT 与 UTC 差值为 4 秒，即

$$BDT \approx UTC + 4 \tag{6.14}$$

4）GLONASS 时

GLONASS 时简称 GLOT，GLOT 与 UTC 保持一致，通过莫斯科协调世界时 UTC（SU）溯源到 UTC。GLOT 超前 UTC（SU）3 小时，秒长与 TAI 的秒长相同。由于 GLOT 与 UTC 保持一致，故 GLOT 并不是连续时间系统，也存在跳秒现象。在跳秒调整时，导航系统导航能力会受到影响。截至 2023 年 3 月，GLOT 与 TAI 的整数差值为 37 秒。秒内差约为 50ns。

5）GALILEO 时

GALILEO 时简称 GALT，GALT 的起算时间设为 1999 年 8 月 22 日 0 时 0 分 0 秒，秒长仍为 TAI 的秒长。由起始历元导致 GALT 落后 TAI32 秒。截至 2023 年 3 月，GALT 超前于 UTC5 秒。GALT 相对 TAI 的偏移，在一年 95% 的时间内将限制在 50ns。GALT 属于连续时间系统，以周数和周内秒来描述时刻。区别于 GPST，GALT 的周数从 0 开始，满 4096 重新计数。

各卫星导航系统时之间的偏差主要由整数秒差和秒内差构成。整数秒差由 UTC 的跳秒引起，短时间内不会变化，秒内差可通过各卫星导航电文参数进行计算。截至 2023 年 3 月，各卫星导航系统整数秒差换算见表 6-2。

表 6-2　各卫星导航系统整数秒差换算

	GPST	BDT	GLOT	GALT
GPST	0	14s	18s–3h	13
BDT	–14s	0	4s–3h	–1s
GLOT	–18s+3h	–4s+3h	0	–5s+3h
GALT	–13s	1s	5s–3h	0

6.1.2　时空系统转换实例

1. 空间系统转换实例

接收机在大地坐标系中的初始位置为(39.960, 116.315, 58)，随后做如下运动。

（1）阶段 1：向西以速度 80m/s 匀速运动 10s。

（2）阶段 2：然后向北以速度 50m/s 匀速运动 10s。

（3）阶段 3：接着向天以速度 10m/s 匀速运动 10s。

注意：此处的方位（如西、北）均是基于站心坐标系而言的，且站心坐标系随接收机的位置变化而更新。

基于 WGS-84 椭球模型，采样频率为 1Hz，使用地心地固坐标系、大地坐标系和站心坐标系之间的变换，求解并且绘制出接收机在大地坐标系和地心地固坐标系下的运动轨迹。

Syslab 运行程序如下：

```
include("LLA2ECEF.jl");
include("ECEF2LLA.jl");
include("ENU2ECEF.jl ");
dt1 = 10;
dt2 = 10;
dt3 = 10;
V1 = [-80, 0, 0];
V2 = [0, 50, 0];
V3 = [0, 0, 10];
rcvLLA_0 = [39.960, 116.315, 58];
t1 = dt1;
t2 = t1 + dt2;
t3 = t2 + dt3;
rcvECEF_0 = LLA2ECEF(rcvLLA_0)
dt = 1;
steps = round(Int, (dt1 + dt2 + dt3) / dt);
rcvLLA = Array{Union{Nothing,Float64}}(nothing, steps, 3)
rcvECEF = Array{Union{Nothing,Float64}}(nothing, steps, 3)
for k = 1:steps
    tt = k * dt
    if tt <= t1
        dd_enu = V1 * dt
    elseif tt <= t2
        dd_enu = V2 * dt
    elseif tt <= t3
        dd_enu = V3 * dt
    end
    if k == 1
        rcvECEF[k, :] = ENU2ECEF(dd_enu, rcvLLA_0)
        rcvLLA[k, :] = ECEF2LLA(rcvECEF[k, :])
        continue
    end
    rcvECEF[k, :] = ENU2ECEF(dd_enu, rcvLLA[k-1, :])
    rcvLLA[k, :] = ECEF2LLA(rcvECEF[k, :])
end

figure()
rcvECEF_00 = reshape(rcvECEF_0, 1, 3);
rcvECEF_ = rcvECEF .- rcvECEF_00;
plot3(rcvECEF_[1:round(Int, t1 / dt), 1], rcvECEF_[1:round(Int, t1 / dt), 2],
rcvECEF_[1:round(Int, t1 / dt), 3]; linewidth=1.2, color="k");
hold("on");
plot3(rcvECEF_[round(Int, t1 / dt):round(Int, t2 / dt), 1], rcvECEF_[round(Int, t1 / dt):round(Int, t2 / dt), 2],
rcvECEF_[round(Int, t1 / dt):round(Int, t2 / dt), 3]; linewidth=1.2, color="b");
```

```
plot3(rcvECEF_[round(Int, t2 / dt):round(Int, t3 / dt), 1], rcvECEF_[round(Int, t2 / dt):round(Int, t3 / dt), 2],
rcvECEF_[round(Int, t2 / dt):round(Int, t3 / dt), 3]; linewidth=1.2, color="m");
plot3(rcvECEF_[1, 1], rcvECEF_[1, 2], rcvECEF_[1, 3], "o", ; linewidth=1.2, color="k");
text(50, 0, 10, "Start");
plot3(rcvECEF_[round(Int, t1 / dt), 1], rcvECEF_[round(Int, t1 / dt), 2],
rcvECEF_[round(Int, t1 / dt), 3], "o"; linewidth=1.2, color="b")
text(rcvECEF_[round(Int, t1 / dt), 1], rcvECEF_[round(Int, t1 / dt), 2] - 20,
rcvECEF_[round(Int, t1 / dt), 3] - 10, "t1"; color="b");
plot3(rcvECEF_[round(Int, t2 / dt), 1], rcvECEF_[round(Int, t2 / dt), 2],
rcvECEF_[round(Int, t2 / dt), 3], "o"; linewidth=1.2, color="m")
text(rcvECEF_[round(Int, t2 / dt), 1], rcvECEF_[round(Int, t2 / dt), 2] - 20,
rcvECEF_[round(Int, t2 / dt), 3] + 10, "t2"; color="m");
xlabel("x (m)");
ylabel("y (m)");
zlabel("z (m)");
figure()
rcvLLA_00 = reshape(rcvLLA_0, 1, 3);
rcvLLA_ = rcvLLA .- rcvLLA_00;
plot3(rcvLLA_[1:round(Int, t1 / dt), 1], rcvLLA_[1:round(Int, t1 / dt), 2],
rcvLLA_[1:round(Int, t1 / dt), 3]; linewidth=1.2, color="k");
hold("on");
plot3(rcvLLA_[round(Int, t1 / dt):round(Int, t2 / dt), 1], rcvLLA_[round(Int, t1 / dt):round(Int, t2 / dt), 2],
rcvLLA_[round(Int, t1 / dt):round(Int, t2 / dt), 3]; linewidth=1.2, color="b")
plot3(rcvLLA_[round(Int, t2 / dt):round(Int, t3 / dt), 1], rcvLLA_[round(Int, t2 / dt):round(Int, t3 / dt), 2],
rcvLLA_[round(Int, t2 / dt):round(Int, t3 / dt), 3]; linewidth=1.2, color="m")
plot3(rcvLLA_[1, 1], rcvLLA_[1, 2], rcvLLA_[1, 3], "o", ; linewidth=1.2, color="k")
text(0, 0, 10, "Start");
plot3(rcvLLA_[round(Int, t1 / dt), 1], rcvLLA_[round(Int, t1 / dt), 2],
rcvLLA_[round(Int, t1 / dt), 3], "o"; linewidth=1.2, color="b")
text(rcvLLA_[round(Int, t1 / dt), 1], rcvLLA_[round(Int, t1 / dt), 2],
rcvLLA_[round(Int, t1 / dt), 3] + 10, "t1"; color="b");
plot3(rcvLLA_[round(Int, t2 / dt), 1], rcvLLA_[round(Int, t2 / dt), 2],
rcvLLA_[round(Int, t2 / dt), 3], "o"; linewidth=1.2, color="m")
text(rcvLLA_[round(Int, t2 / dt), 1], rcvLLA_[round(Int, t2 / dt), 2] + 0.001,
rcvLLA_[round(Int, t2 / dt), 3] + 10, "t2"; color="m");
xlabel("纬度 (°)");
ylabel("经度 (°)");
```

程序中引用的函数内容如下，需要将引用的函数与主程序放在同一文件夹中，才可保证仿真正常运行。

（1）大地坐标转地心地固坐标函数 LLA2ECEF。

```
function LLA2ECEF(input1)
    a = 6.378137e6
    b = 6.356752314245179e6
    x0 = input1[1] * pi / 180
    y0 = input1[2] * pi / 180
    e = sqrt((a^2 - b^2) / a^2)
```

```
    N = a / sqrt(1 - e^2 * (sin(x0)^2))
    x = (N + input1[3]) * cos(x0) * cos(y0)
    y = (N + input1[3]) * cos(x0) * sin(y0)
    z = (N * (1 - e^2) + input1[3]) * sin(x0)
    user_ECEF = [x, y, z]
    return user_ECEF
end
```

（2）站心坐标转地心地固坐标函数 ENU2ECEF。

```
function ENU2ECEF(input1, input2)
    initial_lat = input2[1] * pi / 180
    initial_long = input2[2] * pi / 180
    initial_alt = input2[3]
    a = 6.378137e6
    b = 6.356752314245179e6
    e = sqrt((a^2 - b^2) / a^2)
    N = a / sqrt(1 - e^2 * (sin(initial_lat)^2))
    x = (N + initial_alt) * cos(initial_lat) * cos(initial_long)
    y = (N + initial_alt) * cos(initial_lat) * sin(initial_long)
    z = (N * (1 - e^2) + initial_alt) * sin(initial_lat)
    initial_ECEF = [x, y, z]
    Covert_matrix = [-sin(initial_long) cos(initial_long) 0;
-sin(initial_lat)*cos(initial_long) -sin(initial_lat)*sin(initial_long) cos(initial_lat);
cos(initial_lat)*cos(initial_long) cos(initial_lat)*sin(initial_long) sin(initial_lat)]
    user_ECEF = Covert_matrix^-1 * input1 + initial_ECEF
    return user_ECEF
end
```

（3）地心地固坐标转大地坐标函数 ECEF2LLA。

```
function ECEF2LLA(input1)
    a = 6.378137e6
    b = 6.356752314245179e6
    e = sqrt((a^2 - b^2) / a^2)
    user_long = atan(abs(input1[2] / input1[1]))
    if input1[2] > 0
        if input1[1] <= 0
            user_long = pi - user_long
        end
    else
        if input1[1] > 0
            user_long = 2 * pi - user_long
        else
            user_long = pi + user_long
        end
    end
    user_long = user_long * 180 / pi
    int_user_lat = 0
```

```
    while true
        N = a / sqrt(1 - e^2 * (sin(int_user_lat)^2))
        global user_H = sqrt(input1[1]^2 + input1[2]^2) / cos(int_user_lat) - N
        global user_lat = atan(input1[3] / sqrt(input1[1]^2 + input1[2]^2) * (1 - e^2 * N / (N + user_H))^(-1))
        if abs(user_lat - int_user_lat) >= 10^-6
            int_user_lat = user_lat
        else
            break
        end
    end
    int_user_lat = int_user_lat * 180 / pi
    user_LLA = [int_user_lat, user_long, user_H]
    return user_LLA
end
```

程序运行结果如图 6.2、图 6.3 所示。

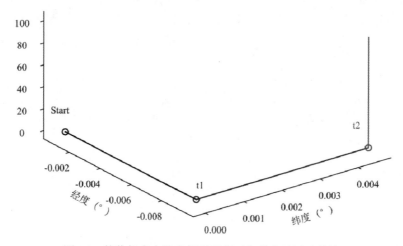

图 6.2 接收机在大地坐标系下相对起始点的运动轨迹

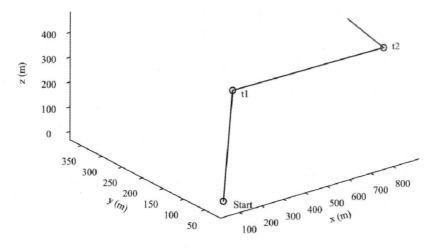

图 6.3 接收机在地心地固坐标系下相对起始点的运动轨迹

2. 时间系统转换实例

利用 GPS 导航系统进行导航时，系统内部涉及 GPST 和 UTC 之间的转换。UTC 通常通过"年月日时分秒"的形式表示时间，GPST 通常通过周内秒和周数表示时间。以给定 UTC 获取 GPST 和给定 GPST 获取 UTC 为例，实现时间系统转换。

（1）给定 UTC 获取 GPST 的 Syslab 运行程序如下：

```
include("UTC2GPST.jl ");
testTime = [2023,4,19,0,0,0]
(tow_GPS, week_GPS) = UTC2GPST(testTime)
```

程序中引用的函数内容如下：

```
function UTC2GPST(Time)
    currentTime = DateTime(Time[1], Time[2], Time[3], Time[4], Time[5], Time[6])
    startTime = DateTime(1980, 1, 6, 0, 0, 0)
    totalSeconds = Second(currentTime - startTime )+Second(18)
    week = Int64(floor(totalSeconds / Second(7 * 24 * 3600)))
    tow =Int64((totalSeconds - Second(week * (7 * 24 * 3600)))/Second(1))
    return tow, week
end
```

运行结果：

```
(259218, 2258)
```

（2）给定 GPST 获取 UTC 的 Syslab 运行程序如下：

```
include("GPST2UTC.jl ");
tow_GPS = 259218
week_GPS = 2258
UTCTime = GPST2UTC(tow_GPS, week_GPS)
```

程序中引用的函数内容如下：

```
function GPST2UTC(tow, week)
    totalSeconds = tow + week * 7 * 24 * 3600 - 18
    startTime = DateTime(1980, 1, 6, 0, 0, 0)
    currentTime = startTime + Second(totalSeconds)
    UTCTime = [year(currentTime) month(currentTime) day(currentTime)
hour(currentTime) minute(currentTime) second(currentTime)]
    return UTCTime
end
```

运行结果：

```
2023   4   19   0   0   0
```

6.2 基于MWORKS的卫星空间位置解算 ///////

卫星导航系统是以导航卫星作为参照物完成定位、导航和授时功能的，因此实时确定卫星空间位置是用户实现自身定位的前提条件。常见的卫星空间位置解算方法包括基于广播星历的卫星空间位置和基于精密星历的卫星空间位置的解算方法。本节以基于广播星历的卫星空间位置的解算方法为例，介绍卫星空间位置解算过程。

6.2.1　卫星空间位置解算原理

卫星受万有引力作用在空间中的椭圆轨道运动，但用户并不是从卫星受力出发计算卫星位置的。用户接收机通过接收一组以时间为函数的轨道参数，利用已有的计算方法计算出卫星的位置与速度，进而预测卫星的运动轨道。

无摄动卫星轨道运动可通过开普勒轨道六根数进行描述，分别是：轨道升交点赤经 Ω、轨道倾角 i、近地点角距 ω、长半径 a_s、偏心率 e_s、真近点角 ν。图 6.4 描述了参数的具体意义。轨道升交点赤经 Ω 表示轨道升交点与地心、春分点所呈夹角，指定了卫星轨道升交点在赤道上的位置，轨道倾角 i 指定了轨道平面与赤道面的夹角，Ω 和 i 以及地心唯一确定了轨道平面在空间中的位置。近地点角距 ω 表达近地点与地心、升交点所呈夹角，给定了近地点在轨道平面中的方位。长半径 a_s 和偏心率 e_s 指定了椭圆轨道的大小和形状。至此，通过以上 5 个和时间无关的参数，可以唯一确定空间中的卫星运动轨道。真近点角 ν 表示卫星当前位置与近地点之间的夹角，ν 指定了卫星相对于近地点的距离。这样通过开普勒轨道六根数即可指定某一时刻卫星相对于地心的位置。

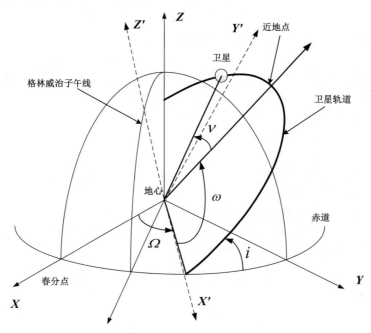

图 6.4　开普勒轨道参数示意图

卫星理想无摄动卫星轨道运动是在地球形状规则，卫星只受地球引力作用下推导得出的。实际上卫星还会受到其他天体的引力、太阳光压以及地球形状不规则的影响。由于受到复杂的环境因素影响，卫星的实际轨道将会偏离理想轨道，卫星的轨道六根数也将不再是常数。为精确计算卫星的实际运动位置，需要扩展已有开普勒轨道根数，以修正摄动的影响。常用的扩展开普勒轨道根数为广播星历，具体参数见表 6-3。用户接收机接收的导航电文中包含所有卫星的广播星历。

表 6-3 广播星历参数

参数	说明	参数	说明
t_0	星历参考时间	$\dot{\Omega}$	升交点赤经变化率
$\sqrt{a}$	卫星轨道长半轴平方根	Δn	平均运动角速度校正值
e	轨道偏心率	C_{uc}	升交点幅角余弦校正值
i_0	t_0 时轨道倾角	C_{us}	升交点幅角正弦校正值
Ω_0	轨道升交点赤经	C_{rc}	轨道半径余弦校正值
ω	t_0 时近地点角距	C_{rs}	轨道半径正弦校正值
M_0	t_0 时平近点角	C_{ic}	轨道倾角余弦校正值
di/dt	轨道倾角变化率	C_{is}	轨道倾角正弦校正值

星历参考时间 t_0 是当前星历有效期的基准。若导航系统为 GPS，GPST 在 t_0 前后两小时内，则认为当前星历参数是有效的，可以用于 GPS 导航卫星位置计算。GPS 广播星历的有效期为 t_0 前后两小时，故 GPS 星历每两小时播发一次。同理 BD 广播星历有效期为 t_0 前后一小时，每一小时播发一次。参数 $\sqrt{a}$、e、i_0、Ω_0、ω、M_0 与轨道六根数一一对应。不同的是真近点角 ν 并不是直接给出的，而需要通过平近点角 M 间接计算。参数 i、$\dot{\Omega}$、Δn 分别对 i、Ω、M 进行线性校正。参数 C_{us} 和 C_{uc} 对升交点幅角进行正、余弦调和校正，参数 C_{rs} 和 C_{rc} 对轨道半径进行正、余弦调和校正，参数 C_{is} 和 C_{ic} 对轨道倾角进行正、余弦调和校正。

下面给出利用卫星广播星历计算某一时刻卫星位置的计算过程。

第 1 步：计算规划时间 t_k。

卫星星历参数表示的是 t_0 时刻对应的轨道参数，若要求 t 时刻对应的轨道参数，需首先计算规划时间 t_k，即

$$t_k = t - t_0 \tag{6.15}$$

第 2 步：计算卫星平均角速度 n。

由开普勒第三定律可知：

$$n_0 = \sqrt{\frac{GM}{a^3}} = \sqrt{\frac{\mu}{a^3}} \tag{6.16}$$

其中，$\mu = GM$ 表示引力常数，表 6-1 给出了不同导航系统对应的引力常数。

将参数 $\sqrt{a}$ 带入式 6.16 即可计算出平均角速度 n_0，校正后卫星平均角速度 n 为

$$n = n_0 + \Delta n \tag{6.17}$$

第 3 步：计算 t 时刻平近点角 M_k。

将参数 M_0 带入线性模型，即

$$M_k = M_0 + n t_k \tag{6.18}$$

第 4 步：计算 t 时刻偏近点角 E_k。

由平近点角 M_k 和星历参数 e 可迭代计算偏近点角 E_k，即

$$E_k = M_k + e\sin(E_{k-1}) \tag{6.19}$$

其中，E_k 的迭代初值设为 M_k。

第 5 步：计算 t 时刻真近点角 ν_k。

利用星历参数 e 和偏近点角 E_k 即可求得位于区间 $(-\pi, +\pi]$ 内的真近点角 ν_k，即

$$\nu_k = \arctan\left(\frac{\sqrt{1-e^2}\sin E_k}{\cos E_k - e}\right) \tag{6.20}$$

第 6 步：计算 t 时刻升交点角距 $\varPhi_k$。

升交点角距指卫星当前位置与地心、升交点所呈夹角。

$$\varPhi_k = \nu_k + \omega \tag{6.21}$$

第 7 步：计算 t 时刻摄动校正项。

利用校正参数计算摄动校正项 δu_k、δr_k 和 δi_k。

$$\delta u_k = C_{us}\sin(2\varPhi_k) + C_{uc}\cos(2\varPhi_k) \tag{6.22}$$

$$\delta r_k = C_{rs}\sin(2\varPhi_k) + C_{rc}\cos(2\varPhi_k) \tag{6.23}$$

$$\delta i_k = C_{is}\sin(2\varPhi_k) + C_{ic}\cos(2\varPhi_k) \tag{6.24}$$

第 8 步：计算摄动校正后的升交点角距 u_k、卫星矢径长度 r_k 和轨道倾角 i_k。

卫星矢径指从地心指向卫星的距离。

$$u_k = \varPhi_k + \delta u_k \tag{6.25}$$

$$r_k = a(1 - e\cos E_k) + \delta r_k \tag{6.26}$$

$$i_k = i_0 + i \cdot t_k + \delta i_k \tag{6.27}$$

其中，a、i、e、i_0 均由卫星星历给出。

第 9 步：计算 t 时刻卫星在轨道平面中的位置 (x'_k, y'_k)。

卫星轨道平面内存在两个坐标系，如图 6.5 所示。第 1 个坐标系 (P, Q) 以地心 O 为原点，P 轴与椭圆轨道长轴重合，指向近地点。第 2 个坐标系 (X', Y') 以地心 O 为原点，X' 轴指向卫星赤道升交点，Z' 与 X' 和 Y' 构成右手系，指向轨道平面法向方向。

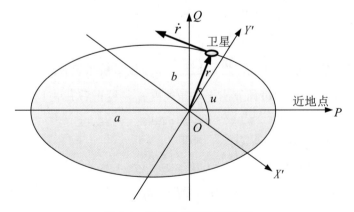

图 6.5　卫星轨道平面示意图

接下来需要将轨道平面极坐标表示的卫星位置 (r_k, u_k) 转换为轨道平面直角坐标系 (X', Y') 的坐标 (x'_k, y'_k)。

$$x'_k = r_k \cos u_k \tag{6.28}$$

$$y'_k = r_k \sin u_k \tag{6.29}$$

第 10 步：计算 t 时刻升交点赤经 Ω_k。

升交点赤经线性模型为

$$\Omega_k = \Omega_0 + (\dot{\Omega} - \dot{\Omega}_e) t_k - \dot{\Omega}_e t_0 \tag{6.30}$$

其中，Ω_0 和 $\dot{\Omega}$ 由卫星星历给出；$\dot{\Omega}_e$ 表示地球自转角速度常量，不同导航系统的 $\dot{\Omega}_e$ 见表 6-1。

式 6.30 计算出的升交点赤经 Ω_k 表示 t 时刻卫星升交点在 WGS-84 大地坐标系中的经度。

第 11 步：计算卫星在 WGS-84 地心地固坐标系 (X_T, Y_T, Z_T) 中的位置 (x_k, y_k, z_k)。

如图 6.4 所示，轨道平面直角坐标系 (X', Y', Z') 可通过先绕 X' 轴旋转 $-i_k$，再绕 Z' 轴旋转 $-\Omega_k$ 变为 WGS-84 地心地固坐标系 (X_T, Y_T, Z_T)。故由坐标 (x'_k, y'_k) 变换为 (x_k, y_k, z_k) 的公式为

$$x_k = x'_k \cos \Omega_k - y'_k \cos i_k \sin \Omega_k \tag{6.31}$$

$$y_k = x'_k \sin \Omega_k - y'_k \cos i_k \cos \Omega_k \tag{6.32}$$

$$z_k = y'_k \sin i_k \tag{6.33}$$

6.2.2 卫星空间位置解算实例

利用卫星星历计算出某一时刻卫星的空间位置，是卫星导航系统实现定位的重要一步。6.2.1 节给出了利用卫星星历计算卫星空间位置的基本原理，本节实例给出利用给定的卫星星历计算卫星空间位置的详细实现过程。

G01 卫星星历数据见表 6-4。

表 6-4　G01 卫星星历数据

参数	参数值	参数	参数值
t_0	35984	$\dot{\Omega}$	−8.386777914392e−9
$\sqrt{a}$	5153.66835	Δn	4.260891768959e−9
e	0.01137787988409	C_{uc}	−3.334134817123e−7
i_0	0.9866436243873	C_{us}	1.180917024612e−6
Ω_0	−1.909598841017	C_{rc}	373.1875
ω	0.8815522123938	C_{rs}	−7.65625
M_0	−0.1181308236173	C_{ic}	−9.313225746155e−9
di / dt	7.036007363663e−11	C_{is}	1.583248376846e−7

根据这套卫星星历计算此卫星在信号发射时刻 t（UTC 为 2022 年 2 月 13 日 10 时 0 分 0 秒）的空间位置。

Syslab 运行程序如下：

```
include("UTC2GPST.jl")
space3 = CSV.read("space3.csv",DataFrame)
sat_pos_ECEF = Array{Union{Nothing,Float64}}(nothing, 3, 1)
mu = 3.986005e14
OMEGA_e_dot = 7.2921151467e-5
(~, temp1) = UTC2GPST([2022, 2, 13, 10, 0, 0])
epoch = temp1
T_k = epoch - space3.T_oe[1, 1]
a = space3.A[1, 1] * space3.A[1, 1]
A_velocity = sqrt(mu / a^3)
regulate_velocity = A_velocity + space3.DELTA_n[1, 1]
M_k = space3.M_0[1, 1] + regulate_velocity * T_k
E = zeros(100, 1)
E[1, 1] = M_k
Iteration_num = 1
while true
    global Iteration_num = Iteration_num + 1
    E[Iteration_num, 1] = M_k + space3.E[1, 1] * sin(E[Iteration_num-1, 1])
    if abs(E[Iteration_num, 1] - E[Iteration_num-1, 1]) < 10^-10
        break
    end
end
E_k = E[Iteration_num, 1]
cos_Vk = (cos(E_k) - space3.E[1, 1]) / (1 - space3.E[1, 1] * cos(E_k))
sin_Vk = sqrt(1 - space3.E[1, 1]^2) * sin(E_k) / (1 - space3.E[1, 1] * cos(E_k))
V_k = atan(sqrt(1 - space3.E[1, 1]^2) * sin(E_k) / (cos(E_k) - space3.E[1, 1]))
if cos_Vk == 0
    if sin_Vk > space3.E[1, 1]
        V_k = pi / 2
    else
        V_k = -pi / 2
    end
elseif cos_Vk < 0
    if sin_Vk >= 0
        V_k = V_k + pi
    else
        V_k = V_k - pi
    end
end
FAI_k = V_k + space3.omega[1, 1]
delta_Uk = space3.Cus[1, 1] * sin(2 * FAI_k) + space3.Cuc[1, 1] * cos(2 * FAI_k)
delta_Rk = space3.Crs[1, 1] * sin(2 * FAI_k) + space3.Crc[1, 1] * cos(2 * FAI_k)
delta_Ik = space3.Cis[1, 1] * sin(2 * FAI_k) + space3.Cic[1, 1] * cos(2 * FAI_k)
U_k = FAI_k + delta_Uk
R_k = a * (1 - space3.E[1, 1] * cos(E_k)) + delta_Rk
I_k = space3.I_0[1, 1] + space3.I_dot[1, 1] * T_k + delta_Ik
```

```
X_k_point = R_k * cos(U_k)
Y_k_point = R_k * sin(U_k)
OMEGA_k = space3.OMEGA_0[1, 1] + (space3.OMEGA_dot[1, 1] - OMEGA_e_dot) * T_k –
OMEGA_e_dot * space3.T_oe[1, 1]
sat_ECEF_x = X_k_point * cos(OMEGA_k) - Y_k_point * cos(I_k) * sin(OMEGA_k)
sat_ECEF_y = X_k_point * sin(OMEGA_k) + Y_k_point * cos(I_k) * cos(OMEGA_k)
sat_ECEF_z = Y_k_point * sin(I_k)
sat_pos_ECEF[:, :] = [sat_ECEF_x, sat_ECEF_y, sat_ECEF_z]
```

程序中引用的函数为 UTC 转 GPST 函数 UTC2GPST，具体内容见 6.1.4 节。

运行结果：

```
-1.3202263993531156e7
 1.6875357442358986e7
 1.5182702838999305e7
```

6.3 基于MWORKS的导航信号误差建模

在获取卫星空间位置的基础上，结合用户接收机与卫星之间的距离测量值，就可以确定用户当前位置。受卫星、空间环境和接收机影响，导航卫星与用户间的距离测量值包含卫星时钟误差、卫星星历误差、电离层误差、对流层误差、接收机噪声、多径效应等各种误差，为支持导航观测数据生成和定位解算过程中的误差估计环节，需对距离测量值中的各种误差进行建模。

6.3.1 卫星信号误差源及模型

1. 卫星时钟误差

卫星时钟误差指卫星时钟产生的时间与导航系统时之间的差值。卫星时间来源于卫星钟，所以卫星时间必然与导航系统时存在时间偏差和频率漂移，用户在利用导航系统时为时间基准进行定位时，必须要考虑卫星时钟误差。

地面监测站通过对卫星信号的监控，并通过导航电文将卫星钟差模型参数提供给用户。观测时刻卫星钟差 Δt 可描述为如下二项式：

$$\Delta t = a_0 + a_1(t - t_0) + a_2(t - t_0)^2 \tag{6.34}$$

其中，二次项系数 a_0、a_1 和 a_2 以及星历参考时间 t_0 均由导航电文给出。a_0 表示 t_0 时刻卫星钟差、a_1 表示 t_0 时刻卫星钟频偏、a_2 表示 t_0 时刻卫星钟频率漂移。

由卫星钟和接收机钟所处的不同运动状态而引起的相对钟误差被称为相对论效应。相对论效应最终体现为卫星时钟误差，故此类误差也应包括在卫星时钟总的校正量。相对论效应的校正量 Δt_r 可表示为

$$\Delta t_r = Fe\sqrt{a}\sin E_k \tag{6.35}$$

其中，$F = -4.442807633 \times 10^{-10}\,\text{s}/\text{m}^{1/2}$，$e$ 表示卫星轨道偏心率，a 表示卫星轨道长半径，

E_k 表示卫星轨道偏近点角。

若用户接收机为单频接收机，则还考虑群波延时校正值 T_{GD}，该值同样由导航电文给出。故对应单频接收机，卫星时钟总误差为

$$\delta t = \Delta t + \Delta t_r - T_{GD} \tag{6.36}$$

2. 地球自转效应

假设定位测距信号传播需要时间 τ，所以在 t 时刻进行卫星定位时，需获取 $t-\tau$ 时刻可见卫星位置，以及 $t-\tau$ 时刻广播 t 时刻接收的测距信息（伪距和载波相位）。卫星导航定位过程中，卫星位置和用户位置均在地心地固坐标系中表示。6.2 节中计算出的卫星位置是信号发射时刻，即 $t-\tau$ 时刻的卫星地心地固系坐标。当卫星信号传播到用户接收机时，由于地球自转，信号发射时刻和信号接收时刻的两个地心地固坐标系并不重合。故需将信号发射时刻卫星位置坐标转换到信号接收时刻的地心地固坐标系中。信号的传播平均时间 τ 约为 75ms，在这样短的传播时间内，可以认为信号发射时刻的地心地固坐标系绕 Z 轴旋转了 $\dot{\Omega}_e \tau$，形成了信号接收时刻的地心地固坐标系，$\dot{\Omega}_e$ 表示地球自转角速度，具体值见表 6-1。坐标的转换过程可表示为

$$
\begin{aligned}
x^{(s)} &= x_k \cos(\dot{\Omega}_e \tau) + y_k \sin(\dot{\Omega}_e \tau) \\
y^{(s)} &= -x_k \sin(\dot{\Omega}_e \tau) + y_k \cos(\dot{\Omega}_e \tau) \\
z^{(s)} &= z_k
\end{aligned}
\tag{6.37}
$$

其中，(x_k, y_k, z_k) 表示信号发射时刻卫星位置，$(x^{(s)}, y^{(s)}, z^{(s)})$ 表示信号接收时刻卫星位置。

3. 电离层误差

电离层是地球大气层被太阳射线电离的部分，距离地面高度为 50～1000 km。电离层可降低测距码传播速度、造成伪距测量值变长；加快载波相位传播速度，造成载波相位测量值变短。电离层误差是 GNSS 测量误差的一个重要原因，其误差在一天中的变化从几米到几十米不等。由于易受地磁场和太阳活动的复杂影响，建立电离层延时模型较为困难。目前，改正电离层延时模型主要包括经验模型、双频改正模型和实测数据模型，其中双频改正模型和实测数据模型需要接收机能够接收多频段信号，因此难以适用于单频接收机。

电离层改正经验模型 Klobuchar 模型计算原理如图 6.6 所示，首先构建使用导航电文提供的 8 个参数和穿刺点地磁纬度计算的天顶方向电离层延迟，其次通过映射函数将天顶方向电离层延迟投影到信号传播方向，获取实际电离层延迟。

天顶方向电离层延迟模型为

$$
I_z(t) = \begin{cases} 5\times10^{-9} + A_1 \cos[\dfrac{2\pi(t-50400)}{A_2}], & |t-50400| < A_2/4 \\ 5\times10^{-9}, & t \text{ 为其他值} \end{cases}
\tag{6.38}
$$

其中，$I_z(t)$ 表示当地时间 t 时刻以秒为单位的天顶方向电离层延迟；A_1 表示余弦振幅值，由导航电文参数 α_0、α_1、α_2 和 α_3 求得，即

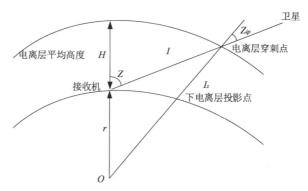

图 6.6　电离层改正经验模型 Klobuchar 模型计算原理

$$A_1 = \begin{cases} \sum_{n=0}^{3} \alpha_n \phi_M^n, & 当 A_1 > 0 \\ 0, & 当 A_1 \leqslant 0 \end{cases} \tag{6.39}$$

A_2 表示余弦函数周期，由导航电文参数 β_1、β_2、β_3 和 β_4 求得，即

$$A_2 = \begin{cases} \sum_{n=0}^{3} \beta_{n+1} \phi_M^n, & 当 A_2 \geqslant 72000 \\ 72000, & 当 A_2 < 72000 \end{cases} \tag{6.40}$$

其中，ϕ_M 表示电离层穿刺点的地磁纬度。

Klobuchar 模型的近似映射函数为

$$F = 1 + 16.0(0.53 - \theta / \pi)^3 \tag{6.41}$$

其中，θ 表示卫星在用户处的高度角（单位为弧度）。

卫星信号的实际电离层延迟可表示为

$$I = F I_z \tag{6.42}$$

4. 对流层模型

对流层是一种非电离大气层，其顶部距离地面高度约为 40km。与电离层不同，对流层是一种非弥散性介质，即信号传播路径上产生的对流层误差与卫星信号频率无关，这就意味着对于所有接收机都无法通过双频或多频线性组合来消除对流层误差。对于中纬度用户，对流层误差在天顶方向约为 2～3m，在低高度角时可达 30～40m。因此，对流层延迟也是引起 GNSS 测量误差的一个重要原因。在 GNSS 导航定位中，通常采用模型改正、参数估计等方法处理对流层误差。

对流层误差由干分量和湿分量两部分组成，干分量占总误差的 90%。一般通过数学模型、气压、温度、湿度等气象观测数据对对流层误差进行估计与补偿。对流层改正模型 Saastamoinen 模型天顶方向干分量 δ_d^z 和湿分量 δ_w^z 误差值可表示为

$$\delta_d^z = 10^{-6} k_1 \frac{R_d}{g_m} P_0$$
$$\delta_w^z = 10^{-6} \left(k_2 + k_3 / T \right) \frac{R_d}{(\lambda + 1) g_m} e_0 \tag{6.43}$$

天顶方向总误差为

$$\delta^z = 10^{-6} k_1 \frac{R_d}{g_m} \left[P_0 + \left(\frac{k_3}{k_1(\lambda+1-\beta R_d / g_m) T_0} + \frac{k_2}{k_1(\lambda+1)} \right) e_0 \right] \tag{6.44}$$

其中，P_0 和 e_0 分别表示地表时的总大气压和水汽分压，其余各参数为

$$k_1 = 77.642\text{K/hPa} , \quad k_2 = 64.7\text{K/hPa} , \quad k_3 = 371900\text{K}^2/\text{hPa}$$

$$R_d = 287.04\text{m}^2/\text{s}^2 \cdot \text{K} , \quad g_m = 9.784\text{m/s}^2 , \quad \beta = 0.0062\text{K/m} , \quad \lambda = 3$$

考虑观测位置和高度时，式 6.44 可表示为

$$\delta^z = 0.002277 \left[P_0 + \left(\frac{1255}{T_0} + 0.05 \right) e_0 \right] / f(\varphi, H) \tag{6.45}$$

其中，$f(\varphi, H) = 1 - 0.00266 \times \cos(2\varphi) - 0.00028 \times H$，$\varphi$ 为观测位置纬度，H 为观测位置高度，$e_0 = Q \cdot 6.11 \cdot 10 \wedge \left(\dfrac{7.5(T_0 - 273.3)}{T_0} \right)$，$T_0$ 表示地表温度，Q 为比湿。

改进 Saastamoinen 模型可表示为

$$\delta = \frac{0.002277}{\cos z} \left[p + \left(\frac{1255}{T} + 0.05 \right) e - \tan^2 z \right] \tag{6.46}$$

其中，z 表示卫星天顶角，T 表示观测位置温度（单位：K），p 表示观测位置气压（单位：mbar），e 表示观测位置水汽分压。

考虑到让用户接收机获取气象资料相对较为困难，因此直接给出了以米为单位的对流层延迟模型：

$$\delta = 0.12 \cdot \frac{1.001}{\sqrt{0.002001 + \left(\sin\left(\dfrac{\pi \theta}{180} \right) \right)^2}} \tag{6.47}$$

其中，θ 表示以度为单位的卫星高度角。

6.3.2　电离层误差和对流层误差建模实例

电离层误差和对流层误差体现为观测时刻用户观测值误差的一部分。两种误差与用户的观测时刻、用户观测位置和卫星高度角有关，本实例要计算某一观测时刻 G01 卫星在全球不同的位置产生的电离层延迟和对流层延迟。G01 卫星位置可通过 6.2 节内容计算获取，给定为[3.1756191695031887e6, –2.118945271243583e7, 1.51827028389993e7]，电离层误差模型为 Klobuchar 模型，使用的导航电文 8 个参数给定为 alpha1 = 1.5832e−8，alpha2 = −7.4506e−9，alpha3 = −5.9605e-8，alpha4 = 5.9605e-8，beta1 = 122880.0，beta2 = −65536.0，beta3 = −131070.0，beta4 = −65536.0，对流层模型使用式 6.47 的简化经验模型，用户的观测时间为一天内的上午 10 点。

Syslab 运行程序如下：

```
include("sat_att_cal.jl")
```

```
include("ECEF2ENU.jl")
include("ion_error_model.jl ")
satPos = [3.1756191695031887e6, -2.118945271243583e7, 1.51827028389993e7];
sample_time_min = 600
maskAngle = 10;
timeInDay = sample_time_min * 60;
d_lon = 1;
d_lat = 0.5;
lonList = -180:d_lon:180;
latList = 90:-d_lat:-90;
lonMap, latMap = meshgrid2(lonList, latList)
usrLatLon = cat(latMap[:], lonMap[:], dims=2)
numUsr = size(usrLatLon, 1)
iono_map = Array{Union{Nothing,Float64}}(nothing, numUsr, 1)
trop_map = Array{Union{Nothing,Float64}}(nothing, numUsr, 1)
for j = 1:numUsr
    (sat_att, vis) = sat_att_cal(satPos, [usrLatLon[j, 1], usrLatLon[j, 2], 58], maskAngle)
    if vis == 0
        iono = 0
        trop = 0
    else
        iono = ion_error_model([usrLatLon[j, 1], usrLatLon[j, 2], 58], sat_att, sample_time_min)
        trop = 0.12*1.001 ./ sqrt((sin(sat_att[1] / 180 * pi))^2+ 0.002001)
    end
    iono_map[j] = iono[1] * 299792458
    trop_map[j] = trop
end
iono_map = reshape(iono_map, size(lonMap))
trop_map = reshape(trop_map, size(lonMap))

figure()
s = contourf(lonMap, latMap, iono_map)
colorbar(gca(), s)
c = bone();
c[:, 1] = reverse(c[:, 1]);
c[:, 2] = reverse(c[:, 2]);
c[:, 3] = reverse(c[:, 3]);
colormap(s, c);
xlabel("经度/°")
ylabel("纬度/°")
daspect([1 1 2])
figure()
s = contourf(lonMap, latMap, trop_map)
colorbar(gca(), s)
c = bone();
c[:, 1] = reverse(c[:, 1]);
c[:, 2] = reverse(c[:, 2]);
c[:, 3] = reverse(c[:, 3]);
```

```
colormap(s, c);
xlabel("经度/°")
ylabel("纬度/°")
daspect([1 1 2])
```

程序中引用的函数内容如下。

（1）卫星高度角方位角计算函数 sat_att_cal。

```
function sat_att_cal(input1, input2, input3)
    sat_att = Array{Union{Nothing,Float64}}(nothing, 2, 1)
    visible = Array{Union{Nothing,Float64}}(nothing, 1,1)
    temp = Matrix{Union{Nothing,Float64}}(nothing, 3, 1)
    sat_pos_ECEF = input1
    if temp == sat_pos_ECEF
        sat_att[1, 1] = 0
        sat_att[2, 1] = 0
    else
        sat_pos_ENU = ECEF2ENU(sat_pos_ECEF, input2)
        sat_att[1, 1] = atan(sat_pos_ENU[3, 1] / sqrt(sat_pos_ENU[1, 1]^2 + sat_pos_ENU[2, 1]^2)) * 180 / pi
        azi = atan(abs(sat_pos_ENU[1, 1] / sat_pos_ENU[2, 1])) * 180 / pi
        if sat_pos_ENU[2, 1] >= 0
            if sat_pos_ENU[1, 1] <= 0
                sat_att[2, 1] = 360 - azi
            else
                sat_att[2, 1] = azi
            end
        else
            if sat_pos_ENU[1, 1] <= 0
                sat_att[2, 1] = 180 + azi
            else
                sat_att[2, 1] = 180 - azi
            end
        end
    end
    if sat_att[1, 1] >= input3
        visible = 1
    else
        visible = 0
    end
    return sat_att,visible
end
```

（2）地心地固坐标转站心坐标函数 ECEF2ENU。

```
function ECEF2ENU(input1, input2)
    initial_lat = input2[1] * pi / 180
    initial_long = input2[2] * pi / 180
    initial_alt = input2[3]
    a = 6378137
```

```
    b = 6.356752314245179e6
    e = sqrt((a^2 - b^2) / a^2)
    N = a / sqrt(1 - e^2 * (sin(initial_lat)^2))
    x = (N + initial_alt) * cos(initial_lat) * cos(initial_long)
    y = (N + initial_alt) * cos(initial_lat) * sin(initial_long)
    z = (N * (1 - e^2) + initial_alt) * sin(initial_lat)
    initial_ECEF = [x, y, z]
    Covert_matrix = [-sin(initial_long) cos(initial_long) 0;
    -sin(initial_lat)*cos(initial_long) -sin(initial_lat)*sin(initial_long) cos(initial_lat);
    cos(initial_lat)*cos(initial_long) cos(initial_lat)*sin(initial_long) sin(initial_lat)]
    user_ENU = Covert_matrix * (input1 - initial_ECEF)
    return user_ENU
end
```

（3）电离层延迟函数 ion_error_model。

```
function ion_error_model(input1, input2, input3)
    alpha1 = 1.5832e-8
    alpha2 = -7.4506e-9
    alpha3 = -5.9605e-8
    alpha4 = 5.9605e-8
    beta1 = 122880.0
    beta2 = -65536.0
    beta3 = -131070.0
    beta4 = -65536.0
    initial_lat = input1[1] / 180
    initial_long = input1[2] / 180
    user_LLA = [initial_lat, initial_long]
    elevation = input2[1, :] ./ 180
    azimuth = input2[2, :] ./ 180
    time = input3 * 60
    if time >= 86400
        time = time - 86400
    elseif time < 0
        time = time + 86400
    end
    psi = 0.0137 ./ (elevation .+ 0.11) .- 0.022
    phii = user_LLA[1] .+ psi .* cos.(azimuth .* pi)
    phi_text1 = phii .< 0.416
    phi_text2 = phii .>= 0.416
    phii = phii .* phi_text1 + phi_text2 .* 0.416
    phi_text3 = phii .> -0.416
    phi_text4 = phii .<= -0.416
    phii = phii .* phi_text3 + phi_text4 .* -0.416
    lamdai = user_LLA[2] .+ (psi .* sin.(azimuth .* pi)) ./ cos.(phii .* pi)
    phim = phii + 0.064 .* cos.((lamdai .- 1.617) .* pi)
    Fun = 1 .+ 16 .* (0.53 .- elevation) .^ 3
    PER = beta1 .+ beta2 .* phim + beta3 .* (phim .^ 2) + beta4 .* (phim .^ 3)
```

215

```
    PER_text1 = PER .>= 7200
    PER_text2 = PER .< 7200
    PER = PER .* PER_text1 + PER_text2 .* 7200
    AMP = alpha1 .+ alpha2 .* phim + alpha3 .* (phim .^ 2) + alpha4 .* (phim .^ 3)
    AMP_text1 = AMP .>= 0
    AMP = AMP .* AMP_text1
    x = (2 * pi * (time - 50400)) ./ PER
    x_text = abs.(x) .< 1.57
    Tion = Fun .* (5e-9 .+ (AMP .* (1 .- x .^ 2 ./ 2 + x .^ 4 ./ 24)) .* x_text)
    return Tion
end
```

程序运行结果如图 6.7、图 6.8 所示。

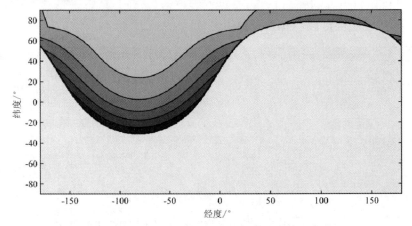

图 6.7　某一时刻 G01 卫星在全球不同位置产生的电离层延迟

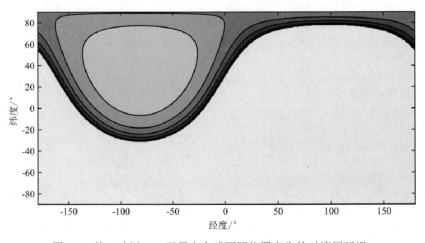

图 6.8　某一时刻 G01 卫星在全球不同位置产生的对流层延迟

6.4　基于MWORKS的导航观测数据生成

导航观测数据指导航卫星和用户间的距离测量值，一般指伪距和载波相位。获取准确的导航观测数据是实现用户定位的前提。在实际导航系统中，用户接收机会实时获取观测信号，形成实时的导航观测数据。该过程涉及众多信号、通信等复杂内容，仿真系统一般忽略这一过程，在导航信号误差建模的基础上直接通过卫星位置和用户位置仿真形成导航观测数据，以便更好地实现信息层的卫星导航仿真。

6.4.1 导航观测数据生成原理

1. 伪距

伪距指通过测距码（C/A 码）获得的卫星到接收机的距离测量值，由于接收机时钟和卫星时钟不同步，故该距离测量值被称为伪距。伪距实际上是通过测量卫星信号从卫星到接收机的传播时间间接获得的。如图 6.9 所示，卫星通过其自身系统发射 C/A 码信号，接收机将内部产生的复制 C/A 码信号进行适当延迟，进而实现两 C/A 码信号对齐，通过这个延迟量即可计算出信号传播时间，将传播时间与真空中的光速相乘就可得到伪距。

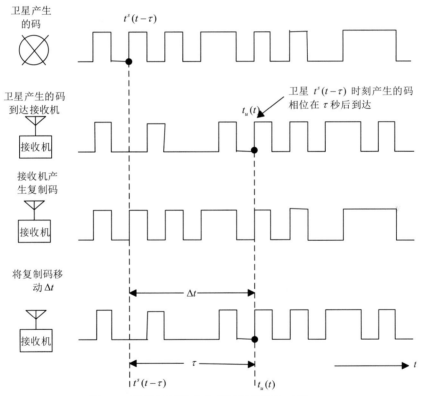

图 6.9　利用复现码确定卫星码的发射时间

描述伪距时，首先需要考虑时间系统。卫星信号是在卫星时钟下发射的，是在接收机时钟下接受的，通常卫星时钟和接收机时钟是不同步的，因此需将卫星时钟与接收机时钟同步到导航系统时。以 GPS 为例，假设卫星信号在 GPS 时 t 时刻被接收，信号传播时间为 τ，则卫星时钟下的信号发射时刻 $t^s(t-\tau)$ 和接收机时钟下的信号接收时刻 $t_u(t)$ 可表示为

$$t^s(t-\tau) = (t-\tau) + \delta t^s(t-\tau) \tag{6.48}$$

$$t_u(t) = t + \delta t_u(t) \tag{6.49}$$

其中，δt^s 和 δt_u 分别表示卫星时钟和接收机时钟超前于 GPS 时的钟差，卫星时钟偏差 δt^s 可通过 6.3.1 节中的卫星时钟误差模型计算获得。在上式中，上标"s"表示卫星，下标"u"表示接收机。

伪距 ρ 可表示为

$$\rho(t) = c[t_u(t) - t^s(t - \tau)] \tag{6.50}$$

其中，c 表示光速。

卫星时钟和接收机时钟实现同步后，伪距 ρ 可表示为

$$\rho(t) = c\tau + c[\delta t_u(t) - \delta t^s(t - \tau)] \tag{6.51}$$

进一步分析信号的实际传播时间 τ。在大气折射效应的作用下，卫星信号在大气层中的实际传播速度要小于其在真空中的传播速度，因此信号的实际传播时间 τ 要比信号在真空中以光速走过卫星到接收机几何距离 r 所需的时间长，可表示为

$$\tau = r(t - \tau, t) / c + I_\rho(t) + T_\rho(t) \tag{6.52}$$

其中，$r(t, t - \tau)$ 表示 t 时刻接收机位置到 $(t - \tau)$ 时刻卫星位置之间的几何距离；$I_\rho(t)$ 和 $T_\rho(t)$ 分别表示以秒为单位的电离层延迟和对流层延迟，可根据 6.3.1 节中的电离层误差模型和对流层误差模型进行建模。

观测时刻 t、卫星 s 与接收机 u 之间的几何距离可表示为

$$r = \sqrt{(x_t^s - x_t^u)^2 + (y_t^s - y_t^u)^2 + (z_t^s - z_t^u)^2} \tag{6.53}$$

其中，(x_t^s, y_t^s, z_t^s) 表示卫星 s 在观测时刻 t 时在 ECEF 坐标系中的位置，可利用 6.2.1 节中卫星轨道建模原理进行解算。(x_t^u, y_t^u, z_t^u) 表示接收机 u 在观测时刻 t 时在 ECEF 坐标系中的位置，当进行观测数据仿真时，该位置为已知量，用于观测数据生成；当进行接收机定位时，该位置为未知量，是定位算法求解的目标。

为了表示简单，可以去掉 t，伪距观测方程可改写为

$$\rho = r + c\delta t_u - c\delta t^s + cI_\rho + cT_\rho + \varepsilon_\rho \tag{6.54}$$

其中，ε_ρ 表示未考虑到的测量误差，包括接收机噪声、多径效应等。

需要说明，在 GPS 领域中表示时间和长度的不同物理量经常被混用，它们之间的换算因子是光速 c。伪距观测方程 6.54 可再次改写为

$$\rho = r + \delta t_u - \delta t^s + I_\rho + T_\rho + \varepsilon_\rho \tag{6.55}$$

其中，各物理量均是以米为单位的长度量。

利用式 6.55 即可建立用于定位求解的伪距观测方程，其中，δt^s、I 和 T 为已知量，r 和 δt_u 为待求值。理想情况下，希望测量到卫星与接收机之间的真实距离 r，但实际上只能获得伪距 ρ。从测量量 ρ 中估计接收机位置 r 和接收机钟差 δt_u，会依赖于对各种误差的建模和补偿。

2. 载波相位

载波相位指通过载波信号相位差获取的卫星与接收机之间的距离。如图 6.10 所示，同一

时刻，载波信号在其传播路径上的不同位置有不同的相位值。点 S 代表卫星信号发射器的零相位中心点，点 A 代表载波信号传播路径上距离 S 点半个波长（0.5λ）的点，且在任一时刻，A 点和 S 点的相位差值始终是 $180°$。也就是说，如果能够测出载波信号传播路径上两点之间的载波相位差，利用相位差乘以波长就可以推算出这两点之间的距离。B 点和 S 点的相位差同样是 $180°$，但 B 点到 S 点的距离不再是 0.5λ，而是 $(N+0.5)\lambda$。A 点和 B 点之间的不同点到 S 点的载波相位的差是周期变化的，由于不能直接测量载波相位的起点，所以求解距离时存在待求解未知整数 N。N 通常被称为整周模糊度。需要强调的是，载波相位测量值是指载波相位差，某点某一时刻的相位值并不包含距离信息。

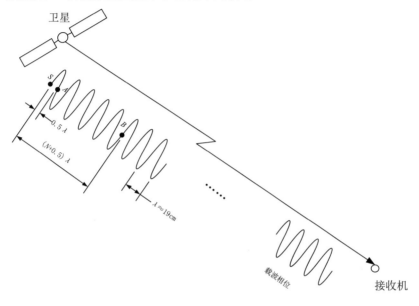

图 6.10　载波相位示意图

观测时刻 t 的载波相位值 $\varphi(t)$ 可定义为

$$\varphi(t) = \varphi(t_0) + \int_{t_0}^{t} f(s)\mathrm{d}s \tag{6.56}$$

其中，$\varphi(t_0)$ 表示初始相位，$f(s)$ 表示时变频率。

在这个模型中，假定用来测量历元 t_0 和 t 的定时器是理想的，如果时间间隔 $t-t_0$ 较短并且信号发生器非常稳定，则式 6.56 可写成

$$\varphi(t) = \varphi(t_0) + f \cdot (t-t_0) \tag{6.57}$$

为了获取卫星到接收机的距离，接收机需要在同一时刻测量接收到的卫星的载波相位和接收机内部产生的载波相位，进而计算二者相位差。假设卫星和接收机二者时钟完全同步，测量不含误差，载波信号从卫星到接收机的传播时间为 τ，采样时刻 t 测得的接收机内部载波相位值为 $\varphi_u(t)$、卫星载波相位值为 $\varphi^s(t-\tau)$，则载波相位测量值 $\phi(t)$ 可表示为

$$\phi(t) = \varphi_u(t) - \varphi^s(t-\tau) + N \tag{6.58}$$

其中，N 表示整周模糊度。

改写卫星的载波相位值为

$$\varphi^s(t-\tau) = \varphi^s(t) - f \cdot \tau \qquad (6.59)$$

载波相位测量值 $\phi(t)$ 改写为

$$\phi(t) = f \cdot \tau + N = r(t, t-\tau)/\lambda + N \qquad (6.60)$$

其中，f 和 λ 分别表示载波的频率和波长，$r(t, t-\tau)$ 表示 t 时刻接收机位置到 $(t-\tau)$ 时刻卫星位置的几何距离。

将接收机和卫星时钟偏差、大气传播延迟、初始相位偏差和测量方法误差考虑到式 6.60 中，载波相位观测方程可表示为

$$\phi = \lambda^{-1}(r + \delta t_u - \delta t^s - I_\phi + T_\phi) + N + \varepsilon_\phi \qquad (6.61)$$

式 6.61 是利用载波相位测量值进行定位的基本方程式。同伪距类似，卫星钟差 δt^s、电离层延迟 I_ϕ 和对流层延迟 T_ϕ 均可按照 6.3.1 节中介绍的误差模型进行建模，可视为已知量，用户位置 r、接收机钟差 δt_u 以及整周模糊度 N 为未知量，需要求解。

6.4.2　导航观测数据生成实例

导航观测数据是用户在利用导航系统导航时实时观测到的信号形成距离测量值，用户接收机通常需要对实际接收到的信号进行一系列处理才可形成可用的距离观测值。为便于对卫星导航原理的学习和应用，通常对导航观测数据进行仿真，忽略信号处理过程，直接获取卫星导航观测数据。本实例以伪距为例，实现伪距仿真全过程。已知 G01 卫星某一天内的地心地固系卫星位置，一天内的采样间隔为 1min。已知用户静止，大地坐标系位置为[39.960, 116.315, 58]，求形成的伪距观测值。

Syslab 运行程序如下：

```
include ("determine_vis.jl")
include("ECEF2ENU.jl")
include("pseudoranges.jl")
include("LLA2ECEF.jl")
load("singlesatPos.mat")
maskAngle = 10
simulationSteps = size(singleSatPos, 1)
rcvPos = [39.960, 116.315, 58]
rcvPos_i = LLA2ECEF(rcvPos)
allP1 = Array{Union{Nothing,Float64}}(nothing, simulationSteps)
satVis = Array{Union{Nothing,Float64}}(nothing, simulationSteps)
satPos_i = Array{Union{Nothing,Float64}}(nothing, 1, 3)
for j = 1:simulationSteps
    satPos_j = singleSatPos[j, :]
    nanIdx = isnan(sum(satPos_j))
    if nanIdx == 0
        satVis[j] = determine_vis(satPos_j, rcvPos, maskAngle)
        (allP1[j], ~) = pseudoranges(rcvPos_i, satPos_j)
    end
```

```
end
xx = 1:size(allP1, 1)
visFlag2 = Vector{Union{Nothing,Int}}(nothing, size(allP1, 1))
figure("观测数据(伪距)图", facecolor="white")
visFlag1 = satVis .== 1
for m = 1:1440
    visFlag2[m, 1] = !visFlag1[m, 1]
end
visFlag2 = visFlag2 .== 1
scatter(xx[visFlag1], allP1[visFlag1], 18; markeredgecolor="blue", markerfacecolor="blue", marker="+")
hold("on")
scatter(xx[visFlag2], allP1[visFlag2], 8; markeredgecolor="red", markerfacecolor="red", marker="+")
ax = gca()
x_label = ax.get_xticklabels()
[label.set_fontname("Times New Roman") for label in x_label]
y_label = ax.get_yticklabels()
[label.set_fontname("Times New Roman") for label in y_label]
ax.tick_params()
ax.set_xlim([0, 1440])
title("G01", fontname="Times New Roman", fontsize=10)
xlabel("时间(分钟)", fontname="宋体", fontsize=10)
ylabel("伪距(米)", fontname="宋体", fontsize=10)
legend(["可见", "不可见"])
```

程序中引用的函数内容如下。

（1）卫星可见性判断函数 determine_vis。

```
function determine_vis(input1,input2,input3)
    sat_pos_ENU = ECEF2ENU(input1, input2)
    sat_att = atan(sat_pos_ENU[3, 1] / sqrt(sat_pos_ENU[1, 1]^2 + sat_pos_ENU[2, 1]^2)) * 180 / pi
    if sat_att > input3
        is_sat_att = 1
    else
        is_sat_att = 0
    end
    return is_sat_att
end
```

（2）卫星伪距生成函数 pseudoranges。

```
function pseudoranges(input1, input2)
    OmegaEDot = 7.2921151467e-5
    c = 299792458
    posDiff = input2 - input1
    rawRanges = norm(posDiff)
    losVector = posDiff ./ rawRanges
    deltaTimes = rawRanges / c
    rotECEF2ECI = eye(Float64, 3)
```

```
        rotECEF2ECI[1, 1] = cos(OmegaEDot * deltaTimes)
        rotECEF2ECI[1, 2] = sin(OmegaEDot * deltaTimes)
        rotECEF2ECI[2, 1] = -sin(OmegaEDot * deltaTimes)
        rotECEF2ECI[2, 2] = cos(OmegaEDot * deltaTimes)
        permSatPos = repelem(input2, 1, 3)
        rotSatPos = sum(rotECEF2ECI .* permSatPos, dims=1)
        posDiff = rotSatPos - input1'
        p = norm(posDiff)
        p = p + randn()
        return p, losVector
    end
```

（3）地心地固坐标转站心坐标函数 ECEF2ENU 的详细内容见 6.3.2 节。

（4）大地坐标转地心地固坐标函数 LLA2ECEF 的详细内容见 6.1.2 节。

程序运行结果如图 6.11 所示。

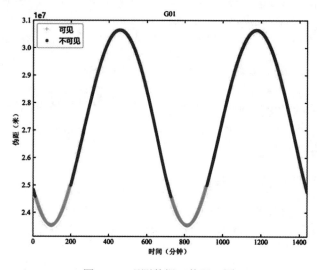

图 6.11　观测数据（伪距）图

6.5 基于MWORKS的伪距单点定位

　　伪距单点定位是卫星导航定位算法中基础、容易实现的定位方法，相比于载波相位整周模糊度问题，伪距观测值处理更加方便；相比于差分定位，单点定位实现更加简单。因此，伪距单点定位作为学习卫星导航定位算法的基础，是卫星导航建模与仿真的重要组成部分。根据定位求解的方法不同，伪距单点定位可细分为最小二乘法和滤波法，本节主要介绍采用最小二乘法实现的伪距单点定位。

6.5.1　伪距单点定位原理

　　单点定位指利用单个接收机实现用户载体定位的方法。伪距单点定位因其算法实现简单且应用范围广而被广泛研究。6.4.1 节中式 6.55 给出了用于单点定位的伪距观测方程，将等式 6.55 右边所有已知量移到等式左边，定义误差校正后的伪距测量量 ρ_c 为

$$\rho_c = \rho + \delta t^s - I_\rho - T_\rho \tag{6.62}$$

误差校正后的伪距观测方程可表示为

$$\rho_c = r + \delta t_u + \varepsilon_\rho \tag{6.63}$$

某一时刻用户可同时观测到 n 个卫星的伪距观测量，忽略式 6.63 中的伪距观测误差，那么 GPS 伪距单点定位本质是求解一个四元非线性方程组

$$\begin{cases} \rho_c^{(1)} = \sqrt{(x^{(1)} - x)^2 + (y^{(1)} - y)^2 + (z^{(1)} - z)^2} + \delta t_u \\ \rho_c^{(2)} = \sqrt{(x^{(2)} - x)^2 + (y^{(2)} - y)^2 + (z^{(2)} - z)^2} + \delta t_u \\ \qquad\qquad\qquad\qquad \vdots \\ \rho_c^{(n)} = \sqrt{(x^{(n)} - x)^2 + (y^{(n)} - y)^2 + (z^{(n)} - z)^2} + \delta t_u \end{cases} \tag{6.64}$$

其中，每个方程对应一颗可见卫星的伪距观测值，误差校正后的伪距观测值 $\rho_c^{(n)}$ 由接收机伪距观测值获得，上标 $(1),(2),\cdots,(n)$ 表示卫星测量值临时编号，各颗可见卫星位置 $(x^{(n)}, y^{(n)}, z^{(n)})$ 由卫星星历计算获得，用户接收机位置 (x, y, z) 和接收机钟差 δt_u 为未知数。方程组中共有 4 个未知数，因此用户接收机只在观测到至少 4 颗卫星时，才可实现定位。

最小二乘算法利用牛顿迭代求解如式 6.64 所示的非线性方程组。牛顿迭代首先将各个方程在一个根的估计值处线性化，然后求解线性化后的方程组，最后更新根的估计值。最小二乘估计被用于每次牛顿迭代中的线性化方程组求解。在每个定位时刻，最小二乘算法可分为以下几步。

第 1 步：数据准备与初始解设置。

对于所有可见卫星，根据同一时刻的伪距观测值 $\rho^{(n)}$ 计算各偏差、误差成分 $\delta t^{(n)}$、$I_\rho^{(n)}$、$T_\rho^{(n)}$，由式 6.62 构建误差校正伪距观测值 $\rho_c^{(n)}$。根据获取的卫星星历，计算所有可见卫星的卫星位置 $(x^{(n)}, y^{(n)}, z^{(n)})$。在牛顿迭代开始前，给定接收机当前坐标初始估计值 $\boldsymbol{x}_0 = [0, 0, 0]^T$ 和接收机钟差初始估计值 $\delta t_{u,0} = 0$。

第 2 步：非线性方程组线性化。

用 k 表示当前历元正在进行的牛顿迭代次数，则 $k-1$ 表示当前历元已经完成的迭代次数。在当前历元的第 k 次迭代中，方程组 6.64 中的非线性方程在 $[\boldsymbol{x}_{k-1}, \delta t_{u,k-1}]$ 处线性化后的矩阵方程为

$$\boldsymbol{G}\Delta\boldsymbol{x} = \boldsymbol{b} \tag{6.65}$$

其中，$\Delta\boldsymbol{x} = [\Delta x, \Delta y, \Delta z, \Delta\delta t_u]^T$ 表示本次迭代用户位置和接收机钟差的变化量，$\boldsymbol{G}$ 表示各颗卫星相对于用户几何位置的雅可比矩阵，具体可表示为式 6.66，$\boldsymbol{b}$ 可表示为式 6.67。

$$
G = \begin{bmatrix}
-I_x^{(1)}(x_{k-1}) & -I_y^{(1)}(x_{k-1}) & -I_z^{(1)}(x_{k-1}) & 1 \\
-I_x^{(2)}(x_{k-1}) & -I_y^{(2)}(x_{k-1}) & -I_z^{(2)}(x_{k-1}) & 1 \\
\vdots & & & \vdots \\
-I_x^{(n)}(x_{k-1}) & -I_y^{(n)}(x_{k-1}) & -I_z^{(n)}(x_{k-1}) & 1
\end{bmatrix} = \begin{bmatrix}
-[I^{(1)}(x_{k-1})]^{\mathrm{T}} & 1 \\
-[I^{(2)}(x_{k-1})]^{\mathrm{T}} & 1 \\
\vdots & \vdots \\
-[I^{(n)}(x_{k-1})]^{\mathrm{T}} & 1
\end{bmatrix} \tag{6.66}
$$

$$
b = \begin{bmatrix}
\rho_c^{(1)} - r^{(1)}(x_{k-1}) - \delta t_{u,k-1} \\
\rho_c^{(2)} - r^{(2)}(x_{k-1}) - \delta t_{u,k-1} \\
\vdots \\
\rho_c^{(n)} - r^{(n)}(x_{k-1}) - \delta t_{u,k-1}
\end{bmatrix} \tag{6.67}
$$

$r^{(n)}$ 表示卫星在用户接收机位置的观测向量长度；$I_x^{(n)}(x_{k-1})$ 表示第 k 次迭代时单位观测向量 $I^{(n)}$ 在 X 轴的分量 $I_x^{(n)}$，而 $-I_x^{(n)}(x_{k-1})$ 可通过计算 $r^{(n)}$ 对 x 的偏导在 x_{k-1} 的值获得，即

$$
-I_x^{(n)}(x_{k-1}) = \frac{-(x^{(n)} - x_{k-1})}{r^{(n)}(x_{k-1})} = \frac{-(x^{(n)} - x_{k-1})}{\left\| x^{(n)} - x_{k-1} \right\|} = \left. \frac{\partial r^{(n)}}{\partial x} \right|_{x=x_{k-1}} \tag{6.68}
$$

第 3 步：求解线性方程组。

利用最小二乘法求解伪距定位线性矩阵方程 6.65，结果为

$$
\Delta x = (G^{\mathrm{T}} G)^{-1} G^{\mathrm{T}} b \tag{6.69}
$$

第 4 步：更新非线性方程组的根。

获取的更新后的接收机位置坐标 x_k 和钟差值 $\delta t_{u,k}$，可表示为

$$
\begin{aligned}
x_k &= x_{k-1} + \Delta x = x_{k-1} + [\Delta x, \Delta y, \Delta z]^{\mathrm{T}} \\
\delta t_{u,k} &= \delta t_{u,k-1} + \Delta \delta t_u
\end{aligned} \tag{6.70}
$$

第 5 步：判断牛顿迭代收敛性。

判断此次迭代计算的位移向量 Δx 的长度 $\| \Delta x \|$ 或 $\sqrt{\| \Delta x \|^2 + (\Delta \delta t_u)^2}$ 的值是否已经小到预先定义的门限值，若是，则表明牛顿迭代已收敛到所需精度，可终止迭代并将当前迭代计算结果 $[x_k, \delta t_{u,k}]$ 作为此刻接收机的定位定时结果；若不是，则需要继续迭代计算，k 值增加 1，返回第 2 步重复进行计算。

6.5.2　伪距单点定位实例

用户接收机在利用广播星历计算出卫星位置的基础上，再利用观测到的卫星伪距，即可通过最小二乘法实现单点定位。本实例要求利用给定数据实现伪距单点定位仿真，已知各个时刻所有卫星位置和用户接收机位置，要实现伪距单点定位全过程，首先需通过卫星位置和用户接收机位置构建伪距值，其次利用卫星位置和伪距通过最小二乘法实现用户接收机伪距单点定位。

Syslab 运行程序如下：

```
include("determine_vis.jl")
```

```julia
include("ECEF2ENU.jl")
include("LLA2ECEF.jl")
include("pseudoranges.jl")
include("receiverposition.jl")
include("ECEF2LLA.jl")
include("CalRMRN.jl ")
load("satPos.mat")
load("trj10ms.mat")
rcvPos = trj[:, 1:3]
simulationSteps = size(rcvPos, 1)
satPos = satPos[1:simulationSteps, :, :]
maskAngle = 10;
numSat = size(satPos, 2)
allP1 = Array{Union{Nothing,Float64}}(nothing, numSat, simulationSteps)
satVis = Array{Union{Nothing,Float64}}(nothing, numSat, simulationSteps)
satPos_i = Array{Union{Nothing,Float64}}(nothing, 32, 3)
for j = 1:simulationSteps
    satPos_j = reshape(satPos[j, :, :], :, 3)
    rcvPos_j = rcvPos[j, :]
    rcvPos_j1 = LLA2ECEF(rcvPos_j)
    k1 = 1
    for i = 1:32
        nanIdx = isnan(sum(satPos_j[i, :]))
        if nanIdx == 0
            satPos_i[k1, :] = satPos_j[i, :]
            satVis[i, j] = determine_vis(satPos_i[k1, :], rcvPos_j, maskAngle)
            (allP1[i, j], ~) = pseudoranges(rcvPos_j1, satPos_i[k1, :])
            k1 = k1 + 1
        end
    end
end
# 定位解算
lla1 = zeros(simulationSteps, 3)
sPos = Array{Union{Nothing,Float64}}(nothing, 32, 3)
p1 = Array{Union{Nothing,Float64}}(nothing, 32, 1)
for idx = 1:simulationSteps
    p = allP1[:, idx]
    satPos_idx = reshape(satPos[idx, :, :], :, 3)
    k1 = 1
    for i = 1:32
        nanIdx = isnan(sum(satPos_idx[i, :]))
        if nanIdx == 0 && satVis[i, idx] == 1.0
            sPos[k1, :] = satPos_idx[i, :]
            p1[k1, :] = p[i, :]
            k1 = k1 + 1
        end
    end
    global k1 = k1 - 1
```

```
        lla1[idx, :] = receiverposition(p1[1:k1, :], sPos[1:k1, :])
end
# 误差
errorInMeter = Array{Union{Nothing,Float64}}(nothing, simulationSteps, 3)
(RMh, clRNh) = CalRMRN(rcvPos)
errorInDegree = rcvPos .- lla1
dps = pi / 180
errorInMeter[:, 1] = errorInDegree[:, 2] .* dps .* clRNh
errorInMeter[:, 2] = errorInDegree[:, 1] .* dps .* RMh
errorInMeter[:, 3] = errorInDegree[:, 3]
# 轨迹图
figure()
plot3(lla1[:, 1], lla1[:, 2], lla1[:, 3])
hold("on")
plot3(rcvPos[:, 1], rcvPos[:, 2], rcvPos[:, 3], linewidth=1)
xlabel("纬度 (°)")
ylabel("经度 (°)")
zlabel("高度 (m)")
xlim([0.5976, 0.5982])
ylim([1.9005, 1.9009])
zlim([350, 600])
xticks(0.5976:0.0002:0.5982)
yticks(1.9005:0.0001:1.9009)
legend(["计算结果", "真实轨迹"]; loc="upper left")
grid("on")
# 定位误差散点图
figure()
scatter3(errorInMeter[:, 1], errorInMeter[:, 2], errorInMeter[:, 3], marker="o")
xlabel("纬度误差 (m)")
ylabel("经度误差 (m)")
zlabel("高度误差 (m)")
grid("on")
# 纬度、经度、高度定位误差图
figure()
subplot(3, 1, 1)
plot(trj[:, end], errorInMeter[:, 1], "r")
xlabel("时间 (s)")
ylabel("纬度误差 (m)")
xlim([0, 900])
subplot(3, 1, 2)
plot(trj[:, end], errorInMeter[:, 2], "g")
xlabel("时间 (s)")
ylabel("经度误差 (m)")
xlim([0, 900])
subplot(3, 1, 3)
plot(trj[:, end], errorInMeter[:, 3], "b")
xlabel("时间 (s)")
ylabel("高度误差 (m)")
```

程序中引用的函数内容如下。

（1）最小二乘法用户位置计算函数 receiverposition。

```
function receiverposition(p, satPos)
    resPos = Inf
    minResPos = 1e-4
    iter = 0
    maxIterations = 200
    numSat = size(p, 1)
    posPrev = [0.0; 0.0; 0.0; 0.0]
    Hpos = ones(numSat, 4)
    pEst = Array{Union{Nothing,Float64}}(nothing, numSat, 1)
    losVector = Array{Union{Nothing,Float64}}(nothing, numSat, 3)
    while resPos > minResPos && iter < maxIterations
        for i = 1:numSat
            (pEst[i, 1], losVector[i, :]) = pseudoranges(posPrev[1:3], satPos[i, :])
        end
        pPred = pEst .+ posPrev[end]
        Hpos[:, 1:3] = -losVector
        posEst = posPrev + Hpos' * Hpos \ Hpos' * (p - pPred)
        resPos = norm(posEst - posPrev)
        iter = iter + 1
        posPrev = posEst
    end
    global posEst
    posECEF = Array{Union{Nothing,Float64}}(nothing, 1, 3)
    posECEF = posEst[1:3]'
    poslla = ECEF2LLA(posECEF)
    return poslla
end
```

（2）子午圈曲率半径和卯酉圈曲率半径计算函数 CalRMRN。

```
function CalRMRN(pos)
    Re = 6378137
    f = 1 / 298.257
    e = sqrt(2 * f - f^2)
    e2 = e^2
    sl = sin.(pos[:, 1])
    cl = cos.(pos[:, 1])
    sl2 = sl .* sl
    sq = 1 .- e2 * sl2
    sq2 = sqrt.(sq)
    RMh = Re * (1 - e2) ./ sq ./ sq2 + pos[:, 3]#子午圈曲率半径
    RNh = Re ./ sq2 + pos[:, 3]#卯酉圈曲率半径
    clRNh = cl .* RNh
    return RMh, clRNh
end
```

程序中引用的其他函数：

卫星可见性判断函数 determine_vis 的详细内容见 6.4.2 节。

卫星伪距生成函数 pseudoranges 的详细内容见 6.4.2 节。

地心地固坐标转站心坐标函数 ECEF2ENU 的详细内容见 6.3.2 节。

大地坐标转地心地固坐标函数 LLA2ECEF 的详细内容见 6.1.2 节。

地心地固坐标转大地坐标函数 ECEF2LLA 的详细内容见 6.1.2 节。

程序运行结果如图 6.12～图 6.14 所示。

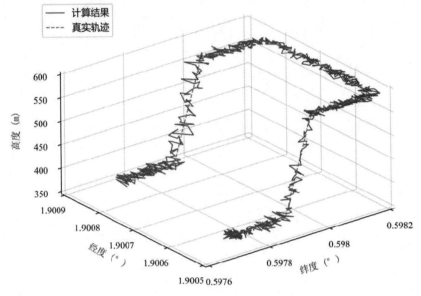

图 6.12　伪距单点定位

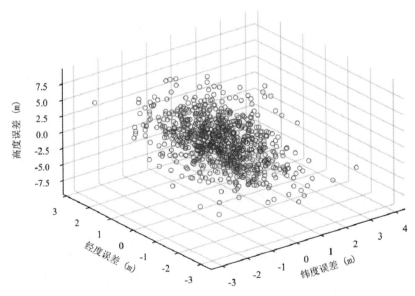

图 6.13　伪距单点定位误差散点图

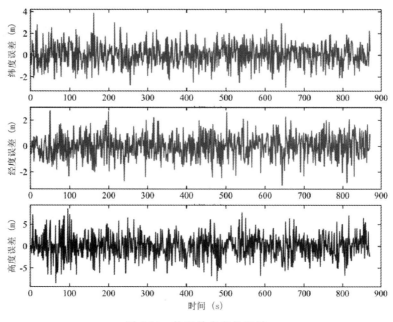

图 6.14 伪距单点定位误差

6.6 基于MWORKS的伪距差分定位 ////////

单点定位算法在定位精度和定位有效率上性能较差。一方面，单点定位精度一般在 10m 左右，不能满足飞机降落和船舶进出港等应用对定位精度的要求；另一方面，单点定位的卫星信号在城市中容易受到建筑物遮挡，导致可见卫星数量少、卫星构型差，从而不能实现定位。在外界信息的辅助下，差分定位可提高卫星导航系统定位性能。

6.6.1 伪距差分定位原理

各卫星导航系统的技术发展可实现伪距单点定位的定位精度在 10m 左右，但仍无法满足接收机精确飞行、自动驾驶等应用场景的定位精度要求。差分定位因其可减小或消除卫星导航观测数据误差而被广泛研究，以提高卫星导航系统的定位精度。

差分定位的主要思路是卫星星历误差、卫星时钟误差、电离层误差和对流层误差具有空间相关性和时间相关性，对于同一区域同一时刻的不同接收机，伪距观测值包含的上述 4 种观测误差近似相等或高度相关。如图 6.15 所示，选择其中一个接收机作为参考接收机，且参考接收机精确位置已知。通过参考接收机位置与卫星星历计算获得的卫星位置即可准确计算出卫星到接收机的真实几何距离，将真实几何距离与伪距观测值做差，即可获得参考接收机伪距观测误差。参考接收机将收到的观测误差向周围的用户接收机广播，用户接收机利用获得的参考接收机的测量误差对伪距观测值进行校正，进而提高用户接收机导航定位精度。差分定位中通常将参考接收机播发的用于降低用户接收机测量误差的校正量称为差分校正量。如果参考接收机播发伪距观测值的差分校正量，那么用户接收机可以根据校正后的伪距观测值算出用户的绝对位置；如果参考接收机直接播发伪距观测值，那么用户接收机可对来自卫星和参考接收机的伪距观测值进行组合，进而算出用户接收机到参考接收机的距离（基线），实现相对定位。相比于绝对定位，相对定位不需要知道基准接收机精确的位置坐标，适用条件更简单、应用范围更广。在相对定位系统中，如果获取了基准接收机的精确坐标，那么就可以根据相对定位获取的基线向量和基准接收机的精确坐标算出用户接收机的精确坐标。

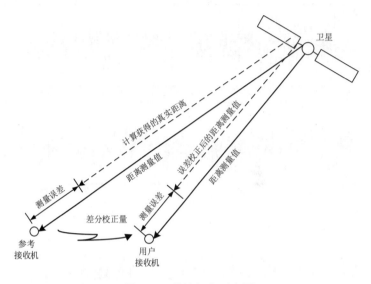

图 6.15　载波相位示意图

下面以伪距双差为例讲解相对定位过程，伪距双差观测值形成过程如图 6.16 所示。若改写伪距观测方程 6.55，则接收机 b 和可见卫星 k 的伪距观测值 ρ_b^k 为

$$\rho_b^k = r_b^k + E_b^k + \delta t_b - \delta t^k + I_b^k + T_b^k + \varepsilon_b^k \tag{6.71}$$

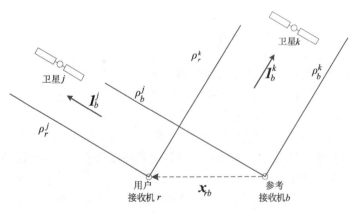

图 6.16　单差与双差的形成

其中，r 表示卫星到接收机的几何距离；E 表示星历误差；δt_b 表示接收机钟差；δt^k 表示卫星钟差；I 表示电离层误差；T 表示对流层误差；ε 表示接收机噪声和多径误差。相比于式 6.55，式 6.71 多出单独的卫星星历误差项，误差考虑更加全面。

伪距单差 ρ_{rb}^k 指接收机 r 和接收机 b 同一时刻对同一卫星 k 伪距观测量的差分值，如式

6.72 所示，该差分值可消除卫星星历、卫星时钟误差、电离层误差和对流层误差，但无法消除接收机钟差、接收机噪声和多径误差。

$$\rho_{rb}^k = \rho_r^k - \rho_b^k \tag{6.72}$$

双差观测值是通过来自不同卫星的两个单差值做差形成的，如式 6.73 所示。双差可消除接收机钟差，只保留接收机噪声和多径误差。

$$\rho_{rb}^{jk} \triangleq \rho^{(\hat{j})} = (\rho_r^j - \rho_b^j) - (\rho_r^k - \rho_b^k) \tag{6.73}$$

其中，具有最高的仰角的卫星 k 被挑选为参考卫星。上标 $(\hat{j})$ 表示从原始序列中除去参考卫星后的可见卫星新序列号。

相对导航的目的是估计基线矢量，即两个接收机之间的相对位置矢量。为了将双差观测值 $\rho^{(\hat{j})}$ 与基线向量 $\boldsymbol{x}$（从接收机 r 到接收机 b 的距离）相关联，将 $\rho^{(\hat{j})}$ 分为真值分量 r_{rb}^{jk} 和噪声分量 ε_{rb}^{jk}，可表示为

$$\rho^{(\hat{j})} = r_{rb}^{jk} + \varepsilon_{rb}^{jk} \tag{6.74}$$

真值分量 r_{rb}^{jk} 可表示为基线向量投影到两接收机到两卫星视线（Line of Sight，LOS）向量的差值

$$r_{rb}^{jk} \triangleq (r_r^j - r_b^j) - (r_r^k - r_b^k) = [\boldsymbol{l}_b^j - \boldsymbol{l}_b^k] \cdot \boldsymbol{x} \tag{6.75}$$

其中，$\boldsymbol{l}_b^j$ 表示从接收机 b 到卫星 j 的归一化 LOS 向量。r_{rb}^{jk} 描述了未知基线向量 $\boldsymbol{x}$ 对双差观测值的影响。

噪声分量 ε_{rb}^{jk} 表示多径误差与接收机噪声对双差测量值的影响：

$$\varepsilon_{rb}^{jk} \triangleq \varepsilon^{(\hat{j})} = (\varepsilon_r^j - \varepsilon_b^j) - (\varepsilon_r^k - \varepsilon_b^k) \tag{6.76}$$

将式 6.75 和式 6.76 代入式 6.74，可得双差伪距观测模型：

$$\rho^{(\hat{j})} = \boldsymbol{l}_b^{(\hat{j})} \cdot \boldsymbol{x} + \varepsilon^{(\hat{j})} \tag{6.77}$$

其中，$\boldsymbol{l}_b^{(\hat{j})} = [\boldsymbol{l}_b^j - \boldsymbol{l}_b^k]$ 表示卫星 j 和卫星 k 的 LOS 向量的差值。

假设接收机 r 和接收机 b 共有 N_S 个可见卫星。选取高度角最大的卫星作为参考卫星，N_S 个卫星的测量值可形成 $N_S - 1$ 个双差观测值，对应形成的双差测量模型可表示为

$$\begin{bmatrix} \rho^{(1)} \\ \rho^{(2)} \\ \vdots \\ \rho^{(N_S-1)} \end{bmatrix} = \begin{bmatrix} \boldsymbol{l}_b^{(1)} \\ \boldsymbol{l}_b^{(2)} \\ \vdots \\ \boldsymbol{l}_b^{(N_S-1)} \end{bmatrix} \boldsymbol{x} + \begin{bmatrix} \varepsilon^{(1)} \\ \varepsilon^{(2)} \\ \vdots \\ \varepsilon^{(N_S-1)} \end{bmatrix} \tag{6.78}$$

式 6.78 可简写为

$$\boldsymbol{\rho}_{rb} = \boldsymbol{A} \cdot \boldsymbol{x} + \boldsymbol{\varepsilon}_{rb} \tag{6.79}$$

基线向量 $\boldsymbol{x}$ 可通过最小二乘（Least Squares，LS）估计获得。每次迭代的更新量可表示为

$$\Delta \hat{\boldsymbol{x}} = (\boldsymbol{A}^{\mathrm{T}} \boldsymbol{A})^{-1} \boldsymbol{A}^{\mathrm{T}} \cdot \Delta \boldsymbol{\rho}_{rb} \tag{6.80}$$

其中，$\Delta\boldsymbol{\rho}_{rb}$ 为双差观测值减期望，表示对角加权阵。

6.6.2　伪距差分定位实例

本实例要求通过伪距双差实现用户接收机定位仿真。给定不同时刻用户接收机位置、参考接收机位置和所有卫星位置，将参考接收机位置视为高精度定位结果，要求通过伪距双差实现用户接收机的相对定位。仿真过程中，首先，通过用户接收机位置、参考接收机位置和卫星位置实现仿真时刻可见卫星判断和伪距仿真；其次，筛选仿真时刻可见卫星及其伪距，进而构造双差观测值，通过最小二乘法实现相对定位，即基线解算。

Syslab 运行程序如下：

```
include("LLA2ECEF.jl")
include("ECEF2ENU.jl")
include("ECEF2LLA.jl")
include("ENU2ECEF.jl")
include("determine_vis.jl")
include("pseudoranges.jl")
include("maxAzimuthSat.jl")
include("differencePosition.jl")
load("satPos.mat")
load("trj_1.mat")
load("trj_2.mat")
rcvPos1 = trj_1[:, 1:3]
rcvPos2 = trj_2[:, 1:3]
simulationSteps = size(rcvPos1, 1)
satPos = satPos[1:simulationSteps, :, :]
# 伪距仿真
maskAngle = 10;
numSat = size(satPos, 2)
allP1 = Array{Union{Nothing,Float64}}(nothing, numSat, simulationSteps)
allP2 = Array{Union{Nothing,Float64}}(nothing, numSat, simulationSteps)
satVis1 = Array{Union{Nothing,Float64}}(nothing, numSat, simulationSteps)
satVis2 = Array{Union{Nothing,Float64}}(nothing, numSat, simulationSteps)
satPos_i = Array{Union{Nothing,Float64}}(nothing, 32, 3)
for j = 1:simulationSteps
    satPos_j = reshape(satPos[j, :, :], :, 3)
    rcvPos1_LLA = rcvPos1[j, :]
    rcvPos1_ECEF = LLA2ECEF(rcvPos1_LLA)
    rcvPos2_LLA = rcvPos2[j, :]
    rcvPos2_ECEF = LLA2ECEF(rcvPos2_LLA)
    k1 = 1
    for i = 1:32
        nanIdx = isnan(sum(satPos_j[i, :]))
        if nanIdx == 0
            satPos_i[k1, :] = satPos_j[i, :]
            satVis1[i, j] = determine_vis(satPos_i[k1, :], rcvPos1_LLA, maskAngle)
```

```
                (allP1[i, j], ~) = pseudoranges(rcvPos1_ECEF, satPos_i[k1, :])
                satVis2[i, j] = determine_vis(satPos_i[k1, :], rcvPos2_LLA, maskAngle)
                (allP2[i, j], ~) = pseudoranges(rcvPos2_ECEF, satPos_i[k1, :])
                k1 = k1 + 1
            end
        end
    end
# 定位解算
p11 = Array{Union{Nothing,Float64}}(nothing, 32, 1)
p22 = Array{Union{Nothing,Float64}}(nothing, 32, 1)
sPos = Array{Union{Nothing,Float64}}(nothing, 32, 3)
deltaENU = zeros(simulationSteps, 3)
postion_lla = zeros(simulationSteps, 3)
for idx = 1:simulationSteps
    p1 = allP1[:, idx]
    p2 = allP2[:, idx]
    satPos_idx = reshape(satPos[idx, :, :], :, 3)
    k2 = 1
    for i = 1:32
        global k2
        nanIdx = isnan(sum(satPos_idx[i, :]))
        if nanIdx == 0 && satVis1[i, idx] == 1.0 && satVis2[i, idx] == 1.0
            sPos[k2, :] = satPos_idx[i, :]
            p11[k2, :] = p1[i, :]
            p22[k2, :] = p2[i, :]
            k2 = k2 + 1
        end
    end
    global k2 = k2 - 1
    deltaENU[idx, :] = differencePosition(p11[1:k2, :], p22[1:k2, :], sPos[1:k2, :], rcvPos1[idx, :])
    deltaECEF = ENU2ECEF(deltaENU[idx, :], rcvPos1[idx, :])
    postion_lla[idx, :] = ECEF2LLA(deltaECEF)
end
# 纬度、经度、高度定位误差折线图
figure()
subplot(3, 1, 1)
plot(trj_1[:, end], deltaENU[:, 1], "r")
xlabel("时间 (s)")
ylabel("东向误差 (m)")
xlim([0, 900])
subplot(3, 1, 2)
plot(trj_1[:, end], deltaENU[:, 2], "g")
xlabel("时间 (s)")
ylabel("北向误差 (m)")
xlim([0, 900])
subplot(3, 1, 3)
plot(trj_1[:, end], deltaENU[:, 3] .+ 20, "b")
```

```
xlabel("时间 (s)")
ylabel("天向误差 (m)")
xlim([0, 900])
# 轨迹图
figure()
plot3(postion_lla[:, 1], postion_lla[:, 2], postion_lla[:, 3])
hold("on")
plot3(rcvPos1[:, 1], rcvPos1[:, 2], rcvPos1[:, 3], linewidth=1)
plot3(rcvPos2[:, 1], rcvPos2[:, 2], rcvPos2[:, 3], linewidth=1)
xlabel("纬度 (°)")
ylabel("经度 (°)")
zlabel("高度 (m)")
xlim([0.5976, 0.5982])
ylim([1.9005, 1.9009])
zlim([350, 600])
xticks(0.5976:0.0002:0.5982)
yticks(1.9005:0.0001:1.9009)
legend(["计算结果", "参考接收机轨迹", "用户真实轨迹"]; loc="upper left")
grid("on")
```

程序中引用的函数内容如下。

（1）伪距双差用户位置计算函数 differencePosition。

```
function differencePosition（input1, input2, input3, input4）
    p111 = input1
    p222 = input2
    ssPos = input3
    recPOSI = input4
    SD = p222 - p111
    max_number = maxAzimuthSat（ssPos, recPOSI）
    DD = SD .- SD[max_number]
    DD = DD[1:end.!=max_number, :]
    numSD = size（SD, 1）
    posDiff = Array{Union{Nothing,Float64}}（nothing, numSD, 3）
    losVector = Array{Union{Nothing,Float64}}（nothing, numSD, 3）
    recPOSI_ECEF = LLA2ECEF（recPOSI）
    for i = 1:numSD
        posDiff[i, :] = ssPos[i, :] - recPOSI_ECEF
        rawRanges = norm（posDiff[i, :]）
        losVector_ECEF = posDiff[i, :] ./ rawRanges
        losVector[i, :] = ECEF2ENU（losVector_ECEF, recPOSI）
    end
    losVectorDiff = -（losVector .- losVector[max_number, :]'）
    Hpos = losVectorDiff[1:end.!=max_number, :]
    resPos = Inf
    minResPos = 1e-4
    iter = 0
    maxIterations = 200
```

```
    posPrev = [0.0; 0.0; 0.0]
    while resPos > minResPos && iter < maxIterations
        pPred = Hpos * posPrev
        posEst = Hpos' * Hpos \ Hpos' *（DD - pPred）
        posPrev = posPrev + posEst
        resPos = norm（posEst）
        iter = iter + 1
    end
    global posPrev
    global iter
    return posPrev
end
```

（2）最大高度角卫星搜索函数 maxAzimuthSat。

```
function maxAzimuthSat（input1, input2）
    satnumber = size（input1, 1）
    sat_att = Array{Union{Nothing,Float64}}（nothing, satnumber）
    for i = 1:satnumber
        sat_pos_ENU = ECEF2ENU（input1[i, :], input2）
        sat_att[i] = atan（sat_pos_ENU[3, 1] / sqrt（sat_pos_ENU[1, 1]^2 + sat_pos_ENU[2, 1]^2））* 180 / pi
    end
    max_number = argmax（sat_att）
    return max_number
end
```

程序中引用的其他函数可在前文实例中找到详细内容，此处不再列出。

程序运行结果如图 6.17 和图 6.18 所示。

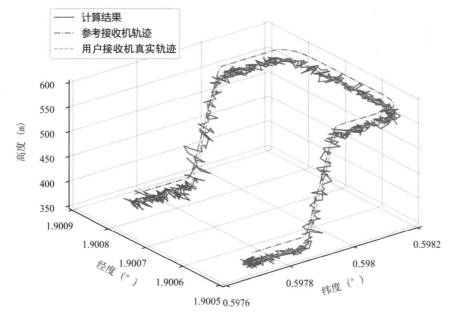

图 6.17 伪距差分定位

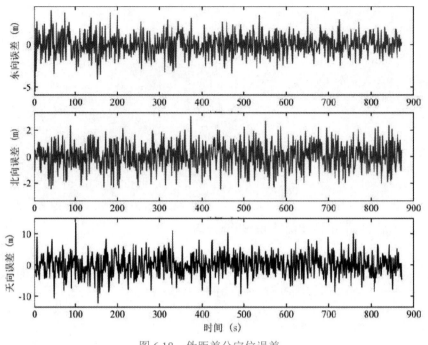

图 6.18　伪距差分定位误差

6.7　卫星导航建模与仿真实例

本节将介绍 MWORKS 卫星导航建模仿真方案的总体设计与具体的工作流程。首先，针对实际卫星导航过程，设计信息层卫星导航仿真验证方案的各个环节，串联各环节即可实现总体方案的建模仿真。其次，介绍 MWORKS 在建模仿真方案中的工作流程和具体的仿真流程。用户可结合总体设计与具体的工作流程，设计符合个人要求的建模仿真内容，并通过 MWORKS 完成设计仿真。

6.7.1　建模仿真方案总体设计

卫星导航是指以导航卫星作为动态已知点，接收机接收导航卫星发送的导航电文和测量数据，实时确定接收机载体的位置和速度的导航方法。分析卫星导航实现过程，设计卫星导航验证方案，如图 6.19 所示。所有环节按实现功能进行划分，MWORKS 针对不同环节构建模型与函数，实现不同环节单独的仿真验证。每个环节的基本原理及具体的模型与函数见前文。

基于该仿真验证总体方案，用户能够完成 GPS、GLONASS、Galileo 和 BDS 四大卫星导航系统从卫星轨道生成到用户定位解算的全过程。同时，在仿真过程中，用户可以灵活配置相关仿真参数，包括坐标系统、仿真时间、导航系统、导航文件、环境遮掩角、用户运动模型以及解算方法等。

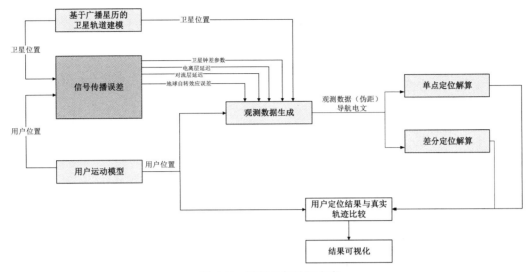

图 6.19　卫星导航验证方案

6.7.2　建模仿真方案工作流程

为更好地利用 MWORKS 实现卫星导航仿真验证，需明确仿真验证的工作流程。设计的仿真验证工作流程如图 6.20 所示。进行仿真验证时需首先进行仿真任务设计，明确仿真验证任务与仿真验证环节。仿真验证任务对应于验证方案环节的具体实现内容，包括坐标系统间的转换、时间系统间的转换、卫星轨道仿真、用户运动场景仿真、信号传播误差仿真、观测数据仿真、定位测速解算等。完成仿真任务设计后，调用 MWORKS 各环节的模型与函数，即可进行仿真任务运行。运行完成后进行数据存储，存储的数据可供用户实现仿真数据可视化。

图 6.20　仿真验证工作流程

为详细说明具体仿真流程，以获取导航电文、伪距、载波相位和定位解为仿真任务设计内容，介绍具体的仿真流程。如图 6.21 所示，该仿真流程示例包括仿真验证的主要流程、调用模型、解算、数据传递关系等内容。

该仿真流程示例共包括 3 层。第 1 层为输入层，对应于仿真任务设计模块。在进行仿真任务设计后，就可确定需要执行的具体仿真任务，进而确定需要输入的具体参数。在本示例中，需要输入卫星的星历数据以及用户的运动参数。卫星星历数据决定卫星的具体运动情况。用户运动参数决定用户的具体运动状态。第 2 层为中间层，对应于仿真任务运行模块。中间层的主要功能为根据输入参数，调用 MWORKS 中建立的卫星导航相关模型与函数，实现卫星导航仿真验证的各个环节。中间层体现着 MWORKS 中各模型函数的关系，是仿真验证的关键。第 3 层为输出层，对应于数据存储与数据可视化模块。输出层首先将中间层计算的结果进行存储，若任务设计中要求绘制图像，则输出对应图像，反之，则只存储图像。本示例中输出层只存储了任务设计要求的导航电文、伪距、载波相位和定位解。

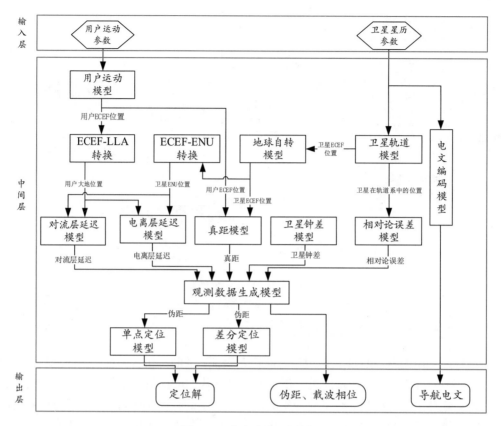

图 6.21 仿真流程示例图

本 章 小 结

本章主要介绍了基于 MWORKS 的卫星导航建模与仿真所包含的具体环节、每个环节的基本原理以及每个环节的具体仿真实例。本章介绍了时空系统转换、卫星空间位置解算、导航信号误差建模、观测数据生成、伪距单点定位和伪距差分定位环节。每个环节包含基础的原理介绍以及详细的 MWORKS 仿真实现过程，读者可结合每一环节的仿真实例，或参照 6.7 节内容通过各环节间的组合，实现 MWORKS 卫星导航仿真。若用 MWORKS 实现卫星导航仿真的其他内容，读者可以本章实例为基础快速实现进一步开发。

习 题 6

1. 卫星导航系统包含哪些空间坐标系，常用的坐标系转换如何实现？
2. 卫星导航系统包含哪些时间系统，常用的时间系统转换如何实现？
3. 阐述开普勒轨道六根数是如何确定卫星轨道和卫星位置的。
4. 卫星导航信号包含哪些误差，它们是怎么产生的？
5. 阐述伪距单点定位最小二乘法的具体步骤。
6. 阐述差分定位的定位精度高于单点定位的原因。

第7章

飞行器制导控制系统仿真验证

在完成飞行器制导控制系统初步设计后，需要对设计结果进行大量的仿真验证，目的是考核制导控制系统在各种干扰或误差因素下的指标性能。目前，对制导控制系统的仿真验证主要分为两个阶段：一是通过大量数学仿真，如蒙特卡洛仿真，考核各项误差和随机干扰对制导控制系统算法的影响大小；二是进行半实物仿真试验，考核在真实的产品实物影响下的制导控制系统性能。

在本章中，主要介绍的内容包括数学仿真和半实物仿真相关概念，如何利用 MWORKS 平台开展蒙特卡洛仿真验证，以及 MWORKS 平台在制导控制系统半实物仿真中的应用等。

通过本章的学习，读者可以了解（或掌握）：

❖ 数学仿真相关概念。

❖ 半实物仿真相关概念。

❖ 如何利用 MWORKS 平台开展蒙特卡洛仿真验证。

❖ 制导控制系统半实物仿真中的相似关系与仿真设备。

❖ MWORKS 平台在半实物仿真系统中的应用。

7.1 飞行器制导控制系统数学仿真和半实物仿真相关概念

7.1.1 系统仿真

系统仿真是伴随着计算机技术发展而逐步形成的一类试验研究的新兴方法。仿真（Simulation）就是通过建立实际系统模型（数学模型、物理效应模型、数学-物理效应模型）并利用所建模型对实际系统进行试验研究的过程。它为进行实际系统的研究、分析、决策、设计，以及对专业人员的培训提供了一种先进的方法，增强了人们对客观世界内在规律的认识能力，有力地推动了那些过去以定性分析为主的学科向定量化方向发展。

1. 系统仿真基本概念

所谓系统仿真就是建立系统模型，并利用模型运行完成工程试验与科学研究的全过程。在包括飞行器制导控制系统在内的试验研究需求牵引下，系统仿真走过了 60 多年的历程，经过三次变革浪潮已经发展成为多学科综合型高新技术。系统仿真被认为是继理论研究和实物试验之后，第三种认识世界与改造世界的工具，是现代试验工程和科学研究的共用技术。建模与验模以及模型运行是系统仿真的核心内容，按照所使用的模型类型不同（数学的、实物的、半实物的），系统仿真被分为数学仿真、实物仿真和半实物仿真。数学仿真是整个系统仿真的基础。飞行器制导控制系统设计初期和某些专题研究都离不开数学仿真。实物仿真是传统的试验方法，主要用于飞行器制导控制系统的鉴定试飞和模拟打靶等场合。半实物仿真是有部分实物参与的仿真试验，通常主要参与的实物是飞行器末端制导系统，有时也可能包括惯性系统、舵系统、高度表及机（弹）载计算机等。半实物仿真在型号研制和一些复杂的专题试验研究中具有极其重要的作用。

飞行器制导控制系统仿真由粗到精，由简到繁，贯穿制导控制系统研制的全过程，其大致步骤如下：

（1）用简化的线性模型进行数学仿真，以优化方法选择系统结构和参数。

（2）加入回路主要元件的非线性环节（磁滞、时延、间隙等）完成数学仿真，以初步检查回路性能。

（3）加入线加速度反馈回路模型，完成数学仿真，以检查稳定控制回路的动态性能是否满足设计指标。

（4）进行三通道稳定控制回路数学仿真，分析各回路性能。

（5）将计算机、舵系统等接入回路进行稳定控制回路半实物仿真。

（6）采用制导控制系统简化模型进行类似（1）的数学仿真，以优化制导回路参数，检查制导控制性能。

（7）采用完整的制导系统模型进行数学仿真，分析各环节和回路间的协调性。

（8）使用完整的制导系统模型，选择飞行或杀伤空域中的典型点进行数学仿真，研究系统导引精度（如计算空域中某点的落入概率）。

（9）将主要制导控制部件接入回路，完成整个制导控制系统的半实物仿真试验，以检查系统各设备间动态性能的协调性、系统功能和性能，并修正数学仿真模型。

另外，还要进行飞行前、中、后的仿真。值得指出，为了进行半实物仿真，需要设计和建造昂贵的半实物仿真系统。

2. 系统仿真的应用

系统仿真在制导控制系统设计中的应用非常广泛，尤其是近年来，随着仿真技术的不断进步，仿真精度逐步提高，已经成为各类飞行器或精确制导武器系统设计过程中不可或缺的重要手段。归纳起来有以下几个方面：

1）系统仿真在制导控制系统设计过程中的应用

制导控制系统是在复杂的目标、环境和干扰背景作用下的时变的非线性控制系统。为了简化设计，一般采用是经典的设计理论和方法，即将制导控制系统线性化，然后进行设计。这样设计的优点是可以简化设计过程，便于采用经典控制理论的方法进行分析，缺点是必须对系统进行假设和简化，而且其设计结果的正确性还必须通过试验或仿真的方法进行检验。

目前，检验设计结果正确性的一个主要手段是采用系统仿真的方法，可以这样说，在制导控制系统设计的全过程中，都必须依赖系统仿真对系统设计结果进行分析。例如，在飞行器系统设计的方案论证阶段，可以通过数字仿真来检验仿真设计的正确性，并对比、评估不同方案的优越性。在制导控制系统设计阶段，通过系统仿真可以优化控制系统结构和参数，在部分关键实物部件研制成功后，可以将其引入仿真回路，组成半实物仿真系统，检验其性能是否达到设计要求。在制导控制系统的全部实物研制完成后，可以通过半实物仿真检验其最终性能，为设计定型提供依据。

2）系统仿真在复杂条件下飞行器性能研究中的应用

受经费、试验周期等条件的限制，飞行试验往往只能选取典型设计条件进行，而对于目标的各种不同机动方式、人工干扰条件、背景干扰条件下的飞行器性能，就只能依靠系统仿真的方法进行评价。另外，受飞行条件的限制，飞行器的边界性能参数也必须通过系统仿真的方法获得，比如导弹攻击区的远界和近界，是无法通过飞行试验完整获取的，这时，就必须通过系统仿真的方法进行研究。

3）系统仿真在飞行器系统性能统计分析、确认中的应用

在飞行器设计定型时，用户一般非常关心一些性能参数，如脱靶量、杀伤概率等。而这些参数必须通过大量的试验获取相关数据，然后采用统计分析的方法来获得。在早期的飞行器研制中，这些数据主要通过实际飞行试验的方法获得，耗费大，周期长。现在借助系统仿真技术，只需通过少量的飞行试验来校验系统的数学模型，然后利用校准了的数学仿真模型，并采用蒙特卡洛方法进行大量的重复试验，就能以较高的置信度获得所需要的统计数据。

4）系统仿真在飞行器使用操作培训中的应用

当飞行器用来装备部队时，由于操作人员不熟悉飞行器的性能和操作流程，因此必须进行培训。这时，可以通过系统仿真的手段，建立逼真的仿真操作环境，如视景、音响、振动。操作人员在试验室就可以全面熟悉飞行器系统的性能和操作流程。

飞行器制导控制系统是一个在多种随机信号作用下的复杂非线性时变系统，目前普遍采用数学仿真对各种干扰条件下的飞行器制导控制性能进行考核分析。半实物仿真是检验制导控制系统能力和评估系统性能的重要手段，是制导控制系统研制过程中的重要环节。下面分别介绍飞行器制导控制系统数学仿真和半实物仿真相关概念。

7.1.2 飞行器制导控制系统数学仿真概述

1. 制导控制系统数学仿真

数学仿真是以数学模型和仿真计算机为基础的仿真方法。目前，数学仿真技术已发展成为集计算机技术、网络技术、系统技术、自动控制、图形/图像技术、多媒体技术、软件工程、信息处理和人工智能等多学科的高新技术。数学仿真涉及系统、模型和计算机三方面内容，这里的系统是指飞行器制导控制系统，为仿真对象；模型包括一次模型化后的数学模型和二次模型化后的仿真模型；仿真计算机通常有三类，即模拟机、数字机和混合机。按照使用的不同仿真计算机类型，数学仿真被分为模拟机仿真、数字仿真和混合仿真。数字仿真已成为当前计算机仿真的主流，且发展到相当高的水平，其主要标志如下：

（1）已突破全数字实时仿真大关。

（2）高性能仿真工作站达到新水平。

（3）分布交互仿真（DIS）和高层体系结构（HLA）技术得以实现。

（4）虚拟现实（VR）和虚拟样机（VP）的发展和应用给计算机仿真注入了新的活力。

（5）人工智能技术与仿真相结合。

（6）新一代仿真机，如神经网络计算机，甚至光计算机和生物计算机已经出现。

以上所有这些都为制导控制系统数学仿真提供了更理想的软、硬件环境。

数学仿真由于不涉及实际系统的任何部件，所以具有经济性、灵活性及通用性的突出特点，在制导控制系统仿真中占有相当重要的地位。就其仿真任务而言，制导控制系统的设计指标提出、方案论证以及各部分设计中的参数优化等都离不开数学仿真。数学仿真的主要目的是利用详细的数学模型，通过仿真系统初步检验系统在各飞行段、全空域内的性能，包括稳定性、快速性、抗干扰性、机动能力和容差等，发现设计问题，修正并完善系统设计。

2. 制导控制系统数学模型及其验证

在制导控制系统仿真中，常用的模型有三种形式：（1）连续系统数学模型的微分方程、传递函数和状态方程；（2）离散系统数学模型的差分方程、脉冲传递函数和离散状态空间方程；（3）采样控制系统数学模型。采用哪种模型形式视具体仿真任务而定。

就模型功能而言，飞行器不同的制导方式和导引方法的模型组成各不相同，但其模型框架是基本相同的，如图 7.1 所示。

1）飞行器机（弹）体动力学及运动学模型

数学仿真中，飞行器机（弹）体动力学模型及运动学模型是最基本且最重要的，通常为描述飞行器推力、重力、气动力、操纵力与力矩间关系的六自由度刚体（或弹性体）方程，它们包括飞行器动力学方程、质量方程和几何关系等。其关键是气动力系数（导数）的建立。

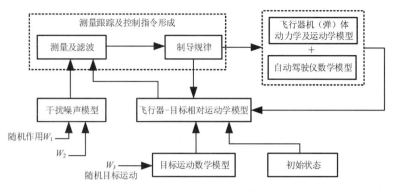

图 7.1　飞行器制导控制系统模型框架

2）飞行器-目标相对运动模型

该模型描述飞行器接近目标的运动规律。本质上讲，是飞行器相对运动参数间的几何关系。根据不同制导方式和导引方法，飞行器目标相对运动学模型包括飞行器与目标的接近距离 ΔR 和接近速度 $\Delta \dot{R}$、高低角偏差 $\Delta \varepsilon = \varepsilon_m - \varepsilon_d$、方位偏差 $\Delta \beta = \beta_m - \beta_d$、飞行器视线角 q 和视线角速度 $\dot{q}$ 等的数学模型。

3）目标运动数学模型

目标运动数学模型对飞行器制导与控制影响很大，一定程度上决定着飞行器制导方式和导引率的选取。目标运动数学模型一般分为水平直线等速飞行（等速平飞）和机动飞行两大类，机动飞行（S 形、蛇形、锯齿、阶跃等）又分为水平机动和垂直机动两种。其主要参数为机动时刻和机动过载。

4）自动驾驶仪数学模型

自动驾驶仪数学模型描述了制导控制指令、伺服传动和弹体运动之间的关系，是通过控制规律实现制导律的关键环节，其数学模型通常包括俯仰、偏航和滚动三个通道。

5）飞行器和目标的测量跟踪及控制指令形成装置数学模型

这部分模型反映飞行器制导规律及由此形成的控制指令。其原始依据是对飞行器的目标运动参数的不断测量及预先确定的制导律。从对飞行器控制的角度讲，寻的制导最终归结为建立俯仰和偏航两个通道的数学模型，指令制导包括测量坐标系上的高低和方位两个通道的数学模型。

6）干扰噪声模型

产生随机干扰的因素一般有：目标反射信号幅度和有效中心的摆动、无线电电子设备的内噪声、敌方施放电子干扰等。目标反射信号幅度和有效中心摆动反映了目标的起伏特性，它取决于多种因素，如目标几何形状、尺寸、飞行速度、高度、大气状态、雷达载频等。

7）误差模型

此外，通常还存在误差模型，主要指引起系统慢变干扰的设备误差。一般包括：

（1）天线罩瞄视误差。

（2）零位误差。包括导引头、控制指令形成装置、自动驾驶仪等飞行器控制设备的零位误差，它们一般符合 $N(0,\sigma)$ 正态分布。

（3）斜率误差。包括导引头、自动驾驶仪、地面制导站等探测与控制设备的斜率误差，它们一般符合 $N(0,\sigma_K)$ 正态分布。除此，误差模型还应包括发射角误差、发动机推力偏差、飞行器质心偏差模型等。

模型毕竟不是实际系统本身，而是它的近似替身，因此所有模型都必须进行验证。确切地讲，模型在使用前的整个开发阶段，必须经过严格的校核、验证和确认。

3. 制导控制系统数学仿真系统的构成

同一般数学仿真系统一样，飞行器制导控制系统的数学仿真系统由硬件和软件两大部分构成。硬件包括仿真计算机系统、输入/输出设备及其他辅助设备；软件主要包括各种有关模型，如飞行器动力学与运动学模型、目标特性模型、飞行器-目标相对运动模型、飞行器控制系统模型（包括飞行器上设备模型和地面制导站模型）、环境模型（包括噪声模型、误差模型、量测模型），以及管理控制软件、仿真应用软件等。制导控制系统较完善的数学仿真系统构成如图 7.2 所示。

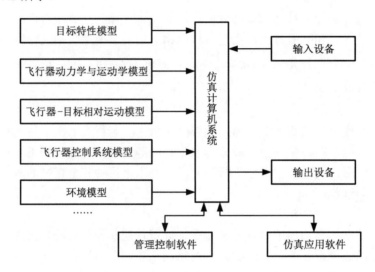

图 7.2　制导控制系统较完善的数学仿真系统构成

由图 7.2 可见，仿真计算机系统是数学仿真的核心部分。它要求计算机具有较大的计算容量、较快的运算速度和较高的运算精度等。目前，数学仿真的计算机有很宽的谱型，可从一般微机到巨型机，甚至超级实时仿真工作站。导弹制导控制系统，一般采用高性能小型机、专用仿真机、并行微机系统或仿真工作站。

输入设备常用来把各种图表数据传送到仿真系统中去，一般有鼠标、数字化仪、图形/图像扫描仪等。

输出设备主要用于提供各种形式的仿真结果以便分析，常采用打印机、绘图机、数据存储设备、磁带机及光盘机等。

仿真应用软件用于仿真建模、仿真环境形成以及信息处理和结果分析等方面。截至目前，仿真软件已相当丰富，可归结为程序包和仿真语言。另外，还有许多应用开发软件，如MWORKS、MATRIXx、MATLAB / Simulink、MeltiGen、Vega 及 3D-MAX 等，其中 MWORKS平台的相关介绍见本书前面章节的相关内容。

4. 数学仿真过程及主要内容

1）仿真过程

仿真过程是指数学仿真的工作流程，其一般过程如图 7.3 所示，包括如下基本内容：系统描述、建立系统数学模型、建立仿真模型、编写仿真程序、模型运行及仿真结果分析与处理等，其中建立系统数学模型是它的核心内容。所谓建立系统数学模型就是通过数学方法来确定系统（这里指飞行器制导控制系统）的模型形式、结构和参数，以得到正确描述系统特征的最简数学表达式。建立仿真模型就是实际系统的二次模型化，它将根据数学模型形式、仿真计算机类型及仿真任务，通过一定的算法或仿真语言将数学模型转变成仿真模型，并建立起仿真试验框架，以便在计算机上顺利、正确地运行仿真模型。

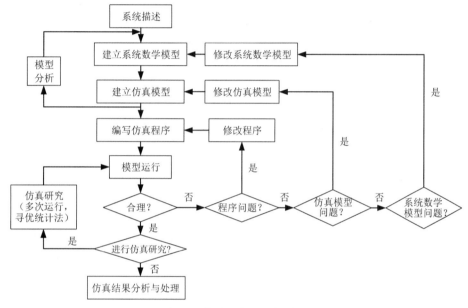

图 7.3　数学仿真的一般过程

2）主要内容

对于飞行器制导控制系统，数学仿真应包括以下 4 方面内容：制导控制系统性能仿真、制导系统精度仿真、系统故障分析仿真和专题研究仿真。

5. 仿真结果分析与处理

1）仿真结果分析

系统数学仿真的目的是依据仿真输出结果来分析和研究系统的功能和性能。因此，仿真结果分析非常重要。按照仿真阶段的不同有动态仿真输出结果分析和稳态仿真输出结果分析。其分析方法大致相同，一般采用统计分析法、系统辨识法、贝叶斯分析法、相关分析法及频谱分析法等。由于飞行器制导控制系统是在随机变化的环境和随机干扰作用下工作的，且呈现非线性，所以应根据系统特点采用合适的统计方法。

2）仿真结果处理

对数学仿真结果的处理主要是解决对仿真结果的置信度问题。这里包括两层含义，其一是数学模型相对于真实系统的准确度；其二是所采用分析方法的置信度。前者在建模与验模中解决，后者在制导控制系统仿真中解决。以导弹为例，数学仿真结果处理通常涉及如下问题：

（1）遭遇时间的判定。

对于同一仿真靶试点，每次发射的遭遇时间是不同的。理论上讲，导弹与目标的相对距离 $\Delta R = 0$ 所对应的时刻为遭遇时间。但实际上用 $\Delta R \leqslant \Delta$（如 $\Delta \leqslant 0.1\text{ m}$）来判断遭遇时间。当 $\Delta R \leqslant \Delta$ 恰好不在采样点上时，应当由三点插值求出遭遇时间。

（2）脱靶量计算。

脱靶量可按公式计算，但必须明确计算条件和计算公式。

（3）随机变量和随机输入函数的处理。

作用于制导控制系统的随机误差分两类，一类为慢变误差，另一类为起伏噪声。前者误差在一次发射计算中只取一个随机数，加在系统相应位置上。后者在精度统计时，可将实测噪声信号直接输入仿真系统，也可以按其频谱，将白噪声通过成形滤波器，再经过起伏噪声计算处理成 $m = 0$，$\sigma = 0$ 要求值后加入仿真系统。这样可保证进行 n 次统计计算都是有效的。

（4）仿真结果的统计方法和精度评定。

根据数理统计原理，由 n 次试验得到近似统计值——估计均值 $\hat{m}$ 和估计均方差 $\hat{\sigma}(t)$。该估计值亦是随机变量，受若干个相互独立的随机因素影响。根据中心极限定理，这种随机变量近似地服从正态分布，且统计次数 n 越大，其 $\hat{m}_x(t)$ 和 $\hat{\sigma}_x(t)$ 越接近真实值 $m_x(t)$ 和 $\sigma_x(t)$。同时，当置信度区间给定后，其精度评定将主要取决于试验次数 n 和随机变量峭度 λ。

7.1.3　飞行器制导控制系统半实物仿真概述

所谓半实物仿真是指在仿真试验系统的仿真回路中接入所研究系统中的部分实物的仿真。"半实物仿真"准确的含义是：Hardware In the Loop Simulation（HILS），即回路中含有硬件的仿真。实时性是进行半实物仿真的必然要求。

1. 半实物仿真的发展、特点与作用

半实物仿真技术是在第二次世界大战以后，伴随着自动化武器系统的研制及计算机技术的发展而迅速发展起来的。导弹武器系统的实物试验代价昂贵，而半实物仿真技术能为导弹武器的研制提供低成本、可重复使用的试验手段。研究人员在不做任何实物飞行的条件下，可对导弹全系统进行综合测试。早在 20 世纪 40 年代，美国、西欧、日本等主要武器生产国就开始了半实物仿真技术的研究和应用，20 世纪 60 至 70 年代建造了一大批半实物仿真试验室。根据美国对"爱国者""罗兰特""针刺"三种型号的统计，采用仿真技术后，试验周期可缩短 30%～40%，节约实弹数为 43.6%。1958 年，我国问世了第一台三轴转台，到 20 世纪 80 年代，建设了一批水平高、规模大的半实物仿真试验室。半实物仿真系统包括射频制导导弹半实物仿真系统、红外制导导弹半实物仿真系统、歼击机工程飞行模拟器、歼击机半实物仿真系统等。这些半实物仿真系统在我国飞机、导弹、运载火箭等型号研制中发挥了重要作用。20 世纪 90 年代起，我国开始对分布式交互仿真、虚拟现实等先进仿真技术及其应用进行研究，开展了较大规模的复杂系统仿真，由单个武器平台的性能仿真发展为多武器平台在作战环境下的对抗仿真。近十几年，我国在航空、航天、兵器等领域的半实物仿真技术方面做了大量的理论及应用研究，随着科技水平的进步以及国家实力的增强，半实物仿真

技术也取得了长足的进步，缩小了与国际水平的差距。

飞行器制导控制系统的半实物仿真类似其他复杂系统的半实物仿真，是计算机、数学模型、系统实际部件（或设备）与环境物理效应装置相结合的仿真。飞行器制导控制系统半实物仿真具有以下特点：

（1）可使无法准确建立数学模型的实物部件，如导引头、自动驾驶仪，直接进入仿真回路。

（2）可通过物理效应装置，如飞行模拟转台、光电制导模拟器、射频目标模拟器、成像目标模拟器、气压高度模拟器、力矩负载模拟器等，提供更为逼真的物理试验环境，包括模拟飞行运动参数（飞行速度、角速度、加速度等），探测系统电磁波发射、传输、反射及其干扰特性，以及探测红外、可见光和无线电射频的目标及其相应环境限制（如目标大小、形状、信号强度，目标方位角、高低角、距离、杂波、角闪烁、振幅起伏和多路径效应等，以及各种自然和人为干扰信号）。

（3）直接检验制导控制系统各部分，如陀螺仪、舵面传动装置、自动驾驶仪、导引头等的功能、性能和工作协调性、可靠性；通过模型和实物之间的切换及仿真数据补充等手段进一步校准数学模型。

飞行器制导控制系统的半实物仿真主要是研究用数学模型解决不了的问题，并在互相补充下更充分地发挥数学模型的作用。飞行器制导控制系统半实物仿真所起的重要作用可归结如下：

（1）检验制导控制系统更接近实战环境下的功能。

（2）研究某些部件和环节特性对制导控制系统的影响，提出改进措施。

（3）检验各子系统特性和设备的协调性及可靠性。

（4）补充制导控制系统建模数据和检验已有数学模型。

2. 半实物仿真系统组成

半实物仿真系统与数学仿真系统的主要区别在于：用制导控制设备实物代替该部分的数学模型；目标特性用模拟器代替；弹体特性和目标运动学特性由仿真计算机实现；增加许多模拟环境的物理效应装置。制导控制系统的半实物仿真系统组成在很大程度上取决于飞行器采用的制导体制和目标探测方式。常见的半实物仿真系统有指令制导半实物仿真系统、射频制导半实物仿真系统、红外成像制导半实物仿真系统和光电制导半实物仿真系统等。

制导控制系统的半实物仿真系统一般由 5 个部分组成。

（1）仿真设备：如各种目标模拟器、仿真计算机、飞行模拟转台、线加速度模拟器、气压高度模拟器、气动负载模拟器、卫星导航信号模拟器等。

（2）参试部件和模型：如制导控制计算机、陀螺仪、组合导航系统、舵机、飞行器动力学与运动学模型、各种干扰模型和系统评估模型等。

（3）各种接口设备：模拟量接口、数字量接口、实时数字通信接口等。

（4）中央控制台：如高性能计算机系统，一般运行可视化仿真软件。

（5）支持服务系统：如显示、记录、文档处理等事后处理应用软件。

3. 半实物仿真系统的主要设备和模型

1）仿真计算机及其软件

仿真计算机是半实物仿真系统的核心部分，主要担负着飞行器动力学与运动学计算、目标特性计算、图形/图像生成、数据处理等工作。除此，还具有调用数据库和仿真软件及控制其他设备的功能。仿真计算机是系统仿真中至关重要的设备之一。早期的仿真计算机主要是模拟计算机，其运算速度快，实时性好，但是运算精度低，后来发展成数-模混合机，它可以兼顾运算速度和运算精度两方面的要求，因此非常适合飞行器制导控制系统的仿真应用。因为该系统的状态矢量中有一部分变化速度非常快，另一部分变化速度比较缓慢，变化快的状态矢量可置于混合机中的模拟机部分进行计算，变化缓慢的状态矢量可置于混合机中的数字机部分进行计算。随着近代微电子技术和计算机技术的发展，出现了高性能的全数字仿真计算机，不仅计算速度快，而且精度高，可以满足实时半实物仿真的要求，同时具有数-模混合机不可比拟的性能价格比，备受广大仿真用户的青睐。

自从半实物仿真系统广泛应用数字计算机仿真以来，仿真软件就已成为系统的重要组成部分。为保证系统能够正确可靠和高效地运行，通常对仿真软件提出如下基本要求：

（1）必须满足实时运算和计算精度要求。

（2）能够提供支持半实物仿真系统的各类库，包括模型库、图形/图像库、算法库、数据库和文档库等。

（3）具有高效的管理系统。

（4）建立完善的支持服务系统。

仿真软件的发展经历了 5 个阶段，现在已经进入了智能化仿真软件时期。在众多仿真软件中，拥有通用仿真算法和语言，以及提供丰富的软件工具和开发环境是十分重要的。典型的仿真语言、一体化建模与仿真环境和智能化仿真软件有：MWORKS、ICSL、IHSL、TESS、MAGEST、SMEXS、NESS、SESSA、SIMAN、SEEWHY、IIMSE、MeltiGen、MATLAB/Simulink、MATRIXx、Vega、Stage 等。

2）专用实时接口

半实物仿真系统中有种类繁多的仿真设备、参试部件及仿真模型，它们的结构、型式相距甚远，通信方式各不相同。要连成一个有机整体互通信息、协同工作，就需要通过适当的接口实现实时仿真系统各部分间的信息交换。

半实物仿真系统对接口的基本要求是：实时性、精确性、抗干扰性和可靠性。理想的情况是：接口传递函数为 1，没有延时，没有衰减，无噪声干扰。当然，这实际上是做不到的。但必须采取技术措施基本满足上述要求。例如，为抑制噪声干扰，采用隔离传输技术、平衡电路连接技术和屏蔽技术等；为保证实时性、提高仿真精度，采用专用仿真实时数字通信接口技术。专用仿真实时数字通信接口主要由微机和插在 ISA 总线上的 4 种插件板（FIFO 数字通信从控板、双端口存储器输出板、双端口存储器输入板及存储器控制板）组成。显然，这种通信方式是通过微处理机和接口电路把仿真机的数据分配给各仿真设备和制导部件的。

3）飞行模拟转台

飞行模拟转台又叫运动模拟器，是一种高精度的复杂的大型机电设备。它可以用来模拟飞行器在空中的飞行姿态，是典型的高性能位置伺服系统，是飞行器研制过程中进行地面半实物仿真的关键设备，主要由台体、控制系统和能源系统三部分组成。在飞行器制导控制半实物仿真系统中，其主要功能如下：

（1）作为飞行器被试产品（惯性测量装置、导引头等）的运动载体，接收并跟踪仿真计算机发送的位置、速率或位置/速率指令信号，模拟飞行器三自由度的姿态运动，复现飞行器姿态运动特征。

（2）与目标仿真系统一起形成飞行器-目标视线运动模拟，复现导引头在空中的工作环境，为开展制导控制半实物仿真试验提供必要条件。

衡量飞行模拟转台性能的主要技术指标是负载能力、位置精度、速率范围、速率精度、最大加速度、响应带宽等，其优劣直接关系到仿真试验的可靠性和置信水平。因此，性能优良、运行稳定的飞行模拟转台是提高地面半实物仿真试验能力和质量的关键。

4）气动负载模拟器

飞行器在飞行过程中要求舵机具有比较强的负载能力，对于新设计的飞行器舵系统，除进行理论分析外，重要的是进行半实物仿真试验研究。因此，气动负载模拟器是不可或缺的。气动负载模拟器可实现给参试舵机施加力矩，用以模拟飞行器飞行过程中作用于舵面上的负载力矩。负载力矩由惯性力矩、阻尼力矩、铰链力矩等组成，其中铰链力矩是主要的负载力矩。气动负载模拟器有电液和电动负载模拟器之分。电液负载模拟器使用的执行机构是电液伺服阀和液压执行机构；电动负载模拟器使用的执行机构是力矩伺服电机。目前，广泛应用的是电动负载模拟器。

舵面负载力矩主要指的是舵机输出轴上受到的铰链力矩，该力矩受到飞行速度、高度、姿态角等飞行状态的影响。负载力矩是影响舵系统稳定性和操纵性的主要因素，舵系统的操纵结构由于受到负载力矩的影响，会使得其特性与不带载荷时的特性具有很大差异，如精度、响应速度等。因此，通过气动负载模拟器可以在试验室条件下最大限度地模拟舵机的真实工作环境，用于舵机工作特性的测试和考核，并可以验证舵机系统的数学模型是否准确。

5）线加速度模拟器

线加速度模拟器实质上是一个离心机，用于线加速度计的标定、静态、动态性能检测和加速度计接入制导回路的系统半实物仿真。当离心机以角速度 ω 稳定旋转时，便在位于半径为 R 的随动台中心产生向心加速度

$$a = \omega^2 R \tag{7.1}$$

若将被试加速度计安装在单轴转动台上，与工作半径 R 垂直方向为转角 $\varphi = 0$，则加速度计敏感到的轴向加速度为 a_1，且有

$$a_1 = \omega^2 R \sin \varphi \tag{7.2}$$

应该强调指出，线加速度模拟器除用于线加速度仿真外，还可以用于飞行器气动力和飞行加速度复合物理效应的仿真，这时必须施行对离心机和气囊随动装置的协调控制。

6）气压高度模拟器

气压高度模拟器又被称为总、静压模拟器。根据气压式高度表的机理，只要气压高度模拟器能实现使固定容腔内的压力随高度及飞行速度变化而变化，就可以在试验室条件下使用该模拟器进行半实物仿真试验。为此，可设计出如图 7.4 所示的气压高度模拟器。

由图 7.4 可见，该模拟器主要由气源装置、电-气伺服装置、真空发生装置、静压封闭容腔、控制阀、压力传感器、伺服装置及工业控制计算机等部分组成。其工作原理如下：计算机装有气压高低随飞行器飞行状态变化的数据库，在计算机控制下，电-气伺服装置将通过

D/A 接口送出与电信号成比例的气体流量至静压封闭容腔，产生气压变化，从而获得与之对应的气压高度和通过压力传感器的压力反馈，以构成闭环。真空发生装置用来对静压封闭容腔进行抽真空，以产生负气压信号。计算机输出信号越大，通过电-气伺服装置的气体流量越大，真空装置抽真空度越大，产生的负气压便越大。

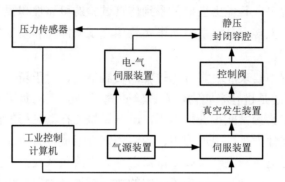

图 7.4 气压高度模拟器结构框图

7）目标模拟器

目标模拟器有各种型式，按目标信号的馈入方式分，可分为辐射式和注入式；按辐射信号的物理性质分，可分为微波、毫米波、红外、紫外、红外图像等；按结构分，可分为机械式、阵列式、机电混合式、平行光管和复合扩束式等；按注入频率分，可分为中频、视频和低频注入等。通常，指令制导半实物仿真系统采用注入式目标模拟器，而寻的制导半实物仿真系统采用辐射式目标模拟器。目前，获得广泛应用的目标模拟器，在射频寻的仿真中有阵列式目标模拟器，在红外寻的仿真中有复合扩束目标模拟器及更先进的红外成像目标模拟器。

8）飞行器动力学与运动学模型

半实物仿真和实际飞行器试飞的根本区别在于飞行器动力学与运动学系统是否是用模型代替的。因此，飞行器动力学与运动学模型的建立和应用对于半实物仿真的效果影响极大。

4. 半实物仿真系统中的主要技术

1）目标特性仿真技术

目标特性是目标本身固有的一种属性，是现代战争中最重要、最基本的信息资源。通过不同的观察系统，可探测和识别到在相关环境中目标的电、光、声的散射、辐射和传输特性。这些特性有些是目标自身产生的，有些是在外来辐射（光波和电磁波）照射下与目标相互作用产生的。目标特性研究，如目标的光、电磁特性和物理、数学表示方法是目标建模、系统仿真和数据处理的基础，同时也是研发更为精良的武器装备与技术的基础之一。

在实际应用中，依据应用对象的工作波长或频率，可将目标特性仿真技术划分为可见光目标特性仿真、激光目标特性仿真、红外成像目标特性仿真以及雷达目标特性仿真等。

（1）可见光目标特性仿真。可见光目标特性仿真主要用于模拟目标和背景在可见光波长内，目标呈现出的空间特性、光谱特性和时间特性。这些特性随着目标背景和目标方位的不同而变化。

（2）激光目标特性仿真。激光目标特性仿真主要是通过研究目标在激光束照射下的反射特性，从而模拟目标反射激光回波信号的特征，为激光探测器提供目标空间位置等相关信息。

（3）红外成像目标特性仿真。由于目标和背景的红外辐射特性与本身的形状、表面温度和表面材料的红外光谱发射率密切相关，因此红外成像目标特性仿真主要用于模拟目标、背景的自身辐射特性。红外成像目标模拟通常采用红外成像模拟源模拟出目标本身和周围复杂背景的红外辐射特性，以及它们之间的对比度，并提供给红外探测系统进行复杂背景中目标的探测和识别。

（4）雷达目标特性仿真。雷达目标特性仿真主要是目标在雷达发射的电磁波照射下产生的回波特性，从而使雷达探测系统可以探测出目标的运动位置、速度等相关信息。雷达目标特性的重要参数包括雷达散射截面（RCS）、角闪烁、极化散射矩阵和散射中心分布等。

目标特性仿真技术是目标探测系统、制导系统性能评价和测试过程中广泛应用的一种技术。通过目标特性仿真技术，可以在试验室内再现实战环境下导引头或相关信息探测设备接收到的动态变化、与真实目标背景一致的目标场景或回波信号，从而完成制导系统跟踪目标或目标信息搜集的全过程仿真。

2）运动特性仿真技术

运动特性仿真技术用于模拟对象在空间的运动特性，主要包括飞行模拟转台、线运动仿真平台和线加速度台。

（1）飞行模拟转台。主要用于在地面模拟导弹等飞行器在飞行过程中的姿态运动，复现飞行器在空中飞行时的三个姿态角变化。根据同时模拟姿态角的数目分类，飞行模拟转台通常分为单轴、双轴和三轴三种形式，其中三轴转台具有内、中、外三个框架。在半实物仿真系统中，它按照主仿真计算机给出的三个框架运动指令信号转动，从而获得可被传感器测量的物理运动，为被试件提供试验条件。

（2）线运动仿真平台。线运动仿真平台通常分为三轴平台和六轴平台两种类型，主要用于模拟运动体在空间的六自由度运动。目前，运动仿真平台采用的伺服控制技术主要是数字伺服控制方式。

（3）线加速度台。线加速度台主要是根据主仿真计算机给出的运动体的质心各向线加速度指令，然后通过一套机械装置进行模拟，使得安装在其上的加速度表可以进行感应。常用的线加速度台有振动台、冲击台和离心机等。

3）力与力矩特性仿真技术

力与力矩特性仿真技术包括两个方面：力伺服控制技术和力仿真技术。力伺服控制以力或压力为控制对象，最终目的是对力或压力进行控制。力仿真技术是指采用一定的设备对力或压力进行仿真，产生所需要的力或压力。从某种意义讲，力伺服控制技术是力仿真技术的基础。以输出力或压力为控制对象的伺服系统称为力或压力伺服系统，其特点是系统输出力与输入量成比例。力与力矩特性仿真技术主要包括以下内容：随动负载特性仿真技术、力反馈/触觉技术和压力仿真技术。

4）视景仿真技术

视景仿真技术是计算机技术、图形图像技术、光学技术、音响技术、信息合成技术、显示技术等多种高科技的综合运用。视景仿真技术主要包括三维建模技术、图形生成技术、动画生成技术、视景生成及显示技术和声音的输入输出技术。用于视景仿真的软件包括

OpenGL、Vega、OpenGVS 等。目前，在飞行器制导控制系统半实物仿真中，视景仿真多通过实时计算机网络系统，如光纤反射内存网，与其他半实物仿真设备协同工作。

视景仿真技术在飞行器制导控制系统半实物仿真中有着广泛的应用，使用它有利于仿真结果的直观化和形象化，便于科研人员及项目管理者的观察和感知。它对缩短试验和研制周期，提高试验和研制质量，节省试验和研制经费有着很大的帮助。此外，视景仿真技术还适用于作战训练任务，如构建虚拟战场环境和飞行环境等，这为作战人员的训练提供了一种新的技术手段，使得在保证人员训练质量的前提下，训练成本大大降低，因此，视景仿真有着十分明显的经济效益。

5）其他技术

半实物仿真系统中还包括以下技术，它们分别是大气环境仿真技术、卫星导航仿真技术等。

（1）大气环境仿真技术。大气环境仿真技术主要指模拟飞行器上的气压高度表、马赫数表所工作的大气环境，通常模拟的是总压和静压两个环境参数。在试验室内一般通过改变固定容腔内的压力来模拟气压高度表和马赫数表所测量的压力变化量，从而完成气压高度表和马赫数表的半实物仿真试验。

（2）卫星导航仿真技术。卫星导航仿真技术主要用于为北斗和 GPS 等卫星导航应用系统、各种卫星导航模块或软件提供近乎真实的北斗和 GPS 等卫星导航射频信号，实现卫星不在轨、室内及指定条件下的仿真测试。卫星导航仿真技术包括卫星导航的数据仿真、导航卫星的射频信号仿真及测试结果评估等几方面的技术。

7.2 利用MWORKS平台开展蒙特卡洛仿真验证

飞行器在研制设计及制造生产中，由于现有的气动计算能力和加工工艺等因素的影响，导致设计系统时所采用的数学模型参数和真实对象会出现一定差异；同时，在实际飞行过程中，飞行器还会受到各种各样的环境干扰和目标机动影响。这些偏差和干扰在一定程度上会导致飞行器实际控制效果和制导精度与设计结果存在差异。因此，研究飞行器制导控制系统在各种偏差和干扰因素作用下的飞行性能，是评估制导控制系统设计结果的重要内容，它为飞行器的飞行性能分析、飞行包线设计、发射条件分析、分系统指标考核、工艺设计规范等工作提供了分析设计依据。

目前，设计人员利用计算机的高速计算能力，针对飞行器制造工艺误差、器件性能下降、环境干扰和目标机动等影响，开展大量的蒙特卡洛仿真，全面分析飞行器在接近真实情况和各种恶劣情况下的飞行性能，评判制导控制系统的设计结果已经成为制导控制系统工程研制中一项必不可少的工作内容。制导控制系统是一个在多种随机信号作用下的复杂非线性时变系统，对于各种干扰条件下的性能考核分析，目前普遍采用的是蒙特卡洛方法。下面介绍如何在 MWORKS 平台开展制导控制系统的蒙特卡洛仿真试验。

7.2.1 蒙特卡洛仿真的概念

蒙特卡洛（Monte-Carlo）方法也称为随机模拟方法或统计试验方法，是一种通过随机变量的统计试验或随机模拟，以求得的统计特征值（如均值、方差、概率等）作为待解决问题的数值解，用于求解数学、物理和工程技术问题近似解的数值方法，其实质是利用随机抽样方法完成统计试验过程。具体而言，就是当系统中各个参数的特征分布已知，但系统特征过于复杂，难以建立性能预计的精确数学模型，或者模型过于复杂导致应用不便时，可以利用蒙特卡洛方法近似计算出系统性能的预计值，并且随着模拟次数的增多，其预计精度也逐渐增高。随着计算机技术的迅猛发展，该方法广泛地应用在武器系统研制、复杂系统设计和金融风险评估等诸多领域。

1. 蒙特卡洛方法的基本思想

蒙特卡洛方法的原理是当问题或对象本身具有概率特征时，可以用计算机模拟的方法产生抽样结果，并且根据抽样结果计算统计量或者参数的值；随着模拟次数的增多，可以通过对各个统计量或参数的估计值求平均的方法得到稳定结论。通俗地说，蒙特卡洛方法是用随机试验的方法计算积分，即将所要计算的积分看成服从某种分布密度函数 $f(r)$ 的随机变量 $g(r)$ 的数学期望，即

$$\langle g \rangle = \int_0^\infty g(r) f(r) \mathrm{d}r \tag{7.3}$$

通过某种试验，得到 N 个观察值 $r_1, r_2, \cdots, r_N$（从分布密度函数 $f(r)$ 中抽取 N 个子样 $r_1, r_2, \cdots, r_N$），将相应的 N 个随机变量的值以 $g(r_1), g(r_2), \cdots, g(r_N)$ 的算术平均值

$$\overline{g}_N = \frac{1}{N} \sum_{i=1}^{N} g(r_i) \tag{7.4}$$

作为积分的估计值（近似值）。

为了得到具有一定精确度的近似解，所需试验的次数很多，通过人工方法完成大量的试验相当困难，甚至是不可能的。因此，蒙特卡洛方法的基本思想虽然早已被提出，但是很少被使用。19 世纪 40 年代以来，由于电子计算机的出现，人们可以通过电子计算机来模拟随机试验过程，把巨大数目的随机试验交由计算机完成，蒙特卡洛方法也因此得到广泛应用，在现代化的科学技术中发挥应有的作用。

2. 蒙特卡洛方法的数学原理

蒙特卡洛方法是针对待求问题，根据物理现象本身的统计规律，或人为构造一个合适的依赖随机变量的概率模型，使得某些随机变量的统计量为待求问题的解，进行大统计量（$N \to \infty$）的统计试验方法或计算机随机模拟方法。其理论依据概括起来主要包括以下两个方面：一方面为大数定理，指均匀分布的算术平均收敛于真值；另一方面为中心极限定理，指置信水平下的统计误差。

1）收敛性：大数定理

由前面的介绍可知，蒙特卡洛方法是由随机变量 X 的简单子样 $X_1, X_2, \cdots, X_N$ 的算术平均值，即

$$\overline{X}_N = \frac{1}{N}\sum_{i=1}^{N} X_i \tag{7.5}$$

作为所求解的近似值。由大数定理可知，若 $X_1, X_2, \cdots, X_N$ 独立同分布，且具有有限期望值，即 $E(X) < \infty$，

$$P(\lim_{N \to \infty} \overline{X} = E(X)) = 1 \tag{7.6}$$

则随机变量 X 的简单子样的算术平均值为 $\overline{X}_N$，当子样数 N 充分大时，以概率 1 收敛于它的期望值 $E(X)$。

2）统计误差：中心极限定理

由大数定理可知，当蒙特卡洛方法的子样足够大时，可用子样试验结果的均值作为试验结果的数学期望。而子样均值与数学期望的误差问题，概率论的中心极限定理给出了答案。该定理指出，若随机变量序列 $X_1, X_2, \cdots, X_N$ 独立同分布，且具有有限非零的方差 σ^2（方差已知），则

$$0 \neq \sigma^2 = \int (x - E(X))^2 f(x)\mathrm{d}x < \infty \tag{7.7}$$

$f(X)$ 是 X 的分布密度函数。当 N 充分大时，有近似式

$$P\left(\left|\overline{X}_N - E(X)\right| < \frac{\lambda_\alpha \sigma}{\sqrt{N}}\right) \approx \frac{2}{\sqrt{2\pi}} \int_0^{\lambda_\alpha} e^{-t^2/2}\mathrm{d}t = 1 - \alpha \tag{7.8}$$

其中，α 称为置信度；$1 - \alpha$ 称为置信水平。有不等式

$$\left|\overline{X}_N - E(X)\right| < \frac{\lambda_\alpha \sigma}{\sqrt{N}} \tag{7.9}$$

近似地，置信水平 $1 - \alpha$ 成立，误差收敛速度的阶为 $O(N^{-1/2})$。

通常，蒙特卡洛方法的误差 ε 定义为

$$\varepsilon = \frac{\lambda_\alpha \sigma}{\sqrt{N}} \tag{7.10}$$

其中，λ_α 与置信度 α 是相对应的，根据问题的要求确定置信水平后，查标准正态分布表，就可以确定 λ_α。表 7-1 给出了置信度 α 及其对应分位数 λ_α 的值。

表 7-1　置信度 α 及其对应分位数 λ_α 的值

α	0.5	0.05	0.03
λ_α	0.6745	1.56	3

蒙特卡洛方法的误差为概率误差，这与其他数值计算方法是有区别的。若未知误差中的方差 σ，则必须使用其估值来代替，此时误差估计需要构建 t 检验统计量。

显然，在给定置信度 α 后，误差 ε 由 σ 和 N 决定。减小误差有下述方法。

（1）增大试验次数 N，在 σ 固定的情况下，要把精度提高一个数量级，试验次数 N 需增加两个数量级。因此，单纯增大 N 不是一个有效的办法。

（2）减小估计的方差 σ，如若降低一半，则误差减小一半，这相当于 N 增大到 4 倍

的效果。

3. 蒙特卡洛方法的典型步骤

利用蒙特卡洛方法求解工程技术问题时，大致解题步骤如下。

（1）根据提出的问题构造一个简单、适用的概率模型或随机模型，使问题的解对应于该模型中随机变量的某些特征（如概率、均值和方差等），所构造的模型在主要特征参量方面要与实际问题或系统一致。

（2）根据模型中各个随机变量的分布，在计算机上产生随机数，确定一次模拟过程所需的足够数量的随机数。通常先产生均匀分布的随机数，然后生成服从某一分布的随机数，方可进行随机模拟试验。

（3）根据概率模型的特点和随机变量的分布特性，设计和选取合适的抽样方法，并对每个随机变量进行抽样（包括直接抽样、分层抽样、相关抽样、重要抽样等）。

（4）按照所建立的模型进行仿真试验、计算，求出问题的随机解。

（5）统计分析模拟试验结果，给出问题的概率解以及解的精度估计。

在系统性能分析和设计中，利用蒙特卡洛方法可以确定复杂随机变量的概率分布和数字特征，也可以通过随机模拟估算系统和零件的相关性能及要求，还可以模拟随机过程、寻求系统最优参数等。

4. 蒙特卡洛方法的特点和适用范围

蒙特卡洛方法的优点包括：能够比较逼真地描述具有随机性质的事物的特点及物理试验过程、受几何条件限制小、收敛速度与问题的维数无关、误差容易确定、程序结构简单、易于实现；其缺点包括：收敛速度慢、误差具有概率性、进行仿真模拟的前提是各输入变量相互独立。

蒙特卡洛方法可以解决解析模型和确定性模型无法真实描述或处理的问题，军事领域常用来模拟复杂的战斗态势和战场环境，例如，模拟武器的射击过程，获得射击命中概率和毁伤概率；模拟防御战斗过程，获得成功拦截的概率；模拟复杂的战斗过程，获得作战双方的损耗和毁伤情况；各种随机因素作用下的制导精度等研究工作。

5. 蒙特卡洛仿真与常规数学仿真的比较

蒙特卡洛仿真和数学仿真都是适用于计算机仿真的数值计算方法，都是通过在计算机上建立数学模型，进行仿真试验，并用试验结果作为原始问题的近似解。但是在数学仿真中，"时间"具有重要地位。连续系统模拟中的抽样观测时间、数值积分时间及离散事件系统仿真中的仿真时钟都是数学仿真中的关键问题。实质上，数学仿真就是模拟系统在时间过程中的动态运动。蒙特卡洛仿真则与之不同，它在建立概率模型后，利用统计抽样得出的统计值作为原始问题的近似解。在蒙特卡洛仿真试验中，"时间"（此处不涉及计算机本身的运行时间）不起作用，而且它的抽样通常都是独立的。因此，可以简单地说，数学仿真主要用于动态模型的解算，而蒙特卡洛仿真则主要用于静态模型的解算。

在进行分类时，有时将蒙特卡洛仿真作为数学仿真的一个组成部分，因为它使用模型进行仿真试验，属于仿真的范畴。但有时也把数学仿真作为蒙特卡洛仿真的一种应用，因为一般来说在数学仿真中都要用到随机数，而蒙特卡洛仿真就是使用随机数的计算方法。

7.2.2　制导控制系统研制中的蒙特卡洛仿真验证

在完成制导控制系统设计后，需要在已建立的非线性数学模型上进行大量仿真验证，考查制导控制系统在各种偏差、扰动和噪声等因素影响下的控制性能。

1. 影响制导控制系统的随机因素

结合相关工程型号的研制经验，给出典型飞行器在进行蒙特卡洛仿真试验时设置的主要随机偏差因素或干扰因素，主要包括参数偏差因素、环境干扰因素、目标机动／目标干扰因素、信号测量误差因素和初始条件偏差因素等内容。

1）参数偏差因素

受气动计算和加工工艺等因素的影响，搭建的飞行器非线性数学模型和实际飞行器存在一定偏差，主要包括气动系数偏差、弹体参数偏差和发动机参数偏差等因素。

（1）气动系数偏差：弹体动力学模型使用的空气动力系数来源于气动理论计算或风洞吹风数据，而在理论计算或气动力吹风过程中，不可避免地会给数据带来影响，并且降低气动数据的置信度。因此，有必要对使用的气动系数进行拉偏，然后考查在气动参数存在偏差下的控制性能。气动参数偏差的大小和概率分布类型通常由飞行器总体提供，在使用时可以采用概率分布或极值拉偏的形式引入仿真模型。

（2）弹体参数偏差：弹体参数偏差是指在制造过程中产生的各项弹体参数偏差，由于加工工艺或装配等原因，导致模型参数和具体参数存在差异，主要包括弹体的质量、转动惯量及质心安装位置等。

（3）发动机参数偏差：发动机参数偏差主要包括发动机的安装角、推力作用点位置、点火时间延迟及推力大小偏差等。

2）环境干扰因素

由于在飞行器飞行过程中环境因素是一个复杂变化的动态过程，其大气密度、风速等参数在不同的经纬度和季节都存在显著变化，因此在仿真中必须考虑各种大气环境下制导控制系统的控制性能。

（1）大气密度偏差：在制导控制系统设计时，通常采用标准大气模型计算飞行器所在位置的大气密度数值，而这个数值通常与实际大气密度存在一定差异。通过对多个地区不同季节大气密度变化的对比分析，大气密度与标准大气的差异在不同季节或不同海拔下最高可达10%～15%。而密度偏差直接改变飞行器气动力和气动力矩的大小，影响飞行器的控制性能和战技指标。因此，需要通过对大气密度的数值进行拉偏，考查不同密度条件下的制导控制系统性能。

（2）大气风场影响：在进行制导控制系统设计时，通常假设大气为静止状态，即忽略大气风速对飞行器运动特征的影响。但真实世界的大气始终处于复杂的运动状态，对飞行器的气动力和气动力矩产生影响，因此，在进行仿真验证时必须考查各种风场条件下的控制性能。根据大气风速的运动类型，可以将其分为由大气环流引起的稳态常值风、大气紊流引起的湍流和阵风等模式。其中，常值风场会影响飞行器的气动参数大小，继而影响其飞行轨迹和射程范围；而湍流、阵风等瞬态风场会对飞行器姿态控制性能产生影响。在进行仿真验证时，可以根据任务需求添加指定地区和季节的、随海拔高度变化的稳态常值风场，或者添加指定幅值的阵风影响，再考查飞行器在不同大气风场影响下的制导控制性能或相关战技指标。

（3）海浪影响：一些反舰导弹在飞行过程中，通过无线电高度表测量导弹距海面的高度，然后送入惯导回路，计算得到组合高度，与装订高度进行比较，再根据高度控制方程进行高度控制。由此可见，当海面波动时，无线电高度表的测量高度会因测量面的变化而变化，从而对导弹的高度控制产生影响，特别是在风浪较大时，导弹有可能因触浪而导致反舰导弹入海，因此必须对海浪进行模拟。在工程上，一般把海浪看成一种具有各态历经性的平稳正态随机过程，利用频谱方法进行研究。

3）目标机动/目标干扰因素

在现代战争中，敌我双方作战单元在被攻击时均会采用逃逸机动或诱饵干扰等对抗形式，以便提高自身生存概率。因此，在仿真中需要对目标机动或诱饵干扰进行仿真，分析目标机动/目标干扰影响下的制导精度和脱靶量变化。

（1）目标机动：在分析目标机动影响时，可以根据目标类型设置不同的机动方式、机动过载大小及机动时刻等因素，考查制导控制系统在各种目标机动影响下的平均脱靶量。

（2）目标干扰：根据精确制导武器不同的制导方式和目标类型，设置多种干扰方式和干扰释放时间，考查制导控制系统的抗干扰性能。

4）信号测量误差因素

在飞行器的实际飞行过程中，制导控制系统通过导引头、陀螺、加速度计等部件，获取飞行器及目标的相关信息，按照设定的制导控制方案形成控制指令。这些产品部件作为一个传感器件，均包含不同形式的测量噪声，这些噪声会对制导控制系统的性能产生影响。在进行制导控制系统的蒙特卡洛仿真时，通常考虑测量器件的实际工作特性，引入相关形式的测量噪声或随机误差。

5）初始条件偏差因素

在分析制导控制系统性能时，需要考核不同发射条件下的弹道特点和落点散布，包括发射时的方向角、发射点的经纬高、发射时的速度、姿态等参数。

需要注意的是，上述列举的相关因素是飞行器制导控制进行蒙特卡洛仿真考查时需要考虑的典型参数，在具体工程研制中，应根据仿真目的和对象特征等因素合理地选择相关影响因素，设置相关随机变量的参数概率分布和大小。

2. 制导控制系统蒙特卡洛仿真的基本流程

蒙特卡洛仿真借助概率化的数学模型和被研究实际问题的物理过程的统计特征计算，完成相关问题的求解。通过对建立的数学模型进行多次试验，并以此为基础对试验数据进行统计处理，得到被研究过程的特征，作为过程参数的统计估计值。根据这些参数的散布量，能够从概率意义上确定解决问题的近似程度。在进行制导控制系统蒙特卡洛仿真试验时，基本流程主要包括 3 个阶段：数学模型建立阶段、蒙特卡洛仿真阶段和试验数据统计分析阶段。

1）数学模型建立阶段

在数学模型建立阶段，首先要根据飞行器的任务特点和仿真目的，建立描述飞行器实际飞行的非线性数学模型（在 MWORKS 平台，通常是建立一个 Sysplorer 仿真模型）；根据制导控制系统的设计结果，完成数学模型的调试任务；根据仿真目的和对象特点，确定影响制导控制系统的各项因素；收集、整理并确认各项随机因素的概率模型类型和参数大小；修改数学模型，将各项随机因素的影响引入到仿真模型中；最后的准备工作就是要完成随机仿真试验的设计工作，包括伪随机数的产生方式、不同随机因素的组合方式，以及保证在给定精度下的仿真试验次数的确定等内容。

2）蒙特卡洛仿真阶段

在完成数学模型的搭建后，就可以开展蒙特卡洛仿真软件的设计、调试和运行。在MWORKS平台，蒙特卡洛仿真通常是通过编写 Julia 脚本文件来实现的。具体步骤包括：

（1）加载仿真模型的相关参数。

（2）为了加快运行速度，根据仿真试验次数和仿真目的，完成相关统计变量的创建。

（3）进入 for 循环。

（4）完成随机变量的抽样选取。

（5）调用搭建的 Sysplorer 仿真模型，计算在当前随机因素作用下的弹道飞行情况和制导精度。

（6）完成统计变量的赋值。

（7）判断是否循环结束，若没有，则进入第（4）步继续仿真计算。

3）试验数据统计分析阶段

在仿真试验完成后，需要对试验数据进行分析处理，主要涉及静态特征和动态性能等方面，包括均方差计算、置信区间估算和相容性检验等分析内容；最后，根据分析结果评判制导控制系统设计方案是否满足需求。

3. MWORKS 平台实现蒙特卡洛仿真的方法

下面通过一段 jl 脚本文件，举例说明如何在 Syslab 环境下实现制导控制系统的蒙特卡洛仿真。根据仿真任务需求，建立制导控制系统模型为 SixFreedomModel.slx，基于仿真目的和模型特点，将参数拉偏、目标机动和测量噪声作为主要考虑因素，仿真弹道为 5000 次。其中，气动参数拉偏、质量偏差、转动惯量偏差按照极值拉偏进行排列组合。目标机动考虑机动时刻和机动方式，机动时刻假设为命中前 10s 内的均匀分布，机动方式为设置的 5 种方式之一，测量噪声考虑导引头测量噪声。分析统计结果中的脱靶量、全程最大过载需求等参数。

在 jl 脚本文件中使用 SimulateModel 函数完成对 sysplorer 模型的调用。

```
CSV.read("**/Modelparam.csv", DataFrame);  # 从**路径加载仿真模型所需的相关参数

MissDitanceArray = zeros(5000,1);  # 预先申请用于分析脱靶量的数组
MaxNyArray = zeros(5000,1);        # 预先申请用于分析最大过载 Ny 的数组
MaxNzArray = zeros(5000,1);        # 预先申请用于分析最大过载 Nz 的数组

for i=1:5000                       # 进入循环体
Cx_Deviation = CxDevVal*sign(rand()-0.5);     # 设置气动阻力系数为极值拉偏
Cy_Deviation = Cy_DevVal*sign(rand()-0.5);    # 设置气动升力系数为极值拉偏
Cz_Deviation = Cz_DevVal*sign(rand()-0.5);    # 设置气动侧力系数为极值拉偏
m_Deviation = m_DevVal*sign(rand()-0.5);      # 设置质量为极值拉偏
Ix_Deviation = Ix_DevVal*sign(rand()-0.5);    # 设置转动惯量为极值拉偏
Iy_Deviation = Iy_DevVal*sign(rand()-0.5);    # 设置转动惯量为极值拉偏
```

```
Iz_Deviation = Iz_DevVal*sign(rand()-0.5);    # 设置转动惯量为极值拉偏
TargetPTMoveType = floor(rand()*4+1);    # 设置目标机动方式为 1~5 的均匀随机整数
TargetPTMoveTime = rand()*10;            # 设置目标机动时刻为 0~10 的匀随机值
QyNoise = randn()*QyNoiseMaxVal;         # 设置导引头噪声为正态分布
QzNoise = randn()*QzNoiseMaxVal;         # 设置导引头噪声为正态分布

screen_output = print("正在进行第", i, "条弹道");    # 给出系统提示, 提示用户当前的循环进度

SimulateModel("SixFreedomModel");    # 调用仿真模型进行解算

MissDitanceArray(i,1) = min(Distance);    # 获取本次脱靶量大小
MaxNyArray(i,1) = max(fabs(Ny));          # 获取本次最大过载 NyNy 为存储的法向过载
MaxNzArray(i,1) = max(fabs(Nz));          # 获取本次最大过载 NzNz 为存储的侧向过载
CSV.write(SimuResult.csv, MissDitanceArray, MaxNyArray, MaxNzArray);    # 存储结果
```

7.3 MWORKS平台在制导控制系统半实物仿真中的应用

本节将介绍半实物仿真的几种模式, 在此基础上, 着重介绍半实物仿真在飞行器制导控制系统的应用案例。

在案例分析中, 首先, 介绍空空导弹的制导控制回路组成和受控飞行原理, 给出一种飞行器制导控制系统半实物仿真平台的搭建方式; 其次, 介绍导弹的自动驾驶仪实现方法并分析攻角反馈三回路过载自动驾驶仪的接口和控制原理; 再次, 介绍空空导弹半实物平台集成方法; 最后, 以某型空空导弹初步设计方案为例, 通过半实物仿真验证总体指标、制导精度以及自动驾驶仪的控制性能。

7.3.1 半实物仿真的模式

半实物仿真的模式包括模型在环测试、软件在环测试、快速控制原型测试、硬件在环测试、原型测试等, 如图 7.5 所示, 分别能够适应不同的实物硬件条件。

图 7.5　半实物仿真的模式

1. 模型在环测试

模型在环测试将系统的控制器与被控对象分别在建模软件中进行建模、集成, 进而开展基于模型的仿真测试, 如图 7.6 所示。模型在环测试用于设计阶段早期, 此时硬件环境尚不能具备且需求和设计均在不断的调整中。控制器和被控对象分别采用相应的建模软件, 完成各自模型的开发, 然后在对应的软件中完成控制器与被控对象交联的系统仿真, 模型在环测试属于非实时测试。

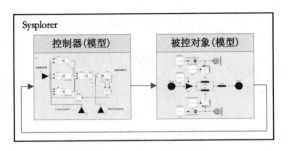

图 7.6　模型在环测试

2. 软件在环测试

软件在环测试将控制器模型生成代码（如 C 代码），再由控制器代码（运行于 PC 上）与被控对象模型进行集成仿真，软件在环测试方法主要用来验证和比较模型与代码的一致性，如图 7.7 所示。软件在环测试主要用于对初期研究的控制逻辑的设计与验证，可以有效避免错误的控制逻辑对被控对象的损害，降低开发风险。控制逻辑和被控对象均在实时环境下运行，可有效仿真机电系统真实运行环境，并在实时环境下对机电系统的部分功能与性能进行测试与验证，属于实时测试。

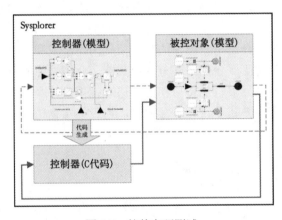

图 7.7　软件在环测试

3. 快速控制原型测试

快速控制原型测试将控制器模型自动生成实时代码，并下载至实时仿真机中，其与被控对象的真实硬件（当被控对象尚未建模，或上一版本的物理硬件可直接采用）之间形成闭环，如图 7.8 所示。在此应用方式下，控制器使用仿真目标机替代，控制逻辑程序为对应的控制逻辑模型生成的目标机代码；被控对象选用机电产品的真实物理装置。目标机与被控对象物理装置之间按照实际工作环境下的连接方式进行信号通信。此应用方式主要是对前一阶段设计的控制逻辑进行验证，或者对无损害工况下的控制逻辑进行设计与验证，此时，控制逻辑已较为完善，不会对被控对象产生损害。快速控制原型测试可有效降低开发风险，属于实时测试。

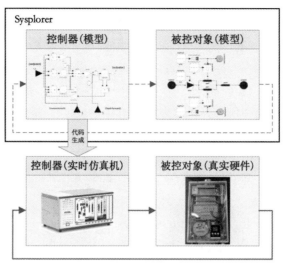

图 7.8　快速控制原型测试

4. 硬件在环测试

硬件在环测试将控制器模型生成可运行在目标硬件上的嵌入式 C 代码，同时将被控对象模型也生成可运行在实时仿真机上的代码，控制器目标硬件与被控对象实时仿真机之间进行集成，形成闭环，如图 7.9 所示。硬件在环测试用于物理被控对象尚不具备，但控制器软件已经可以集成使用的情况，可通过硬件在环测试在不损坏硬件的前提下测试失效模式，并测试控制器软硬件的功能与性能，属于实时测试。

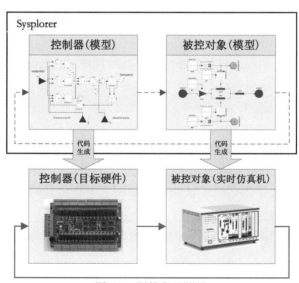

图 7.9　硬件在环测试

5. 原型测试

目标快速原型测试将控制器模型生成可运行在目标硬件上的嵌入式 C 代码，而被控对象则采用真实硬件，二者之间形成闭环，如图 7.10 所示。此类测试可以理解为原型系统的测试，与真实硬件试验类似，属于实时运行测试。

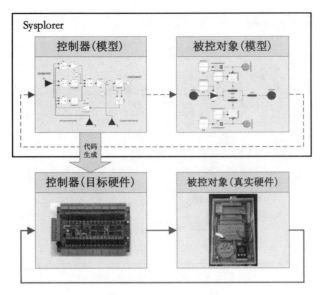

图 7.10 目标快速原型测试

7.3.2 飞行器制导控制系统应用案例

本节以某空空导弹的控制系统半实物仿真为例,介绍半实物仿真的技术路线和应用过程。首先介绍导弹制导控制系统的原理及组成,其次介绍本案例的半实物仿真框架,最后给出中末制导六自由度全弹道仿真实际应用案例。

1. 系统概述

对于空空导弹的受控飞行过程,导弹发射后会与载机、地面站进行数据链通信,获得目标的信息,通过 GPS、惯导系统获得自身飞行状态信息,导引头等探测装置截获目标后会获取目标相对运动信息,在发动机反作用推力、空气动力以及重力的作用下在大气中受力飞行,在制导指令的引导作用下飞向目标。飞行过程中需要自动驾驶仪控制,通过弹上执行机构改变气动受力,从而稳定导弹姿态或跟踪制导指令进行横侧向机动。

通过搭建导弹制导控制半实物仿真系统,可验证导弹的总体指标、制导精度以及自动驾驶仪的控制性能。参考飞行仿真原理以及制导控制半实物仿真的主要设备和模型,飞行器制导控制半实物仿真结构原理框图如图 7.11 所示,其中受试件网络主要由惯性测量装置、导引头等目标环境探测识别和处理设备,以及各种接口设备,包括模拟量接口、数字量接口等组成。

图 7.12 为飞行器制导控制半实物仿真应用技术路线图,由建模与仿真、综合管理系统、仿真目标机和半实物仿真应用环节组成。对于空空导弹制导控制半实物仿真系统的搭建,首先基于 MWORKS/Modelica 建模仿真实现对飞行器制导控制系统模型的开发,并进行实时化处理,同时关联与硬件相对应的通信接口,并由系统中的编译求解器将模型转化为实时代码予以导出,导出后的实时代码通过综合管理系统下载到仿真目标机。综合管理系统的主要功能包括代码下载、在线调参运行控制、变量监视、结果回放、噪声注入等。仿真目标机由仿

真机箱、实时控制板卡和信号板卡组成，通过网线与上位机中的综合管理软件进行网络通信，最后经原理、接口分析后连接系统硬件，调试半实物仿真模型，开展飞行器制导控制系统的实时仿真应用。

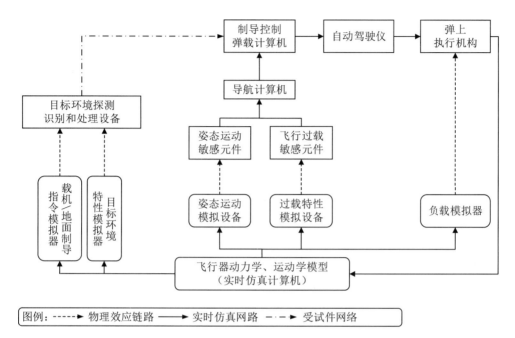

图 7.11　飞行器制导控制半实物仿真结构原理框图

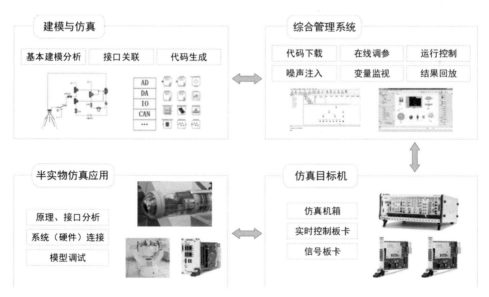

图 7.12　飞行器制导控制半实物仿真应用技术路线

2. 半实物仿真模型构建

半实物仿真模型可以分为两部分：被控对象与控制系统。被控对象为受力飞行运动载体，由 MWORKS/Modelica 进行构建；控制系统（自动驾驶仪算法模型）由 Modelica 构建。

导弹的自动驾驶仪分为控制导弹俯仰/偏航运动的侧向自动驾驶仪和控制导弹滚转运动的滚转自动驾驶仪。轴对称气动布局空空导弹多采用侧滑转弯控制方式，俯仰和偏航运动解耦且结构相似，滚转通道通过滚转角速率反馈 PD 控制。

图 7.13 是俯仰通道自动驾驶仪控制方案的控制器 Modelica 模型，俯仰通道采用攻角反馈三回路自动驾驶仪控制方案，分别以过载、俯仰角速率以及攻角作为三道反馈回路。

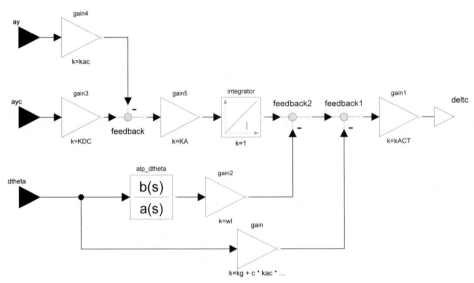

图 7.13　俯仰通道自动驾驶仪控制方案的控制器 Modelica 模型

自动驾驶仪输入信息中，导弹飞行载体的实际过载由加速度计采集得到；制导指令通过采集导引头和数据链信息，在比较弹体与目标相对运动信息后，由制导计算机生成；弹体的角速率通过角速率陀螺仪获得。

自动驾驶仪控制逻辑中，将弹体实际过载与制导指令比较后进行积分放大，与由角速率陀螺仪获得的角速率以及通过状态估计得到的攻角信息综合后形成舵面偏转指令。

舵面在舵面偏转指令控制下偏转后，改变铰链力矩，从而控制弹体姿态改变，进而影响弹体气动受力，进行法向侧向机动和过载指令跟踪。

3. 实时代码生成与下载

由 MWORKS/Modelica 模型生成目标代码需经历两个过程：（1）由建模仿真软件附带工具将模型生成 C 语言代码；（2）仿真目标机中实时操作系统的编译环境将 C 代码生成目标代码程序。

将生成的目标代码下载至目标机是由综合管理系统软件实现的。综合管理系统软件与仿真目标机中的仿真引擎程序建立网络通信连接后，将模型生成的目标代码下载至仿真目标机中，用于实时仿真计算。由于半实物仿真模型生成的目标代码中包含了仿真目标机的硬件控制指令，因此，模型目标代码必须在其对应的仿真目标机中运行。

4. 空空导弹半实物平台集成

如图7.14所示，半实物硬件平台系统由仿真目标机、上位机、上位机管理软件、建模工具软件、直流电源等组成，可实现全数字仿真或半实物实时仿真，具备多任务调度功能与图形化界面。仿真目标机中 I/O 卡及设备驱动程序可以实现模型算法的实时仿真与实物信号的闭环仿真，实现上位机与仿真目标机，以及仿真目标机与传感单元的数据实时传输，完成快速控制原型半实物仿真。仿真过程中，系统可以及时地对各输入模型的参数变化做出响应。

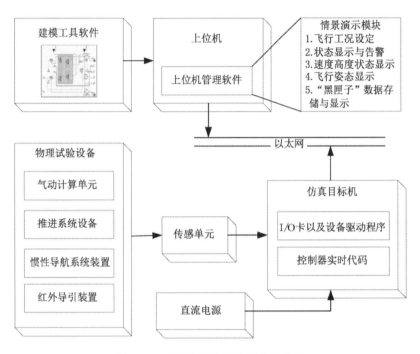

图 7.14　半实物硬件平台系统的构成

同时，为了满足后续设备的升级，平台预留与飞行器制导控制综合管理单元实物的硬件接口，使平台具备半实物硬件在环仿真扩展能力。

5. 半实物仿真试验

假设某型空空导弹技术指标如表7-2所示，采用快速控制原型半实物仿真模式(图7.5)，通过搭建半实物仿真系统，实现飞行器制导控制半实物仿真应用，表7-3为待验证空空导弹的初步设计方案。

表 7-2　指标

指标项	指标要求	指标项	指标要求
目标类型	飞行移动目标	最高速度	≥5Ma
射程	≥30km	发射质量	≤100kg
制导精度	≤12m		

表 7-3　待验证空空导弹的初步设计方案

设计对象	设计指标
发射质量	90kg
气动布局	轴对称"x-x"布局，采用静稳定设计，鸭舵控制
动力装置	固体火箭发动机，推力为30kN，工作时间为20s
制导系统	捷联惯导/指令修正+红外，中段预测拦截制导，末段采用真比例导引
控制系统	侧滑转弯过载驾驶仪，俯仰/偏航通道采用伪攻角/侧滑反馈三回路，滚转通道采用 PD 控制

工况条件如下：

导弹发射的初始状态设置为 $x_{t0}=0\mathrm{km}$，$y_{t0}=2\mathrm{km}$，$z_{t0}=0\mathrm{km}$，载机发射时导弹初速度为 $V_0=300\mathrm{m/s}$，姿态及气流角初值为 $\vartheta=\psi=\gamma=\theta=\psi_v=\gamma_v=\alpha=\beta=0°$。

靶机初始在地面坐标系 $x_{t0}=30\mathrm{km}$，$y_{t0}=5\mathrm{km}$，$z_{t0}=20\mathrm{km}$ 位置，0～10s 保持 $\dot{x}_t=-200\mathrm{m/s}$，$\dot{y}_t=0\mathrm{m/s}$，$\dot{z}_t=100\mathrm{m/s}$ 的速度，在 10s 发现接近的导弹后，以 $\ddot{x}_t=-50\mathrm{m/s^2}$，$\ddot{y}_t=10\mathrm{m/s^2}$，$\ddot{z}_t=100\mathrm{m/s^2}$ 加速度进行机动。

调节制导控制系统参数，生成控制器实时代码，通过半实物仿真测试，半实物仿真步长为 5ms，满足控制系统实时性要求。基于空空导弹半实物平台，进行中末制导六自由度全弹道仿真。

由导弹-目标距离曲线可知，总体方案可以覆盖30km的范围，本次仿真制导精度为10m，可以满足射程和 12m 以内的制导精度要求，如图 7.15 所示。

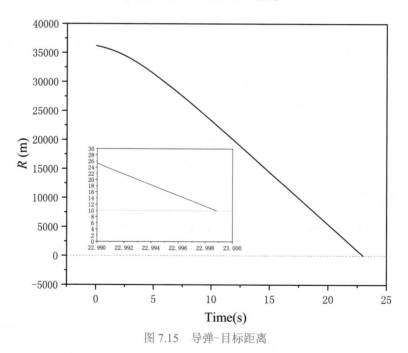

图 7.15　导弹-目标距离

导弹在 10s 后加速到 5Ma 以上，速度指标满足，如图 7.16 所示。

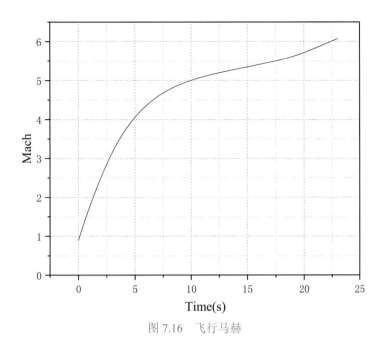

图 7.16　飞行马赫

　　滚转通道在飞行过程中迅速稳定并保持在 0°附近，表明滚转自动驾驶仪控制有效，如图 7.17 所示。

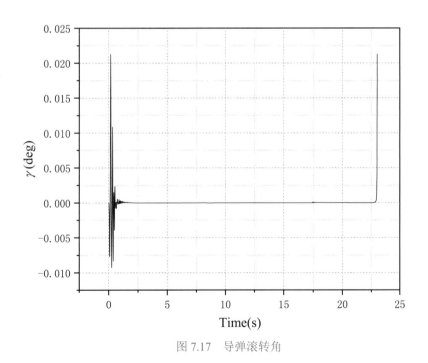

图 7.17　导弹滚转角

　　考虑到执行机构的实际限制，方向舵偏转角被限制在±30°，如图 7.18 所示。

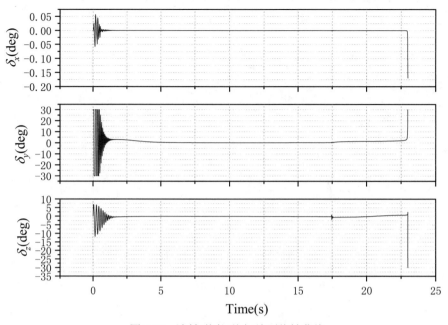

图 7.18　滚转/偏航/俯仰舵面偏转曲线

　　过载跟踪曲线证明了制导律的适用性，方案采取的预测拦截中的制导方法可实现较低的指令过载，因此飞行轨迹较平坦。同时，实际过载响应准确跟踪制导指令，而自动驾驶仪适应了仿真初始时刻以及 17.5s 左右由中末制导交班引起的制导指令突变，如图 7.19 所示。

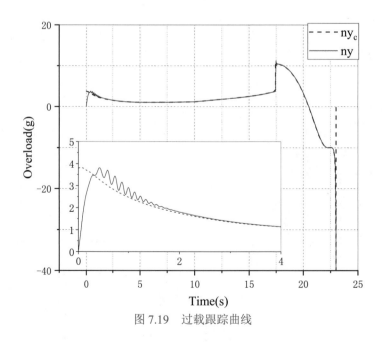

图 7.19　过载跟踪曲线

　　因此，经半实物仿真验证自动驾驶仪的设计是有效的。

本 章 小 结

仿真验证是制导控制系统设计过程中的一个重要环节。通过不同形式和类型的仿真验证，能够全面、真实地考核制导控制系统在各项工作条件下的制导精度和控制性能，评估不同设计方案的优劣，为方案选型、参数改进、系统优化提供理论依据和改进方向。

（1）本章介绍了系统仿真的基本概念和应用，重点介绍了飞行器制导控制系统数学仿真的概念，包括制导控制系统数学仿真模型、数学仿真系统的构成、数学仿真的过程，以及如何进行制导控制系统数学仿真结果的分析与处理。分析了飞行器制导控制系统的半实物仿真，包括制导控制系统半实物仿真的特点和作用，半实物仿真系统的组成、主要设备和模型，以及半实物仿真系统中的主要技术。

（2）分析了制导控制系统开展蒙特卡洛仿真的意义，阐述了蒙特卡洛仿真的相关概念，列举了典型精确制导飞行器进行蒙特卡洛仿真时所需要考虑的随机因素，提供了制导控制系统开展蒙特卡洛仿真的基本流程，给出了在 MWORKS 平台开展蒙特卡洛仿真的实现方法。

（3）介绍了制导控制系统半实物仿真中的相似关系与仿真设备，说明了典型飞行器制导控制系统半实物仿真系统的一般原理；介绍了制导控制系统半实物仿真的设备任务，结合 MWORKS 平台功能，说明了 MWORKS 平台在半实物仿真系统中的开发方向。

制导控制系统设计结果的验证与考核是系统研制的重要环节，是改进设计方案、评估设计结果的重要手段。关于数学仿真和半实物仿真等内容，读者可以参考相关书籍与文献，关于 MWORKS 平台中数学仿真和半实物仿真的具体实现方法，读者可以参考相关资料和 MWORKS 平台的帮助文档。

习 题 7

1. 什么是系统仿真？有哪些主要类型？
2. 在飞行器制导控制系统设计与研制中为什么要进行数学仿真，数学仿真的一般流程是什么？
3. 阐述飞行器制导控制系统的半实物仿真系统的组成。
4. 阐述蒙特卡洛方法的特点和适用范围。
5. 典型飞行器在进行蒙特卡洛仿真试验时的随机因素有哪些？做简要说明。
6. 制导控制系统蒙特卡洛仿真的基本流程是什么？对每个阶段做出说明。
7. 阐述仿真系统软件的作用与要求，并理解 MWORKS 平台在半实物仿真中的作用。

第 8 章
试验数据结果分析与处理

各种复杂的仿真、测试等试验是制导控制系统研制过程中的重要工作，在这当中会产生大量的试验数据。试验数据本身具有复杂多样性，并且一般难以直接看出规律，所以对试验数据进行分析与处理是一项非常艰巨的任务。

试验数据分析是指用适当的统计分析方法对获得的大量试验数据进行分析，提取有用信息加以详细研究并概括总结形成结论的过程。其目的在于把看似杂乱无章的数据中的信息集中、萃取和提炼出来，以便找出研究对象的内在规律。在统计学领域，可以将数据分析划分为描述性统计分析、探索性数据分析以及验证性数据分析。描述性统计分析是指将样本中包含的大量数据资料进行整理、概况和计算；探索性数据分析是指在没有先验的假设或者很少的假设的情况下，通过数据的可视化、方程拟合等手段，发现数据的结构和规律的一种方法；验证性数据分析注重对于已有数据模型和研究假设的验证。

在 MWORKS 平台的科学计算软件 Syslab 软件的统计工具箱中具备一系列函数，可以用于快速、准确完成数据统计、参数估计、方差分析等任务，使得制导控制系统设计人员能够从大量复杂的试验数据中高效地获得所需的分析结果。Syslab 软件能够通过开展不同方式的多元统计分析，有效提高计算能力，增加统计推断的正确性，大幅节约计算分析的时间，提高数据分析的效率。

本章介绍试验数据分析中的相关概念以及典型的试验数据分析内容，并给出在 Syslab 软件中的实现方法。

通过本章的学习，读者可以了解（或掌握）：

❖ 试验数据分析的相关概念。

❖ 试验数据的描述性分析与预处理方法。

❖ 如何利用 Syslab 软件进行试验数据的分析与处理。

8.1 试验数据分析中的基本概念和方法 ///////

在试验数据分析中，为了达到最大化地挖掘试验数据的信息，发挥各项测试仿真试验的作用，首先需要了解试验数据分析的一些概念，包括误差和试验数据精准度的概念以及常用的数据整理方法和分析方法。

8.1.1 误差

对于各种量变现象的研究，通常需要借助各种试验和测量来完成。由于测量仪器或工具本身精度限制、测试方法不完备、环境变化、测试人员的技术水平等因素的影响，试验测量值与真实值并不一致，这种差异在数值上表现为误差。

1. 误差分析的重要性

误差分析与工程技术、精密测量、科学试验之间的关系是密不可分的。误差通常容易使人们对于客观事实的评价失之偏颇。了解掌握误差理论以及相关分析方法可以帮助我们正确处理试验数据，充分利用数据信息，尽可能排除误差的干扰，得到相对真实、客观的试验数据。同时方便我们合理选择试验仪器、方法等，以科学、经济的方法得到满足要求的试验结果。

2. 误差的定义

下面对几种常见的误差给出相关定义。

1）绝对误差

绝对误差是指测量值与真实值之间的差值，又称为真误差。

$$\xi = x - \mu \tag{8.1}$$

其中，ξ 为测量值 x 的绝对误差，x 为测量值，μ 为测量值 x 客观存在的真实值。

从测量的角度而言，真实值是测不到的。但从理论上和计量的角度而言，真实值是客观存在的。绝对误差反映了测量值对真实值偏离的大小。

2）相对误差

从式 8.1 可以得出测量值的绝对误差，但是对于不同情况下，同一大小的绝对误差性质是不一样的。例如，分别对大象和老鼠进行体重测量，绝对误差均为几千克，这对于测量大象体重来说是正常的，但对于测量老鼠体重来说是不可估量的巨大差别。原因就在于它们的相对误差不同。相对误差的定义为

$$E_r = \xi / \mu \tag{8.2}$$

其中，E_r 为相对误差，ξ 为绝对误差，μ 为真实值。

相对误差反映了误差对真实值的影响程度，同时对比绝对误差，相对误差能更准确地表达试验测量值的准确程度。

3）标准误差

标准误差也称为均方根误差或标准差，计算方法为

$$\sigma = \sqrt{\frac{\sum_{i=1}^{n}(x_i - \bar{x})^2}{n}} \tag{8.3}$$

其中，σ 为标准误差，x_i 为每次试验的测量值，$\bar{x}$ 为 n 次测量值的均值，n 为测量次数。

标准误差与每一个试验数据有关，并且能反映样本均值对总体均值的变异程度，从而反映抽样误差的大小。标准误差越小，试验数据的精密度越高。

3. 误差的来源和分类

根据误差的性质和特点，可以将误差分为系统误差、随机误差和过失误差。

1）系统误差

系统误差是指在对某一量进行多次反复测量中，它们的值是恒定不变或者遵循一定变化规律的误差。系统误差决定了试验结果的准确度，通常在测试之前就已经存在。系统误差产生的主要原因有以下几种。

（1）方法误差：又称为理论误差，这是由于测量方法本身所依据的理论不完善而带来的误差。例如，用伏安法测电阻时，电表自身内阻的影响。

（2）仪器误差：这是由于测量工具或仪器本身的不完善或者由于测量工具和仪器的电路设计、安装等不恰当而产生的误差。例如，仪器的零点不准、砝码未校正等。

（3）操作误差：这是由于操作人员的主观原因造成的误差。例如，人读数时由于视线偏移造成的读数误差；用秒表计时，不管超前或滞后，都会带来计时误差。

系统误差大小往往可以估计，在试验前应尽可能设法找到各种系统误差的具体来源，并设法消除或减小其影响。

2）随机误差

随机误差也称为偶然误差，是指在一定试验条件下，由于一些细小偶然的因素影响而产生的试验误差。例如，气温的波动、仪器的轻微震动等。

随机误差在多次试验中具有一定的规律，大多服从正态分布，具有对称性和单峰性，而且随着测量次数增加，随机误差的算术平均值会趋于 0，所以可以通过增加试验次数并对结果取均值的方法来减小随机误差。

3）过失误差

过失误差主要是由试验人员的粗心、操作不正确造成的，如读数误差、记录错误等，是一种没有特定规律、与事实明显不符的误差。严格来说，过失误差已经不属于误差的范畴，在对试验数据进行处理前，需要依据试验经验和相关理论知识对其加以判断，决定是否将其剔除以消除过失误差。

试验过程中出现误差是不可避免的，但可以设法尽量减小试验误差，这正是试验设计的主要任务之一。

8.1.2 试验数据精准度

误差的大小可以反映出试验结果的好坏，误差可能是由于随机误差或系统误差单独造成的，还可能是两者的叠加。在对试验数据进行处理和判断时，经常需要对试验结果进行判断和分析。统计学中引入精密度和准确度两个表示误差性质的概念，用于评价试验数据与真实数据之间的差异大小。

1. 精密度

精密度是表示在等精度的重复测定中，各测量值与其均值接近的程度。

精密度的高低直接反映了试验数据的变化范围。如果试验数据分散程度较小，则说明是精密的。例如，甲、乙两人各做 4 次同一试验，得到两组试验值：

甲：7.52，7.53，7.49，7.51。

乙：7.44，7.56，7.59，7.48。

很显然，甲组数据各次的符合程度好于乙组，故甲组数据的精密度较高。

由于精密度表示随机误差的大小，因此对于无系统误差的试验，可以通过增加试验次数而达到提高数据精密度的目的。在统计学上，试验数据的精密度通常可以用极差、标准差或方差来度量。其中，极差虽然由于仅用了最大和最小两个试验值，无法精确反映精密程度，但由于操作方便，仍然得到广泛应用；标准差和方差可以较好地反映试验值的精密程度，标准差和方差越小，精密度越高。

2. 准确度

准确度是指大量测试结果的均值与真实值之间的接近程度。它反映了系统误差的大小，是指在一定的试验条件下，所有系统误差的综合表现。由于随机误差和系统误差是两种不同性质的误差，因此对于某一组试验数据而言，精密度高并不意味着准确度也高；反之，精密度不高，但当试验次数相当多时，有时也会得到较好的准确度。

若试验数据的均值与真实值的差异较大，就认为试验数据的准确性不高，试验数据和试验方法的系统误差较大，所以对试验数据的均值进行检验，实际上是对系统误差的检验。

3. 精密度和准确度之间的关系

一般来说，测定的精密度不高，就不可能有良好的准确度。测定的精密度高是保证获得良好准确度的前提条件。因为当精密度高时，即使准确度不高，如果找到系统误差产生的原因并进行校正，就可以得出准确的试验结果。

8.1.3 试验数据的整理方法

试验数据的整理是分析与研究中极其重要的环节，只有通过数据整理，才能表达出试验现象的固有规律，数据的整理是一个复杂的过程，下面介绍几种常用的试验数据整理方法。

1. 表格法

直接将试验数据整理列入表格的方法是最基本的数据整理方法，也是其他数据整理方法的基础。表格法简单明晰，能表示自变量与因变量之间一一对应的关系。对于在同一条件下进行的多次试验，表格法不仅可以充分记录各次试验的原始数据，而且可以方便地用于计算。表格法的缺点是不易观察到变量之间的规律，通常需要进一步转化为图形。

2. 作图法

将自变量 x 与因变量 y 的数据点描绘在一定的坐标系中，所形成的图形称为散点图。如果因变量 y 仅是自变量 x 的函数，则连接大多数试验点，即可得到一条光滑的曲线。从曲线上不仅可以直观地观察到极值、转折点、周期性、变化速度等有关变量的变化特征，还可以在一定条件下用内插和外推的方法，求出一般试验条件下难以求得的数据。

3. 数学模型

在试验中，为了更好地描述过程或现象的自变量与因变量之间的关系，通常采用建立数学模型的方法处理试验数据，即将试验数据整理为数学方程式。利用数学方程式便于进行微分、积分等数学运算和计算机求解，而且在一定的范围内可以较好地预测试验结果。

8.1.4　试验数据的分析方法

根据数据分析目的和方法的不同，可以将试验数据的分析分为几种类型，主要包括数据描述性分析、方差分析、判别分析、回归分析、主成分分析、因子分析、典型相关分析及聚类分析等。

1. 数据描述性分析

数据描述性分析是对所收集的所有数据进行分析，得出反映客观现象的各种数量特征的一种分析方法。包括数据集中趋势分析、数据离散程度分析、相关关联关系分析、数据频数分布分析等。数据描述性分析是对数据进一步分析的基础。

2. 方差分析

方差分析是将一批试验数据的方差进行分解和分析，从而发现各个因素所占的重要程度，并找出其中是否有系统误差在起作用。通过假设检验，若不存在系统因素的影响，则认为数据的差异仅仅由随机（偶然）因素所引起；若存在系统因素的影响，则要进一步确定该因素影响的数量大小。

3. 判别分析

判别分析是数据分析的常用方法之一，是判别样品所属类型的一种统计方法。判别分析是在已知研究对象分成若干类型并已取得各种类型的一批样品的观测数据，在此基础上总结规律，建立判别公式，然后对于未知类型的新试验数据进行判别分类。主要包括距离判别法、Fisher 判别法、Bayes 判别法和逐步判别法等。

4. 回归分析

回归分析是数据分析的常用方法之一，主要用于处理两个或两个以上变量之间相互依赖的关系。变量之间的关系大致分为两类，一类是确定性的关系，变量之间按照确定的函数关系发生关联；另一类是不确定关系，变量之间有着密切的联系，但又不能由一个或几个变量的值精确求出另一个变量的值，这种关系无法用一个数学公式来精确描述，这种不确定关系为相关关系。

回归分析是用于处理变量之间相关关系的工具，根据已经得到的试验数据结果，分析变量之间存在的关系，结合试验观测和资料累积建立起变量之间关系的回归方程，还可以进行因素分析，确定因素对试验结果有无显著影响，从而建立更适用、更准确的回归方程。主要方法包括最小二乘法、极大似然法等。

5. 主成分分析

主成分分析法是将多个指标转化为少数几个综合指标的一种统计方法。主成分分析法将原来指标重新组合成一组新的互相无关的几个综合指标来反映原来指标的信息。利用了降维思想实现多个变量之间相关性的考察，基于对各个变量构成的矩阵进行研究，分析其内部关系，将多个存在相关性、阐述不同信息的指标转换为尽可能少的不相关的综合指标。主成分分析可以与回归分析结合起来使用，可以克服回归问题中变量之间的高度相关性产生的分析困难问题。

6. 因子分析

因子分析是主成分分析的推广和发展，将具有错综复杂关系的变量综合为数量较少的几个因子，以再现原始变量和因子之间的相互关系，同时根据不同因子还可以对变量进行分类，是多元统计分析中降维处理的一种方法。因子分析的基本思想是通过对变量的相关系数矩阵内部的研究，找出能控制所有变量的少数几个随机变量，去描述多个变量之间的相关关系。

7. 典型相关分析

典型相关分析用于研究两组变量之间的相关关系。基本思想是，首先在每组变量中找到变量的线性组合，使得其具有最大相关性，然后在每组变量中找到第二对线性组合，使其分别与第一对线性组合不相干，而第二对本身具有最大的相关性，以此往复，直到两组变量之间的相关性被提取完毕。因此讨论两组变量之间的相关性就转化为只研究这些线性组合的最大相关，减少了研究变量的个数。

8. 聚类分析

聚类分析又称群分析，是一种对样品或指标进行分类的多元统计分析方法。对大量的试验数据按照不同的类别进行归类，使得同一类别的数据间相似性尽可能大。聚类分析通常与其他方法联合起来使用，如判别分析、主成分分析等，往往具有更好的效果。

试验数据分析是后续研究的基础，下面结合制导控制系统试验数据分析中的相关内容，介绍利用 Syslab 软件开展试验数据分析的常用方法。

8.2 试验数据的描述性分析与预处理 ///////////

众所周知，试验数据处理会占据科研工作很大一部分的时间。数据的质量，直接决定了后续分析和研究结果的好坏。本节将介绍试验数据描述性分析方法与预处理的方法，以确保数据分析得到结果的准确性。

8.2.1 数据分析中的常用概念

1. 总体、个体和子样

总体也称为母体，是指研究对象的全体所构成的集合。个体是指总体中的每一个基本单位。例如，要研究一批螺栓的疲劳寿命，那么所有这批螺栓的疲劳寿命就是总体，每一个螺栓的疲劳寿命就是一个个体。

总体的性质由个体的性质构成，所以要了解总体的性质，必须知道每一个个体的性质。但由于总体中的个体通常数量庞大，无法对所有个体都进行观测与研究，所以想要了解总体，往往通过抽样的方式进行。

子样也称为样本，是指从总体中抽取的一部分个体（如抽取 n 个，以此推断总体的有关性质），子样中个体的数量 n 称为子样容量或子样大小。例如，选取 5 个螺栓进行疲劳测试，那么这一部分螺栓就是子样，子样容量为 5。

2. 统计量和估计量

统计量是子样的一个函数，而且要求这个函数是不依赖于任何未知参数的随机变量。统计量的分布称为抽样分布。

从子样的观测值对总体的参数进行统计推断的方法称为估计。估计量是指从子样的观测值对总体的某一参数进行推断所得到的数值。

8.2.2 试验数据描述性分析及 Syslab 实现函数

通过子样的性质去推断总体的性质是研究总体最基本的方式。为了使推断较为准确，需要保证抽样过程贯彻随机抽样的原则，每个个体被抽到的概率是相同的，同时子样的容量不能太小。通过计算子样的特征数来推断总体的特征数。

1. 均值和中位数

如果从总体中随机地抽取一个大小为 n 的子样，取得了 n 个观测数据 $x_1, x_2, \cdots x_n$，这 n 个数据的算术平均值称为子样的均值，用 $\bar{x}$ 来表示。均值的计算式如下：

$$\bar{x} = \frac{1}{n}(x_1 + x_2 + \cdots + x_n) = \frac{1}{n}\sum_{i=1}^{n} x_i \tag{8.4}$$

当由子样推断总体性质时，总体的均值总是用子样均值来估计的。均值表示数据的集中性。Syslab 软件提供了均值计算函数 mean()，具体使用方法如下：

```
M = mean(X) ;                        # 求取样本数据的均值
M = mean(X, dims) ;                  # 求取数据指定维度的均值
```

其中，X 为样本数据，dims 为矩阵数据的指定维度。

中位数也是代表数据平均性质的一个量。它的定义是，一组 n 个数据按照从小到大（或相反）的次序排列后，居中间位置的数就是中位数。当 n 为奇数时，居中间位置的数只有一

个，就是中位数；当 n 为偶数时，居中间位置的数有两个，此时中位数等于这两个数的算术平均值。中位数的计算式如下：

$$M_d = \begin{cases} x_{\left(\frac{n+1}{2}\right)}, & n\text{为奇数} \\ \frac{1}{2}\left(x_{\left(\frac{n}{2}\right)} + x_{\left(\frac{n}{2}+1\right)}\right), & n\text{为偶数} \end{cases} \tag{8.5}$$

中位数描述了数据中心位置的数字特征。中位数受数据的极大或极小值影响较小，在一定程度上提高了中位数对分布数据的代表性。Syslab 软件提供了中位数计算函数 median()，具体使用方法如下：

```
Md = median(X) ;                    # 求取样本数据的中位数
Md = median(X, dims) ;              # 求取数据指定维度的中位数
```

其中，X 为样本数据，dims 为矩阵数据的指定维度。

2. 样本方差和标准差

样本方差是子样元素值与子样均值偏差的平方和的均值，计算式如下：

$$\sigma^2 = \frac{1}{n-1}\sum_{i=1}^{n}\left(x_i - \bar{x}\right)^2 = \frac{1}{n-1}\left(\sum_{i=1}^{n}x_i^2 - n\left(\bar{x}\right)^2\right) \tag{8.6}$$

样本方差的算术平方根称为样本标准差（也称为标准偏差），计算式如下：

$$\sigma = \sqrt{\frac{1}{n-1}\sum_{i=1}^{n}\left(x_i - \bar{x}\right)^2} = \sqrt{\frac{1}{n-1}\left(\sum_{i=1}^{n}x_i^2 - n\left(\bar{x}\right)^2\right)} \tag{8.7}$$

样本方差和标准差都表示了数据的分散程度。σ 越大表示该组试验数据的分散性越大，相反，σ 越小则分散性越小。Syslab 软件中提供了样本方差和标准差的计算函数 var() 和 std()，具体使用方法如下：

```
V = var(X) ;                        # 求取样本数据的方差
S = std(X) ;                        # 求取样本数据的标准差
```

其中，X 为样本数据。

3. 峰度和偏度

峰度是描述数据分布特征的一个指标，用来衡量数据尾部分散性。峰度又称峰态系数，表示了概率密度分布曲线在均值处峰值高低的特征数，即描述总体中所有个体取值分布形态陡缓程度的统计量。对于具有 n 个值的样本，峰度的计算式如下：

$$f_d = \frac{1}{nS_0^4}\sum_{i=1}^{n}\left(x_i - \bar{x}\right)^4 \tag{8.8}$$

式中，S_0 为未修正的标准差，x_i 是第 i 个样本值，$\bar{x}$ 是样本平均值。由于正态分布的峰度为 3，在实际应用中，通常将峰度减 3 处理，使得正态分布的峰度为 0。因此，当峰度约等于零时，表示试验数据总体分布与正态分布的陡缓程度相同；当峰度大于零时，表示试验数据总体分布与正态分布相比较为陡峭，为尖顶峰；当峰度小于零时，表示试验数据总体分布与正态分布相比较为平缓，为平顶峰。峰度的绝对值数值越大表示其分布的陡缓程度与正

态分布的差异越大。

偏度用来衡量随机变量概率分布的不对称性。偏度的计算式如下：

$$p_d = \frac{1}{nS_0^3} \sum_{i=1}^{n} (x_i - \bar{x})^3 \tag{8.9}$$

当偏度约等于零时，表示试验数据分布形态与正态分布的偏斜程度相同；当偏度大于零时，表示试验数据分布形态与正态分布相比为正偏（右偏），即数据右端有比较多的极端值，数据均值右侧的离散程度强；当偏度小于零时，表示试验数据分布形态与正态分布相比为负偏（左偏），即数据左端有比较多的极端值，数据均值左侧的离散程度强。偏度的绝对值数值越大表示其分布形态的偏斜程度越大。

Syslab 软件提供了求取数据峰度和偏度的计算函数，具体使用方法如下：

```
fd = kurtosis(X) ;                      # 求取样本数据的峰度
pd = skewness(X)  ;                     # 求取样本数据的偏度
```

其中，X 为样本数据。

【例 8-1】某型制导火箭弹在一定气动偏差条件下进行了 40 次模拟打靶，采用随机抽样方式选取了其中 20 次靶试结果，其脱靶量结果如表 8-1 所示，单位为 m。利用 Syslab 软件分析其结果特征。

表 8-1 脱靶量结果

2.16	2.55	3.29	0.79	4.18	2.95	3.11	5.46	0.27	1.85
8.87	5.01	4.26	1.38	2.06	3.14	2.18	4.09	3.47	2.61

在 Syslab 软件中输入如下代码：

```
X=[2.16,2.55,3.29,0.79,4.18,2.95,3.11,5.46,0.27,1.85,8.87,5.01,4.26,1.38,2.06,3.14,2.18,4.09,3.47,2.61]; # 输入样本数据
M=mean(X);                              # 求取样本数据的均值
Md=median(X);                           # 求取样本数据的中位数
V=var(X);                               # 求取样本数据的方差
S=std(X);                               # 求取样本数据的标准差
fd=kurtosis(X);                         # 求取样本数据的峰度
pd=skewness(X);                         # 求取样本数据的偏度
```

计算结果如下：

```
M=3.1840；Md=3.0300；V=3.5410；S=1.8818；fd=5.3416；pd=1.2483；
```

由试验结果可以看出，峰度大于零，说明试验数据总体分布与正态分布相比较为陡峭，为尖顶峰；偏度大于零且均值大于中位数，说明整个数据分布呈现右偏。

8.2.3 试验数据预处理及 Syslab 实现函数

试验数据预处理是在主要的处理前对数据进行的一些处理，是指对收集的试验数据进行分类或分组前所做的审核、筛选、排序等必要的处理。由于在制导控制系统研制阶段具有大量的试验和测试，所以会产生数量巨大、杂乱无章的数据，无法直接对数据进行处理。所以通常会先对数据进行预处理。数据预处理技术包括：数据清洗、数据集成、数据变换和数据

约简等。这些数据预处理技术在数据挖掘之前使用，可大大提高数据挖掘效率。

数据预处理是一项复杂的工程，所涉及的数据清洗、数据集成、数据变换和数据约简是相互关联的。例如，消除数据冗余既可以视为数据清洗，又可以视为数据约简。数据清洗是指处理数据中的野点数据和重复数据。数据集成是指将来自多个数据源的数据结合起来保存到一个完整的数据集中。数据变换是指将数据转换成适合数据分析的形式，包括平滑聚集、数据概化等。数据约简是指通过聚类或删除冗余特征来消除多余数据，从原有的大数据集中获得一个精简且完整的数据子集，方便后续的分析研究。下面简要介绍数据清洗中的野点剔除和平滑处理，以及数据变换中的规范化处理。

1. 野点剔除

在试验数据整理过程中，有时会发现一些偏差特别大的数据，需要舍弃这些异常数据，才能使结果更符合客观情况。对样本数据的野点剔除通常需要按照一定的野点剔除准则。

1）拉依达准则

拉依达准则又称 3σ 准则，对于某一量测列，若量测只含有随机误差，则根据随机误差的正态分布规律，其残余误差落在$\pm 3\sigma$ 以外的概率约为 0.3%，若发现有大于 3σ 的残余误差的量测值，则可以认为该点是一个野值点，应予剔除。假设样本数据个数为 n，当样本数据 x_b 满足式 8.10 时，认为 x_b 为野点，即拉依达准则的判别公式为

$$\frac{|x_b - \bar{x}|}{\sigma} > 3, \qquad 1 \leqslant b \leqslant n \qquad （8.10）$$

拉依达准则的判别方法仅局限于对正态或近似正态分布的样本进行数据处理，它是以测量次数充分多为前提的（ $n > 10$），当测量次数少时，用拉依达准则剔除粗大误差是不科学的。

2）肖维特准则

在一组等精度测定的试验数据中，当样本数据 x_b 满足 8.11 时，或当 x_b 在区间 $(\bar{x} - W_n \cdot \sigma, \bar{x} + W_n \cdot \sigma)$ 以外时，可以认为 x_b 为野点，应予剔除。

$$|x_b - \bar{x}| > W_n \cdot \sigma \qquad （8.11）$$

其中，W_n 的取值取决于子样容量 n，可查找如表 8-2 所示的肖维特系数表。相对于拉依达准则，肖维特准则考虑了子样容量 n 对测定值可靠程度的影响。

表 8-2　肖维特系数表

n	W_n	n	W_n	n	W_n
3	1.38	13	2.07	23	2.30
4	1.53	14	2.10	24	2.31
5	1.65	15	2.13	25	2.33
6	1.73	16	2.15	30	2.39
7	1.80	17	2.17	40	2.49
8	1.86	18	2.20	50	2.58
9	1.92	19	2.22	75	2.71
10	1.96	20	2.24	100	2.81
11	2.00	21	2.26	200	3.02
12	2.03	22	2.28	500	3.20

3）格拉布斯准则

对于多次独立试验得到的数据 n 按顺序进行排列，当样本数据 x_b 满足式 8.12 时，或当 x_b 在区间 $(\overline{x} - g_{n,\alpha} \cdot \sigma, \overline{x} + g_{n,\alpha} \cdot \sigma)$ 以外时，可以认为 x_b 为野点，应予剔除。

$$|x_b - \overline{x}| > g_{n,\alpha} \cdot \sigma \tag{8.12}$$

其中，$g_{n,\alpha}$ 取决于子样容量 n 和小概率事件的概率 α （通常取 0.05），具体的 $g_{n,\alpha}$ 取值可查找如表 8-3 所示的格拉布斯数值表。格拉布斯准则适用于试验测量次数较少的情况（ n <100）。

表 8-3　格拉布斯数值表

n	α 0.01	α 0.05	n	α 0.01	α 0.05	n	α 0.01	α 0.05
3	1.15	1.15	12	2.55	2.29	21	2.91	2.58
4	1.49	1.46	13	2.61	2.33	22	2.94	2.60
5	1.75	1.67	14	2.66	2.37	23	2.96	2.62
6	1.94	1.82	15	2.70	2.41	24	2.99	2.64
7	2.10	1.94	16	2.74	2.44	25	3.01	2.66
8	2.22	2.0	17	2.78	2.47	30	3.10	2.74
9	2.32	2.11	18	2.82	2.50	35	3.18	2.81
10	2.41	2.18	19	2.85	2.53	40	3.24	2.87
11	2.48	2.24	20	2.88	2.56	50	3.34	2.96

常用的野点剔除方法还有很多，例如，T 检验准则、狄克逊准则等，使用时需针对试验的具体情况科学地选择合适的野点剔除方法。在试验过程中，当发现异常数据时，应及时寻找产生异常的原因，并尽可能从源头上避免异常数据的产生。

【例 8-2】采用不同方法对【例 8-1】中的数据进行检查，判断其中是否包含野点。

（1）根据拉伊达准则，由【例 8-1】计算得到的样本数据的均值为 3.1840，样本标准差为 1.8818，第 11 次靶试结果与均值之差为 5.6860，大于标准差的 3 倍（5.6454），所以样本中存在野点。

（2）根据格拉布斯准则，取 α =0.05， n =20，查表 8-3 可知 $g_{20,0.05}$ =2.56，第 11 次靶试结果与均值之差为 5.6860，大于格拉布斯数值与标准差的乘积（4.8174），所以样本中存在野点。

2. 平滑处理

在试验研究过程中，经常会包括各种噪声。而噪声在一定程度上会影响数据分析和处理的进度和结果。所以在对时间序列的数据进行统计时，往往需要对试验数据进行平滑处理。平滑处理是通过用不同方法对样本数据进行操作，数据的平滑处理通常包含降噪、拟合等操作。降噪的功能意在去除额外的影响因素，拟合的目的在于数学模型化，可以通过更多的数学方法识别曲线特征。Syslab 软件提供了 smooth()函数对样本数据进行平滑处理。

yy = smooth(y)	# 使用移动平均滤波器进行平滑
yy = smooth(y, span)	# 指定移动平均范围进行平滑
yy = smooth(y, method)	# 指定方法和默认移动范围进行平滑

yy = smooth(y, span, method)	# 指定移动平均范围和方法进行平滑
yy = smooth(y, "sgolay", degree)	# 使用具有 degree 指定的度数的多项式进行平滑
yy = smooth(x, y,_)	# 使用 x 指定自变量的值进行平滑

其中，输入参数中：y 表示待平滑数据，指定为向量；span 为计算平滑数据使用的数据点的个数，指定为整数或表示使用数据个数与总数据个数之间的比，是介于(0,1)的标量。如果使用移动平均或 Savitzky-Golay 方法，则计算平滑数据使用的数据点的个数必须为奇数，如果指定 span 为偶数或最终结果为使用偶数个数据的分数，span 会自动减 1；method 表示平滑方法，一般默认为"moving"；degree 表示 Savitzky-Golay 方法使用的多项式度数，指定为标量值，degree 必须小于 span；x 为响应数据 y 的自变量。输出参数中：yy 表示平滑数据，以向量形式返回。

3. 数据变换的规范化

数据变换是为了将数据转换为适用于后续数据分析的形式，而数据规范化是数据变换的一种方式。数据规范化是将数据按比例缩放，使得这些数据落入到一个较小的特定区间之内。具体的方法有最小-最大值规范化、Z-score 规范化和小数定标规范化等。

最小-最大值规范化对原始数据进行了线性变化，假设试验样本数据的最小值和最大值分别为 $x_{\min}$ 和 $x_{\max}$，规范化后较小的特定区间为 $[y_{\min}, y_{\max}]$，则对 x_b 最小-最大值规范化的计算公式为

$$x_{\text{new}} = \frac{x_b - x_{\min}}{x_{\max} - x_{\min}}(y_{\max} - y_{\min}) + y_{\min} \tag{8.13}$$

最小-最大值规范化处理可以灵活地指定规范后的取值区间，可以消除不同属性之间的权重差异，但缺点在于需要预先知道样本数据的最大值和最小值。

Z-score 规范化方法是基于原始数据的均值和标准差进行数据的标准化。对 x_b 进行 Z-score 规范化的计算公式为

$$x_{\text{new}} = \frac{x_b - \overline{x}}{\sigma} \tag{8.14}$$

其中，$\overline{x}$ 为样本数据的均值，σ 为样本数据的标准差。

Z-score 规范化不需要知道样本数据的最大值和最小值，对离群点规范化效果好，但计算复杂程度高。Syslab 软件提供了 zscore() 函数用于进行数据的 Z-score 规范化处理。

Z,mu,sigma = zscore(X)	# 对数据进行 Z-score 规范化
Z,mu,sigma = zscore(X, flag)	# 使用标志指示对数据进行 Z-score 规范化
Z,mu,sigma = zscore(X, flag, dim)	# 沿操作维度对数据进行 Z-score 规范化
Z,mu,sigma = zscore(X, flag, vecdim)	# 在向量指定维度上对数据进行 Z-score 规范化

8.3 试验数据的假设检验 ///////////

假设检验又称为检验假设或统计检验，主要内容是对总体参数给定一个值，即提出一个假设，然后对用子样算出的相应的统计量加以检验。本节首先介绍假设检验的基本内容，然

后介绍几种假设检验的方法及其在 Syslab 软件中的调用方式。

8.3.1 假设检验的基本概念

假设检验常用于鉴别试验结果产生差异的原因。假设检验的推理方法的基本特点是用了反证法的思想，首先假定一个假设是成立的，从子样出发进行推导，如果出现一个不合理的现象，那么就证明原先的假设是不成立的，因此否定原先的假设，反之则接受原先的假设。

对初始问题提出一个用于检验的假设 H_0，将 H_0 称为原假设（或零假设）。与 H_0 相反的假设 H_1 称为相反假设或备择假设。在检验过程中，首先需要给出小概率 α，若计算的统计量的出现是一个小概率事件，则否定原假设，否则接受原假设。这里的小概率 α 在统计检验问题中称为检验的显著性水平。而 $(1-\alpha)$ 为可靠性，常称为置信度或置信概率。例如，当某个小概率事件的概率是 $P(x \leqslant 1) = \alpha$，如果 $x \leqslant 1$，则否定原假设。否定原假设 H_0 的区域，称为检验的拒绝域（或临界域）。

在进行检验时，可能存在两种错误：（1）有时即使原假设 H_0 是对的，但是由于做出判断的依据是一个子样，观测值可能落在拒绝域内，仍有可能拒绝 H_0，称之为第一类错误；（2）当原假设 H_0 是错误的，但观测值落在了接受域内，从而接受了原假设 H_0，称之为第二类错误。当子样容量一定时，要同时减小犯两种错误的概率是很困难的。一般来说，减小犯其中一类错误的概率时，犯另一类错误的概率就会增大。

下面介绍假设检验常用的几种方法。

8.3.2 假设检验的常用方法及 Syslab 实现函数

假设检验的内容十分丰富，当样本总体的分布函数类型已知，则需要对总体的未知参数进行检验，称之为参数假设检验。而当对于试验数据的总体分布形式了解较少时，需要对未知分布函数的形式及其他特征进行检验，称之为非参数假设检验。假设检验方便对总体的参数及其有关性质做出分析与判断。下面简单介绍关于参数假设检验中的 μ 检验、t 检验、χ^2 检验和非参数假设检验中的KS检验。

1. μ 检验

μ 检验一般用于大样本（样本容量大于 30）均值差异性检验（总体的方差已知）。它是用标准正态分布的理论来推断差异发生的概率，从而比较两个均值的差异是否显著。μ 检验的步骤：首先建立原假设 $H_0 : \mu_1 = \mu_2$，即先假定两个均值之间没有显著差异；其次计算统计量 μ。检验一个样本均值与一个已知总体的均值差异是否显著时，统计量 μ 的计算公式如下：

$$\mu = \frac{\bar{x} - \mu_0}{\sigma / \sqrt{n}} \tag{8.15}$$

其中，$\bar{x}$ 为样本的均值，μ_0 为已知总体的均值，σ 为总体的标准差，n 为样本容量。

Syslab 软件提供了 ztest()函数用于在已知样本方差的情况下单样本均值的统计检验，调用方式如下：

| h,p,ci,zval = ztest(X, m, sigma) | # 单样本数据的 μ 检验 |
| h,p,ci,zval = ztest(X, m, sigma; alpha=0.05,tail="both", dim=Int[]) | # 单样本数据的 μ 检验 |

其中，输入参数中：X 为样本数据；m 为假设的均值，指定为标量值；sigma 为已知的标准差；alpha 为显著性水平，一般默认取值为 0.05；dim 为用于检验均值的输入矩阵的维度；tail 表示备择假设的类型（both/right/left 分别指检验总体均值不等于/大于/小于 m 的备择假设）。输出参数中：h 表示假设检验结果，当 h=1 时，表示在 alpha 显著性水平拒绝原假设，当 h=0 时，表示未能在 alpha 显著性水平拒绝原假设；p 表示观测到的检验统计量与原假设下观测到的值一样极端或更极端的概率，在[0,1]范围内以标量值形式返回；ci 表示真实总体均值的置信区间，以二元素向量的形式返回；zval 表示检验统计量，作为非负标量值返回。

2. t 检验

μ 检验需要知道总体方差，但实际上总体样本的方差往往是不知道的。所以采用样本标准差 s 代替总体标准差 σ 进行检验，统计量 t 的计算公式如下：

$$t = \frac{\overline{x} - \mu_0}{s/\sqrt{n}} \tag{8.16}$$

Syslab 软件提供了 ttest()函数用于在未知样本方差情况下单样本均值的统计检验，调用方式如下：

h,p,ci,stats = ttest(X)	# 单样本数据的 t 检验
h,p,ci,stats = ttest(X, m)	# 假设均值的单样本数据 t 检验
h,p,ci,stats = ttest(X, m; alpha=0.05,tail="both", dim=Int[])	# 单样本数据的 t 检验

其中，输入参数中：X 为样本数据；m 为假设的总体均值，指定为标量值；alpha 为显著性水平，一般默认取值为 0.05；dim 为用于检验均值的输入矩阵的维度；tail 表示备择假设的类型（both/right/left 分别指检验总体均值不等于/大于/小于 m 的原假设）。输出参数中：h 表示假设检验结果，当 h=1 时，表示在 alpha 显著性水平拒绝原假设，当 h=0 时，表示未能在 alpha 显著性水平拒绝原假设；p 表示观测到的检验统计量与原假设下观测到的值一样极端或更极端的概率，在[0,1]范围内以标量值形式返回；ci 表示真实总体均值的置信区间，以二元素向量的形式返回；stats 表示检验统计量。

3. χ^2 检验

μ 检验和 t 检验需要知道总体样本的均值，在出现总体均值未知的情况下，通常采用 χ^2 检验，统计量 χ^2 的计算公式如下：

$$\chi^2 = \frac{(n-1)s^2}{\sigma_0^2} \tag{8.17}$$

Syslab 软件提供了 vartest()函数用于在总体均值未知情况下单样本正态方差的统计检验，调用方式如下：

h = vartest(X, v)	# 单样本数据的 χ^2 检验
h = vartest (X, v; alpha=0.05,tail="both", dim="")	# 指定 alpha 的单样本数据 χ^2 检验
h,p = vartest(_; nargout=2)	# 单侧假设的 χ^2 检验

其中，输入参数中：X 为样本数据；v 为假设方差；alpha 为显著性水平，一般默认取值为 0.05；dim 为用于检验均值的输入矩阵的维度；tail 表示备择假设的类型（both/right/left 分别指检验 x 的总体方差不等于/大于/小于 y 的备择假设）。输出参数中：h 表示假设检验结果，当 h=1 时，表示在 alpha 显著性水平拒绝原假设，当 h=0 时，表示未能在 alpha 显著性水平拒绝原假设；p 表示观测到的检验统计量与原假设下观测到的值一样极端或更极端的概率，在[0,1]范围内以标量值形式返回；ci 表示真实总体均值的置信区间，以二元素向量的形式返回；stats 表示 χ^2 检验的检验统计量。

4. KS 检验

KS（Kolmogorov-Smirnov）检验是通过一组观测数值，判断样本总体是否服从某种特定的理论分布。通过观察累积分布函数和理论累积分布函数之间的最大差分（取绝对值）计算而得。原理是利用 X 的经验分布函数与一个有相同均值和方差的正态分布的分布函数进行比较，而正态分布的参数是事先指定的。

$F_0(x)$ 表示理论分布的分布函数，$G_0(x)$ 表示一组随机样本的累计频率函数。D 为 F_0 和 G_0 差距的最大值，即

$$D = \max\left(\left|F_0(x) - G_0(x)\right|\right) \tag{8.18}$$

$D_{\alpha,n}$ 是显著性水平为 α、样本容量为 n 时，D 的拒绝临界值。当实际观测 $D > D_{\alpha,n}$ 时，则拒绝原假设 H_0，反之则接受。

由于 KS 检验方法需要提供给定的分布函数，所以当用于正态性检验时，只能做标准正态检验。Syslab 软件提供了 kstest()函数进行 KS 检验，调用方式如下：

```
h = kstest(X)                                                      # 单样本数据的 KS 检验
h,p,ksstat,cv = kstest(X; CDF=[], alpha=0.05, tail="unequal", Np=true)  # 附加参数的单样本 KS 检验
```

其中，输入参数中：X 为样本数据；CDF 为假设连续分布的经验累积分布函数；alpha 为显著性水平，一般默认取值为 0.05；tail 为替代假设的类型（unequal/larger/smaller 分别指从中提取 x 的总体的 cdf 不等于/大于/小于假设分布的 cdf）；Np 表示是否需要多输出。输出参数中：h 表示假设检验结果，当 h=1 时，表示在 alpha 显著性水平拒绝原假设，当 h=0 时，表示未能在 alpha 显著性水平拒绝原假设；p 表示在原假设下观察到的检验统计量与观察值一样极端或更极端的概率，在[0,1]范围内以标量值形式返回；ksstat 是检验统计量，以非负标量值形式返回；cv 为临界值，以非负标量值形式返回。

8.4 试验数据的参数估计 ////////////////////

人们常常需要根据当前手中的数据分析或推断数据反映的本质规律，即根据样本数据选择统计量去推断总体的分布或数字特征等。参数估计是统计推断的一种方法，根据从总体中抽取的随机样本来估计总体分布中未知参数的过程。本节首先介绍参数估计的基本内容，然

后介绍参数估计的常用方法及其在 Syslab 软件中的调用方式。

8.4.1 参数估计的基本概念

所谓参数估计，就是利用样本信息对总体数字特征做出推断和估计，即利用样本估计量推断总体参数的具体数值或者一定概率保证下总体参数所属区间。设有一个统计总体，总体的分布函数为 $F(X,\theta)$，θ 是总体的一个待估参数，现从该总体抽样，得样本 $X_1, X_2, \cdots X_n$，要依据该样本对参数 θ 的值做出估计，即为参数估计。

参数估计中对于估计量的评价具有以下几种标准：

（1）无偏性。无偏性是指估计量抽样分布的数学期望等于总体参数的真实值。具体而言，估计量是一随机变量，对于样本的每一次实现，由估计量算出的估计值有时可能偏高，有时可能偏低，但这些估计值平均起来等于总体参数的真实值。在平均意义下，无偏性表示没有系统误差。

（2）有效性。有效性是指估计量与总体参数的离散程度。如果两个估计量都是无偏的，那么离散程度较小的估计量相对而言是较为有效的。离散程度是用方差度量的，因此在无偏估计量中，方差越小越有效。

（3）一致性。一致性又称相合性，是指随着样本容量的增大，估计量越来越接近总体参数的真实值。

参数估计可以分为点估计和区间估计。点估计也称为定值估计，是指在参数估计中，不考虑估计的误差，直接用样本估计量 $\tilde{\theta}$ 估计总体参数 θ 的一种参数估计方法。点估计是依据样本估计总体分布中所含的未知参数或未知参数的函数。通常它们是总体的某个特征值，如数学期望、方差和相关系数等。点估计问题就是要构造一个只依赖于样本的量，作为未知参数或未知参数的函数的估计值。点估计的常用方法有：矩估计法、极大似然估计法、最小二乘法、顺序统计量法和贝叶斯估计法等。点估计的优点是简单、明确，不足之处是无法控制误差，仅适用于对推断的准确程度与可靠程度要求不高的情况。区间估计是依据抽取的样本，根据一定的正确度与精确度的要求，构造适当的区间，作为总体分布的未知参数或参数的函数的真实值所在范围的估计。区间估计是在点估计的基础上估计总体参数所在的区间范围，该区间范围是以一定的概率保证得到的，区间的下限（上限）是由样本统计量减去（加上）估计误差得到的。被推断的总体参数的下限与上限所包括的区间称为置信区间，估计的可靠程度称为置信度，抽样分布是区间估计的理论基础。设 $\tilde{\theta}_1$ 和 $\tilde{\theta}_2$ 是两个统计量（$\tilde{\theta}_1 < \tilde{\theta}_2$），分别是总体参数 θ 区间估计的下限和上限，满足如下条件：

$$P\left(\tilde{\theta}_1 < \theta < \tilde{\theta}_2\right) = 1 - \alpha \tag{8.19}$$

其中，α 是区间估计的显著性水平，取值在 0 和 1 之间变化，通常取值为 1%、5% 和 10%，$1-\alpha$ 是置信度，置信度的含义是：在同样的方法得到的所有置信区间中，有 $(1-\alpha) \times 100\%$ 的区间包含总体参数，说明 θ 包含在随机区间 $(\tilde{\theta}_1, \tilde{\theta}_2)$ 内的概率，它表明估计的可靠程度。

求解置信区间常用的 3 种方法包括：

（1）利用已知的抽样分布。

（2）利用区间估计与假设检验的联系。

（3）利用大样本理论。置信区间说明的是区间估计的准确性，置信度表示了区间估计的可靠性。当样本容量一定时，置信区间的宽度随着置信度的增大而增大。若置信度增大，则置信区间必然增大，估计的精确度降低；若要提高精确度，则置信度必然减小。可以看出，在样本容量一定的情况下，对置信度和精确度的要求往往是矛盾的，要同时满足两方面的要求，则必然要增加样本容量。

8.4.2　参数估计的常用方法及 Syslab 实现函数

参数估计过程是利用已知、不确定、不唯一的样本统计量去推断未知、确定、唯一的总体参数的过程，这个过程可以通过样本数据对总体特征进行估计的方法实现。由于估计值和真实值之间存在一定误差，所以参数估计是在一定的概率或者置信度下做出的。下面简单介绍点估计中的极大似然估计法和区间估计的主要内容。

1. 极大似然估计

极大似然估计是最常见的点估计方法，极大似然估计是以样本事件发生概率最大的参数值作为总体参数的估计值。极大似然估计方法的基本步骤如下。

（1）由总体概率密度写出样本的似然函数：

$$L(\theta) = L(x_1, x_2, \cdots, x_n; \theta) \tag{8.20}$$

（2）建立似然方程：

$$\frac{d}{d\theta} L(\theta) = 0 \tag{8.21}$$

（3）求解似然方程：

$$L(\hat{\theta}) = \hat{\theta}(x_1, x_2, \cdots, x_n) \tag{8.22}$$

Syslab 软件提供了函数 betafit()用于求取分布函数的极大似然估计量，调用方式如下：

```
phat= betafit(data)              # 求取样本的极大似然估计量
```

表示通过向量 data 的数据算出 Beta 分布参数 a,b 分布的极大似然估计，返回包含 a,b 估计值的列向量。

2. 区间估计

在点估计的基础上，给出总体参数估计的一个区间范围，该区间是由样本统计量加、减抽样误差而得到的。根据样本统计量的抽样分布能够对样本统计量与总体参数的接近程度给出一个概率度量。

（1）总体均值的区间估计。

假定条件为总体服从正态分布，且方差未知，为小样本（$n < 30$），使用 t 分布统计量：

$$t = \frac{\overline{X} - \mu}{S / \sqrt{n}} \sim t(n-1) \tag{8.23}$$

总体均值 μ 在 $1-\alpha$ 置信水平下的置信区间为 $\left(\overline{X} - t_{\alpha/2}\dfrac{S}{\sqrt{n}},\ \overline{X} + t_{\alpha/2}\dfrac{S}{\sqrt{n}}\right)$。

（2）总体比例的区间估计。

假定条件为总体服从二项分布，可以由正态分布来近似，使用正态分布统计量：

$$Z = \frac{P-\pi}{\sqrt{\dfrac{P(1-P)}{n}}} \sim N(0,1) \tag{8.24}$$

总体比例 π 在 $1-\alpha$ 置信水平下的置信区间为 $\left(P - z_{\alpha/2}\sqrt{\dfrac{\pi(1-\pi)}{n}},\ P + z_{\alpha/2}\sqrt{\dfrac{\pi(1-\pi)}{n}}\right)$ 或

$\left(P - z_{\alpha/2}\sqrt{\dfrac{P(1-P)}{n}},\ P + z_{\alpha/2}\sqrt{\dfrac{P(1-P)}{n}}\right)$（$\pi$ 未知时）。

影响区间宽度的因素主要有数据离散度 s，样本容量 n 和置信水平 $1-\alpha$。Syslab 软件提供了函数 normfit() 用于完成对总体参数的点估计和区间估计，调用格式如下：

(muHat,sigmaHat)= normfit(x)	# 求取正态分布参数的点估计
(muHat,sigmaHat,muCI,sigmaCI)=normfit(x; nargout=4)	# 正态分布的点估计和区间估计
(muHat,sigmaHat,muCI,sigmaCI)=normfit(x, alpha; nargout=4)	# 指定置信水平的估计

其中，输入参数中：x 为样本数据，指定为向量；alpha 为置信区间的显著性水平，指定为(0,1)范围内的标量。输出参数中：muHat 为均值估计，是正态分布估计的平均参数，以标量形式返回；sigmaHat 为正态分布的标准差参数的估计值，以标量形式返回；muCI 为正态分布均值参数的置信区间，以 2×1 列向量形式返回；sigmaCI 为正态分布的标准差参数的置信区间，以 2×1 列向量形式返回，其中包含 (1–alpha)×100%置信区间的下限和上限。

8.5 试验数据的拟合与插值分析方法

数据拟合是一个求解曲线模型或数学函数的过程，该曲线或数学函数在某种约束下最优表征该组数据点，拟合可能要求拟合结果精确穿过数据或拟合的结果足够"平滑"。拟合是一种数据建模方法，侧重于调整曲线的参数，使得拟合结果与数据相符。在数据分析中，有时需要通过已有数据来分析未知数据，在复杂的数据模型中，可能需要用到深度学习方法，而在简单的数据模型中，数据之间有很明显的相关性，可以用简单的数据拟合来预测未知数据。插值是根据已知数据点得到的拟合函数来推测未知数据点处的函数值，其中，拟合函数经过所有已知点的插值方法称为内插。插值是通过已知点了解未知点处的函数值，而拟合则在整体上用某种已知函数去拟合数据点所在未知函数的性态，插值要求必须经过已知点列，拟合只要求尽量靠近不必经过。本节主要介绍数据拟合与插值分析方法及其在 Syslab 软件中的使用方法。

8.5.1 试验数据拟合

拟合的主要目的在于要使离散点尽量靠近拟合函数，一般过程是首先根据采样点的散点

分布图，大致推测 x 和 y 之间的经验函数形式（如多项式、指数函数等），然后依据某种法则（如常用的最小二乘法）确定出经验函数解析式中的待定参数。其中，经验函数和拟合法则是拟合的两个关键要素。

为了编程式地拟合曲线和曲面，可以依据如下步骤：①读取数据；②使用 fit 函数创建拟合，指定变量、初值（固定结果）与模型类型；③绘制拟合与数据。多项式曲线拟合可以依据如下步骤实现：①加载和绘制数据；②创建并绘制二次曲线；③创建并绘制多项式；④绘制残差以评估拟合；⑤在数据范围以外检查拟合；⑥绘制预测区间；⑦检查拟合优度统计；⑧比较系数和置信区间以确定最佳拟合；⑨在新查询点评估最佳拟合。以上步骤通过加载数据并使用不同的库模型进行创建拟合，并且通过比较图形拟合结果以及比较数值拟合结果（包括拟合系数和拟合统计量）来搜索最佳拟合。

Syslab 软件中提供了 fit()函数为数据拟合曲线或曲面，具体调用方式如下：

```
fitobject=fit(fitType,x,y)              # 为 x,y 中的数据创建由 fitType 指定的模型的拟合
fitobject=fit(fitType,[x y],z)          # 为向量 x,y,z 中的数据创建曲面拟合
fitobject=fit(fitType,x,y,options=fitOptions)   # 为拟合制定了拟合选项
_,output=fit(_)                         # 根据 Options 的相关值返回拟合状态结构体（向量）output
```

其中，在输入参数中：fitType 是拟合模型类型，指定为字符串，表示内置模型或函数表达式，两元素向量其中第 1 个元素为内置模型名称，第 2 个元素为模型阶数，函数句柄或由 fittype 函数生成的 FitType，可以使用任何作为 fittype 第 1 个输出的变量作为 fit 的输入；x 为拟合数据，指定为有一列（曲线拟合）或两列（曲面拟合）的矩阵，不能包含 Inf 或 NaN，复数数据仅会使用其他数部分；y 为拟合数据，指定为与 x 的行数相同长度的向量；z 为拟合数据，指定为与 x 的行数相同长度的序列；options 为算法选项。在输出参数中：fitobject 为拟合结果，以 FitResult 对象形式返回；output 为拟合状态，以拟合算法状态结构体（向量）形式返回。

在拟合曲线或曲面以后，使用处理方法分析数据拟合是否准确。在创建拟合后，可以使用多种后处理方法进行绘制、内插、外插、估计置信区间以及计算积分和微分，也可以使用后处理方法找到极端值。Syslab 软件提供了一系列函数用于数据拟合后处理，例如，函数 integrate()可用于积分 FitResult 对象；函数 differentiate1()可用为微分 FitResult 对象；函数 predint()可用于计算 FitResult 对象的预测区间。

8.5.2 试验数据插值

插值包括多项式插值、线性插值、二次插值和拉格朗日插值等。对于大部分多项式插值函数，插值点的高度值可以视为所有节点高度值的线性组合，而线性组合的系数一般是 x 坐标的多项式函数，称为基函数。对于一个节点的基函数，它在 x 等于该节点的 x 时等于 1，在 x 等于其他节点的 x 时等于 0。这就保证了曲线必定经过所有的节点，所以属于内插方法。

线性插值是用一系列首尾相连的线段依次连接相邻各点，每条线段内的点的高度作为插值获得的高度值。以(x_i, y_i)表示某条线段的前一个端点，(x_{i+1}, y_{i+1})表示该线段的后一个端点，则对于在范围内的横坐标为 x 的点，其高度

$$y = \frac{x_{i+1} - x}{x_{i+1} - x_i} \cdot y_i + \frac{x - x_i}{x_{i+1} - x_i} \cdot y_{i+1} \tag{8.25}$$

其中，y_i 和 y_{i+1} 的两个参数称为基函数，两者之和为 1，分别代表 y_i 和 y_{i+1} 对插值点高度的权值。

线性插值的特点是计算简便，但光滑性很差。如果用线性插值拟合一条光滑曲线，对每一段线段，原曲线在该段内二阶导数绝对值的最大值越大，拟合的误差越大。如果按照线性插值的形式，以每 3 个相邻点做插值，就得到了二次插值。

$$y = \frac{(x - x_{i+1}) \cdot (x - x_{i+2})}{(x_i - x_{i+1}) \cdot (x_i - x_{i+2})} \cdot y_i + \frac{(x - x_i) \cdot (x - x_{i+2})}{(x_{i+1} - x_i) \cdot (x_{i+1} - x_{i+2})} \cdot y_{i+1} + \frac{(x - x_i) \cdot (x - x_{i+1})}{(x_{i+2} - x_i) \cdot (x_{i+2} - x_{i+1})} \cdot y_{i+2} \tag{8.26}$$

二次插值在每段二次曲线内是光滑的，但在每条曲线的连接处其光滑性可能甚至比线性插值还要差，二次插值只适合 3 个节点的情形，当节点数超过 3 个时，就需要分段插值了。

依照线性插值和二次插值的思路，可以增加基函数分子和分母的阶数，构造拉格朗日插值多项式：

$$y = \sum_{i=0}^{n} l_i(x) y_i \tag{8.27}$$

$$l_i(x) = \prod_{k=0, k \neq i}^{n} \frac{x - x_k}{x_i - x_k} \tag{8.28}$$

一个 n 次的拉格朗日插值函数可以绘制经过 $(n+1)$ 个节点的曲线，但是运算量非常大，而且在次数比较高时，容易产生剧烈的震荡，所以要选择位置特殊的节点（比如切比雪夫多项式的零点）进行插值，或使用多个次数较低的拉格朗日函数分段插值。

8.6 试验数据的绘图分析

数据可视化的目的是通过几何、曲线、色彩等方法，将一些看似杂乱无章的数据直观地表达出来，使试验人员了解其内在关系和总体趋势。在试验数据分析过程中，图形往往可以更加直观地表达数据分布情况等，通过一些图形样例，可以更加清楚地描述数据分析结果，便于试验人员掌握和理解数据的特征。Syslab 软件提供了一系列数据的可视化函数，本节将主要介绍各类图形的绘制方法以及几类常用的统计绘图方法及其在 Syslab 软件中的实现方式。

8.6.1 Syslab 软件的绘图方法

通过一系列直观、简单的二维图形和三维图形绘制命令与函数，可以将试验结果与仿真结果用可视化的形式表达出来。

1. 二维曲线绘制及修饰

二维曲线图形绘制中最重要、最基本的指令为 plot。下面简单介绍各种 plot 函数的调用方式。

plot(X,Y)	# 创建 Y 中数据对 X 中对应值的二维线图

plot(X,Y,fmt)	# 设置线型、标记符号和颜色绘图		
plot(X1,Y1,...,Xn,Yn)	# 绘制多个 X、Y 对组的图，所有线条使用相同坐标区		
plot(X1,Y1,fmt1,...,Xn,Yn,fmtn)	# 设置每个线条的线型、标记符号和颜色		
plot(Y)	# 创建 Y 中数据对每个值索引的二维线图		

其中，X 和 Y 分别为 x 值和 y 值，指定为标量、向量或矩阵。fmt 指的是线型、标记符号和颜色，具体描述如表 8-4 和表 8-5 所示。

表 8-4　Syslab 曲线绘图时的修饰符

线型	意义	颜色	意义
"-"	实线	"r"	red 红色
"--"	虚线	"g"	green 绿色
":"	点线	"b"	blue 蓝色
"-."	点划线	"c"	cyan 青色
"nothing"	无线条	"m"	magenta 紫色
		"y"	yellow 黄色
		"k"	black 黑色
		"w"	white 白色

表 8-5　Syslab 曲线绘图时的标记符号

标记符号	意义	标记符号	意义
"."	●	"v"	▼
"o"	●	"^"	▲
"*"	★	"+"	＋
"x"	✕	"p"	⬟
"d"	◆	"h"	⬡

在进行曲线样条修饰时，color 指线条颜色，指定为 RGB 三元组、十六进制颜色代码、颜色名称或短名称。对于自定义颜色，需指定 RGB 三元组或十六进制颜色代码。RGB 三元组是包含 3 个元素的行向量，其元素分别指定颜色中红、绿、蓝分量的强度。强度值必须位于[0,1]范围内，如[0.4,0.6,0.7]。十六进制颜色代码是字符向量或字符串标量，以#开头，后跟 3 个或 6 个十六进制数字，范围可以是 0 到 F，这些值不区分大小写。例如，颜色代码"#FF8800"和"#ff8800"是等效的。除了如表 8-4 所示的常规颜色，Syslab 在许多类型的绘图中还使用的部分默认颜色及表达方式如表 8-6 所示。

表 8-6　Syslab 中部分默认颜色及表达方式

RGB 三元组	十六进制颜色代码
[0,0.4470,0.7410]	"#0072BD"
[0.8500,0.3250,0.0980]	"#D95319"
[0.9290,0.6940,0.1250]	"#EDB120"
[0.4940,0.1840,0.5560]	"#7E2F8E"
[0.4660,0.6740,0.1880]	"#77AC30"
[0.3010,0.7450,0.9330]	"#4DBEEE"
[0.6350,0.0780,0.1840]	"#A2142F"

此外，在绘图过程中，Syslab 软件还提供了图形标识指示，可以通过 title() 进行图名的标注，通过 xlabel() 和 ylabel() 进行横、纵坐标的标注，通过 text(x,y, "") 可以在 (x,y) 坐标处进行字符注释，通过 legend() 可以在图形上标示图例。

【例 8-3】绘制 3 条正弦曲线，每条曲线之间有较小的相位差。其中，第 1 条正弦曲线使用绿色实线条，不带标记；第 2 条正弦曲线使用蓝色虚线条，带圆形标记；第 3 条正弦曲线使用红色点划线，带星形标记，对图的横纵坐标进行标注，同时标注出其中一条正弦函数的顶点位置，给绘制的图加上标题并标注每条曲线各自的数学表达式。

在 Syslab 软件中输入如下代码：

```
x=0:(pi/10):(2*pi);
y1=sin.(x);
y2=sin.(x.-0.25);
y3=sin.(x.-0.5);
figure();
plot(x,y1,"g",x,y2,"b--o",x,y3,"r-.*")
title("二维曲线绘图实例");
xlabel("x");
ylabel("y");
text(2,1,"顶点");
legend("y1=sin(x)","y2=sin(x-0.25)","y3=sin(x-0.5)");
```

可得到如图 8.1 所示的绘图结果。

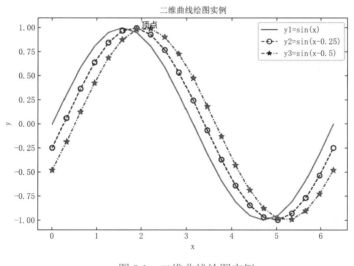

图 8.1　二维曲线绘图实例

2. 三维曲线与曲面绘制及修饰

在 Syslab 软件中，常通过 plot3() 函数进行三维点和曲线的绘制，调用方式如下：

```
plot3(X,Y,Z)                # 绘制三维空间中的坐标
plot3(X,Y,Z,fmt)            # 设置线型、标记符号和颜色绘图
plot3(X1,Y1.Z1,…,Xn,Yn,Zn)  # 在同一组坐标轴上绘制多组坐标
```

其中，X,Y,Z 分别表示 x,y,z 坐标，指定为标量、向量或矩阵。x,y,z 的大小和形状取决于数据形状和需要创建的绘图类型。表 8-7 给出了常见的情况。fmt 指的是线型、标记符号和颜色。

表 8-7　三维曲线绘制输入参数常见情况

绘图类型	如何指定坐标
单点	指定 X、Y 和 Z 为标量，并包含一个标记。 例如：plot(1,2,3,"o")
一组点	指定 X、Y 和 Z 为相同长度的行向量或列向量的任意组合。 例如：plot3([1,2,3],[4,5,6],[7,8,9])
多组点（使用向量）	指定多组连续的 X、Y 和 Z 向量。 例如：plot3([1,2,3],[4,5,6],[7,8,9], [1,2,3],[4,5,6],[10,11,12])

此外，Syslab 软件还提供了用于绘制三维曲面图的 surf() 函数和绘制网格曲面图的 mesh() 函数，调用方式如下。

```
surf(X,Y,Z)       # 创建三维曲面图
surf(Z)           # 创建曲面图，并将 Z 中元素的列索引和行索引用作为 x 和 y 坐标
mesh(X,Y,Z)       # 创建三维曲面网格图，有实色边颜色，无面颜色
mesh(Z)           # 创建网格图，并将 Z 中元素的列索引和行索引用作为 x 和 y 坐标
```

其中，X,Y,Z 分别表示 x,y,z 坐标，X 和 Y 坐标指定为大小与 Z 相同的矩阵或长度分别为 n 和 m 的向量；Z 指定为矩阵，必须有至少两行两列。

【例 8-4】绘制二元函数 $z = f(x,y) = \sin(x^2 + y^2 + xy)$ 的三维曲线图、三维曲面图和三维网格图。

在 Syslab 软件中输入如下代码：

```
x,y=meshgrid2(-8:0.5:8,-8:0.5:8);    # 生成 x,y 数据
z=sin(x.^2+y.^2+x.*y);               # 按公式计算得到 z
p=plot3(x,y,z)                       # 创建三维曲线图
s=surf(x,y,z)                        # 创建三维曲面图
m=mesh(x,y,z)                        # 创建三维网格图
```

可得到如图 8.2 至图 8.4 所示的绘图结果。

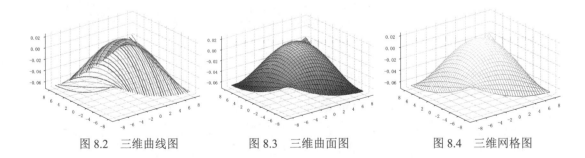

图 8.2　三维曲线图　　　　　图 8.3　三维曲面图　　　　　图 8.4　三维网格图

8.6.2 常用的统计绘图

对于试验数据的分析，使用统计绘图可以非常直观地观察到数据的分布与变化情况。常用的统计绘图方法包括条形图、直方图、箱线图和正态概率图等。

1. 条形图

条形图是用宽度相同的条形的高度或长短来表示数据多少的图形。条形图可以横置或纵置，纵置时也称为柱形图。描述条形图的要素有 3 个：组数、组宽度和组限。条形图是统计图资料分析中最常用的图形，主要特点是能够使人们一眼看出各个数据的大小并且易于比较数据之间的区别。Syslab 软件中提供了函数 bar() 用于绘制条形图，调用格式如下：

bar(X)	# 绘制样本 X 的条形图
bar(X,Y)	# 绘制以 X 为横坐标的 Y 样本的条形图

其中，X，Y 为 x,y 坐标，指定为标量、向量或矩阵。x 的值不需要按顺序排列，但 x 的大小取决于 y 的大小以及要显示数据的方式，y 的大小也取决于 x 的大小以及要显示数据的方式。如表 8-8 所示说明了常见情况。

表 8-8 绘制条形图常见 X 和 Y 指定方式

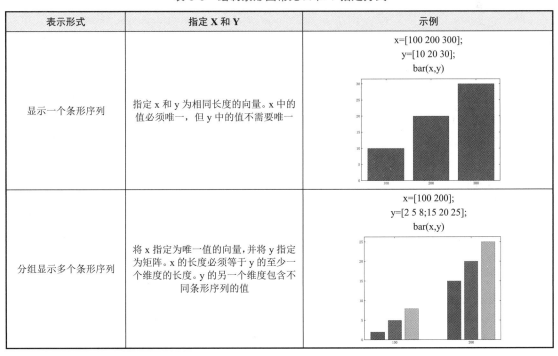

表示形式	指定 X 和 Y	示例

显示一个条形序列	指定 x 和 y 为相同长度的向量。x 中的值必须唯一，但 y 中的值不需要唯一	x=[100 200 300];
		y=[10 20 30];
		bar(x,y)

分组显示多个条形序列	将 x 指定为唯一值的向量，并将 y 指定为矩阵。x 的长度必须等于 y 的至少一个维度的长度。y 的另一个维度包含不同条形序列的值	x=[100 200];
		y=[2 5 8;15 20 25];
		bar(x,y)

2. 直方图

直方图又称质量分布图，是由一系列高度不等的纵向条纹或线段表示数据分布的情况。一般用横轴表示数据类型，纵轴表示分布情况。直方图是数值数据分布的精确图形表示。直方图常用来显示质量波动的状态，可以较直观地传递有关过程质量状况的信息，通过研究质量波动状况之后，就能掌握过程的状况，从而确定在什么地方集中力量进行质量改进工作。

Syslab 软件中提供了函数 histogram()用于绘制直方图，调用格式如下：

histogram(X)	# 绘制样本 X 的直方图
histogram(X,nbins)	# 绘制指定条数的直方图
histogram(X,edges)	# 绘制指定边界的条形图

其中，X 为要分布到各 bin 的数据，指定为向量、矩阵或多维数组。如果 X 不是向量，则 histogram 将它视作单列向量 X[:]并绘制一个直方图；nbins 为 bin 的数量，指定为正整数；edges 为 bin 的边界，指定为向量，edges[1]是第 1 个 bin 的左边界，edges[end]是最后 1 个 bin 的右边界。

3. 箱线图

箱线图又称盒子图，是一种用于显示一组数据分散情况的统计图，能提供有关数据位置和分散情况的关键信息，尤其在比较不同的母体数据时更可表现其差异。我们可以根据箱线图观测数据异常值，其用于反映原始数据分布的特征，还可以进行多组数据分布特征的比较。Syslab 软件提供了函数 boxchart()用于绘制箱线图，调用格式如下：

boxchart(ydata)	# 为矩阵 ydata 的每一列创建一个箱线图
boxchart(xgroupdata,ydata)	# 绘制确定分组和定位的箱线图

其中，ydata 为样本数据，指定为数值向量或矩阵；xgroupdata 为分组和定位变量，xgroupdata 的长度必须与向量 ydata 的长度相同，当 ydata 是矩阵时，无法指定 xgroupdata。

4. 正态概率图

正态概率图（Normal Probability Plot）用于检查一组数据是否服从正态分布，是实数与正态分布数据之间函数关系的散点图。如果一组实数服从正态分布，则正态概率图是一条直线。通常，概率图也可以用于确定一组数据是否服从任意已知分布，如二项分布。Syslab 软件中提供了函数 normplot()用于绘制正态概率图，调用格式如下：

normplot(X)	# 绘制正态概率图
normplot(ax,X)	# 将正态概率图添加到由 ax 指定的轴中

其中，X 为样本数据，指定为数值向量或数值矩阵，如果 X 是一个矩阵，则 normplot 为 X 的每一列显示一条单独的线；ax 为目标坐标区，指定为 Axes 对象或 UIAxes 对象。normplot 使用加号 ('+') 标记在 x 中绘制每个数据点，并绘制两条代表理论分布的参考线。实线参考线连接数据的第一和第三四分位数，虚线参考线将实线延伸到数据的末端。如果样本数据具有正态分布，则数据点沿参考线出现。非正态分布会在数据图中引入曲率。

【例 8-5】根据【例 8-1】的数据绘制条形图、直方图和箱线图，绘制正态概率图并判断其是否符合正态分布。

在 Syslab 软件中输入如下代码：

```
X=[2.16,2.55,3.29,0.79,4.18,2.95,3.11,5.46,0.27,1.85,8.87,5.01,4.26,1.38,2.06,3.14,2.18,4.09,3.47,2.61];    # 输入样本数据
bar(X);                                # 绘制条形图
histogram(X)                           # 绘制直方图
boxchart(X)                            # 绘制箱线图
```

可得到如图 8.5 至图 8.8 所示的绘图结果。

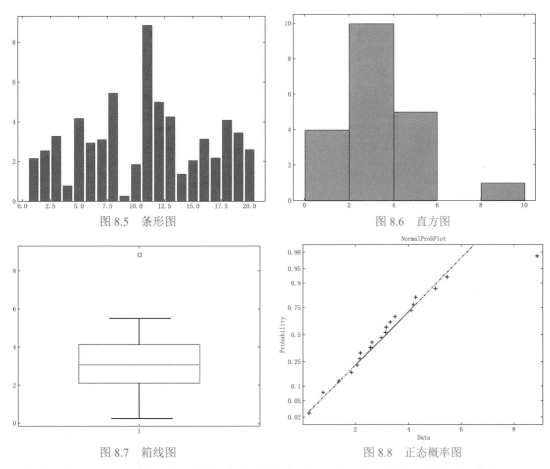

图 8.5   条形图   图 8.6   直方图

图 8.7   箱线图   图 8.8   正态概率图

根据图 8.8，可以看出数据点是沿着参考线出现的，所以样本数据服从正态分布。

本 章 小 结

在飞行器制导控制系统研制过程中，需要进行一系列的仿真与测试等试验，因此对于试验数据的处理就显得尤为重要，能够高效合理地分析处理试验数据对于提高工作效率等具有极其重大的意义。本章首先介绍了试验数据分析中的一些基本概念，然后简单介绍了如何利用 Syslab 软件进行试验数据的描述性分析与预处理、假设检验、参数估计等内容。

（1）总结概括了试验数据分析中常用到的一些基本概念，包括误差的定义、来源与分类，试验数据的精密度与准确度，以及试验数据的整理方法和分析方法。

（2）介绍了利用 Syslab 软件进行试验数据处理的一些方法，Syslab 软件提供了均值函数 Mean()、中位数函数 Median()、方差函数 var()、标准差函数 std()、峰度函数 kurtosis()、偏度函数 skewness()等一系列函数命令，用于分析试验数据的集中位置、分布情况、发散程度以及数据的正态或者偏态特征等。

（3）针对试验数据中可能出现的噪声、野点的问题，介绍了常用的数据预处理方法，包括野点剔除、平滑处理和数据变换的规范化等。针对野点剔除介绍了拉伊达准则、肖维特准则和格拉布斯准则的野点剔除方法。此外，Syslab 软件提供了 smooth()函数用于对样本数据进行平滑处理，提供了 zscore()函数用于进行数据的 Z-score 规范化处理。

（4）假设检验是对总体某个参数给定一个值，即提出一个假设，然后对用子样算出的相应的统计量加以检验。本章介绍了 Syslab 软件中关于假设检验的几类函数，包括用于在已知样本方差情况下单样本均值的统计检验的 ztest()函数、用于在未知样本方差情况下单样本均值的统计检验的 ttest()函数、用于在总体均值未知情况下单样本正态方差的统计检验的 vartest()函数以及用于非参数加设计检验中 Kolmogorov-Smirnov 检验的 kstest()函数等。

（5）参数估计是根据从总体中抽取的随机样本来估计总体分布中未知参数的过程。本章介绍了 Syslab 软件中用于求取分布函数的极大似然估计量的 betafit()函数以及用于完成对总体参数的点估计和区间估计的 normfit()函数。

（6）介绍了试验数据的拟合和插值分析方法，拟合指在整体上用某种已知函数去拟合数据点所在未知函数的性态，而插值是通过已知点了解未知点处的函数值，介绍了 Syslab 软件中用于数据拟合插值处理的 fit()函数。

（7）介绍了关于试验数据的统计图分析的绘制方法，包括二维曲线与三维曲线曲面的绘制与修饰，之后列举了 Syslab 软件中几种常用的统计绘图函数，包括用于绘制条形图的 bar()函数、用于绘制直方图的 histogram()函数、用于绘制箱线图的 boxchart()函数以及用于绘制正态概率图的 normplot()函数。

试验数据的分析与处理是极其复杂的过程，包含的内容也各式各样，本章仅列出了一些常规的试验数据分析与处理方法，更多内容可以参考相关资料及 Syslab 软件的帮助文档。

习　题　8

1. 阐述误差的定义和分类。
2. 阐述试验数据的整理方法和分析方法。
3. 总结总体、个体和子样之间的关系。
4. 利用 Syslab 软件计算如表 8-9 所示的制导火箭靶试脱靶量数据的均值、中位数、方差、标准差、峰度和偏度并分析计算结果。

表 8-9　脱靶量

| 3.31 | 3.85 | 6.93 | 2.32 | 5.47 | 4.81 | 3.67 | 1.98 | 3.34 | 3.85 |
| 1.01 | 9.35 | 2.29 | 3.78 | 4.58 | 2.19 | 3.26 | 4.78 | 0.42 | 6.18 |

5. 阐述试验数据预处理的方法并分析习题 4 中数据是否存在野点。
6. 阐述假设检验的原理方法。
7. 简述假设检验的几种检验方法并说明不同检验方法的适用情形。
8. 简述参数估计的概念及其分类。
9. 简述对数据进行拟合和插值的区别。
10. 利用 Syslab 软件对习题 4 中的数据绘制条形图、直方图和箱线图，绘制正态概率图并判断其样本数据是否符合正态分布。

参 考 文 献

[1] 熊芬芬, 单家元, 王佳楠, 等. 飞行器制导控制方法及其应用[M]. 北京: 北京理工大学出版社, 2021.

[2] 布赖恩·L. 史蒂文斯, 弗兰克·L. 刘易斯. 飞机控制与仿真[M]. 唐长红, 等译. 2 版. 北京: 航空工业出版社, 2017.

[3] 朱圣英, 崔平远, 徐瑞. 航天器控制系统建模与仿真[M]. 北京: 高等教育出版社, 2021.

[4] 卢晓东, 周军, 赵斌, 等. 导弹制导系统原理[M]. 北京: 国防工业出版社, 2015.

[5] 李元凯, 李滚. 飞行器制导与控制原理[M]. 2 版. 北京: 北京航空航天大学出版社, 2023.

[6] 吴森堂, 费玉华. 飞行控制系统[M]. 北京: 北京航空航天大学出版社, 2005.

[7] 常晓飞, 符文星, 陈康. MATLAB 在飞行器制导控制系统研制中的应用[M]. 北京: 电子工业出版社, 2020.

[8] 唐胜景, 郭杰, 李响, 等. 飞行器系统概论[M]. 北京: 国防工业出版社, 2012.

[9] 钱杏芳, 林瑞雄, 赵亚男. 导弹飞行力学[M]. 北京: 北京理工大学出版社, 2003.

[10] 苏州同元软控信息技术有限公司官网[EB/OL], [2023-07-07].

[11] 林海, 王晓芳. 飞行力学数值仿真[M]. 北京: 北京理工大学出版社, 2018.

[12] KATSUHIKO OGATA. 现代控制工程[M]. 卢伯英, 佟明安, 译. 北京: 电子工业出版社, 2017.

[13] F O'HARA. Handling Criteria[J]. The Aeronautical Journal, 1967, 71(676): 271-291.

[14] 徐军. 飞机自动飞行控制系统[M]. 北京: 北京理工大学出版社, 2020.

[15] B ETKIN. 大气飞行动力学[M]. 何植岱, 等译. 北京: 科学出版社, 1979.

[16] 徐军. 飞行控制系统: 设计、原型系统及半物理仿真实验[M]. 北京: 北京理工大学出版社, 2015.

[17] 王晓芳, 林海. 多飞行器协同制导与控制[M]. 北京: 北京理工大学出版社, 2021.

[18] 徐军, 欧阳绍修. 运输类飞机自动飞行控制系统[M]. 北京: 国防工业出版社, 2013.

[19] 奥本海姆. 信号与系统[M]. 刘树棠, 译. 北京: 电子工业出版社, 2020.

[20] 张明廉. 飞行控制系统[M]. 北京: 航空工业出版社, 1994.

[21] PETER H ZIPFEL. Modeling and Simulation of Aerospace Vehicle Dynamics[M]. Reston: American Institute of Aeronautics and Astronautics, 2007.

[22] 肖业伦. 航空航天器运动的建模: 飞行动力学的理论基础[M]. 北京: 北京航空航天大学出版社, 2003.

[23] 王行仁. 飞行控制与飞行仿真[M]. 北京: 国防工业出版社, 2018.

[24] 王良明. 野战火箭飞行力学[M]. 北京: 国防工业出版社, 2015.

[25] PETER FRITZSON. Modelica 语言导论: 技术物理系统建模与仿真[M]. 周凡利, 译. 武汉: 华中科技大学出版社, 2020.

[26] 哈里尔. 非线性系统[M]. 朱义胜, 董辉, 李作洲, 等译. 北京: 电子工业出版社, 2017.

[27] 李新国, 方群. 有翼导弹飞行动力学[M]. 西安: 西北工业大学出版社, 2005.

[28] 黄小平, 王岩. 卡尔曼滤波原理及应用: MATLAB 仿真[M]. 北京: 电子工业出版社, 2015.

[29] 聂永芳, 周卿吉, 张涛. 制导规律研究现状及展望[J]. 飞行力学, 2001, 19(3): 7-11.

[30] 谢钢. GPS 原理与接收机设计[M]. 北京: 电子工业出版社, 2017.

[31] 许承东, 李怀建, 张鹏飞. GNSS 数学仿真原理及系统实现[M]. 北京: 中国宇航出版社, 2014.

[32] 李征航, 黄劲松. GPS 测量与数据处理[M]. 武汉: 武汉大学出版社, 2016.

[33] BLANCH J, WALKER T, ENGE P, et al. Baseline Advanced RAIM user algorithm and possible improvements[J]. IEEE Transactions on aerospace and electronic systems, 2015, 51(1): 713-732.

[34] WANG S Z, ZHAN X Q, ZHAI Y W, et al. Highly reliable relative navigation for multi-UAV formation flight in urban environments[J]. Chinese journal of aeronautics, 2021, 34(7): 257-270.

[35] 徐绍铨, 张华海, 杨志强, 等. GPS 测量原理及应用[M]. 武汉: 武汉大学出版社, 2008.

[36] 郝林. Julia 编程基础[M]. 北京: 人民邮电出版社, 2020.

[37] 邢起峰. 导弹系统数学模型验证技术研究[D]. 北京: 清华大学, 2004.

[38] 符文星. 精确制导导弹制导控制系统仿真[M]. 西安: 西北工业大学出版社, 2010.

[39] 于秀萍, 刘涛. 制导与控制系统[M]. 哈尔滨: 哈尔滨工程大学出版社, 2014.

[40] 蒋珉. 控制系统计算机仿真[M]. 2 版. 北京: 电子工业出版社, 2012.

[41] 刘兴堂. 导弹制导控制系统分析、设计与仿真[M]. 西安: 西北工业大学出版社, 2006.

[42] 王东木. 导弹控制系统仿真技术[J]. 系统仿真学报, 2001(01): 89-91.

[43] 王辉. 防空导弹导航、制导与控制系统设计[M]. 北京: 国防工业出版社, 2017.

[44] 单家元, 孟秀云, 丁艳. 半实物仿真[M]. 北京: 国防工业出版社, 2008.

[45] 黄瑞松, 李海凤, 刘金, 等. 飞行器半实物仿真技术现状与发展趋势分析[J]. 系统仿真学报, 2019.

[46] 徐钟济. 蒙特卡洛方法[M]. 上海: 上海科学技术出版社, 1985.

[47] 李喆, 丁振良, 袁峰. 飞行器姿态参数的光学测量方法及其精度的蒙特卡洛模拟[J]. 吉林大学学报(工学版), 2009, 39(05): 1401-1406.

[48] 盛文, 焦晓丽. 雷达系统建模与仿真导论[M]. 北京: 国防工业出版社, 2006.

[49] 王国玉, 肖顺平, 汪连栋. 电子系统建模仿真与评估[M]. 长沙: 国防科技大学出版社, 1999.

[50] 赵童童. 基于蒙特卡洛方法的飞行器尾焰紫外辐射传输特性研究[D]. 西安: 西安电子科技大学, 2018.

[51] 富立, 范跃祖, 朱士青. 空空导弹中制导系统蒙特卡洛仿真研究[J]. 西北工业大学学报, 2002(04): 559-562.

[52] 于秀林, 任雪松. 多元统计分析[M]. 北京: 中国统计出版社, 1999.

[53] 李云雁, 胡传荣. 试验设计与数据处理[M]. 北京: 化学工业出版社, 2017.

[54] 迟全勃, 胡柯, 周济铭. 试验设计与统计分析[M]. 重庆: 重庆大学出版社, 2015.

[55] 杨晓彬, 屈年全, 李国龙, 等. 试验数据处理和分析[J]. 科协论坛(下半月), 2007(12): 57.

[56] 罗时光, 金红娇. 试验设计与数据处理[M]. 北京: 中国铁道出版社, 2018.

[57] 凌树森. 试验数据的统计处理和误差分析[J]. 理化检验(物理分册), 2001(08): 365-368.

[58] 李卫东. 应用统计学[M]. 北京: 清华大学出版社, 2014.

[59] 苏成. 数据挖掘中不可忽视的环节: 数据预处理[J]. 金融科技时代, 2006, 14(1): 64-66.

[60] 卢元磊, 何佳洲, 安瑾, 等. 几种野值剔除准则在目标预测中的应用研究[J]. 指挥控制与仿真, 2011, 33(04): 98-102.

[61] 汪荣鑫. 数理统计[M]. 西安: 西安交通大学出版社, 2014.

[62] 林伟初, 高卓. 概率论与数理统计[M]. 重庆: 重庆大学出版社, 2017.

[63] 唐成龙, 谌颀, 唐海春, 等. 大数据背景下数据预处理方法研究运用[J]. 信息记录材料, 2021, 22(09): 199-200.

[64] 郭涛涛, 王根, 苏宗锋, 等. 基于制导火箭的脱靶量精度分析[J]. 弹箭与制导学报, 2010, 30(03): 111-113+118.

[65] 茆诗松, 程依明, 濮晓龙. 概率论与数理统计[M]. 北京: 高等教育出版社, 2010.